北大社·"十四五"普通高等教育本科规划教材

高等院校机械类专业"互联网+"创新规划教材

测试技术基础

（第 4 版）

主　编　宋春生　　丁毓峰

参　编　陈　雷　　萧　筝

　　　　吴华春　　徐汉斌

主　审　陈学东

北京大学出版社

PEKING UNIVERSITY PRESS

内 容 简 介

本书主要讲述测试技术基础理论及非电量测量方法，共包括 6 章：绪论，信号描述及分析，测试系统的基本特性，常用传感器，信号变换、调理与记录，机械振动测试。

本书可作为高等学校机械、仪器、测控和自动化等专业学生学习测试技术的教材，也可作为相关科技和工程技术人员的参考用书。

图书在版编目(CIP)数据

测试技术基础/宋春生，丁毓峰主编 . —— 4 版 . —— 北京：北京大学出版社，2024.7
高等院校机械类专业"互联网＋"创新规划教材
ISBN 978 - 7 - 301 - 34894 - 9

Ⅰ . ①测…　Ⅱ . ①宋…②丁…　Ⅲ . ①测试技术—高等学校—教材　Ⅳ . ①TB9

中国国家版本馆 CIP 数据核字(2024)第 050630 号

书　　　　名	测试技术基础(第 4 版)
	CESHI JISHU JICHU (DI - SI BAN)
著作责任者	宋春生　丁毓峰　主编
策 划 编 辑	童君鑫
责 任 编 辑	孙　丹　童君鑫
数 字 编 辑	蒙俞材
标 准 书 号	ISBN 978 - 7 - 301 - 34894 - 9
出 版 发 行	北京大学出版社
地　　　　址	北京市海淀区成府路 205 号　100871
网　　　　址	http://www.pup.cn　新浪微博：@北京大学出版社
电 子 邮 箱	编辑部 pup6@pup.cn　总编室 zpup@pup.cn
电　　　　话	邮购部 010 - 62752015　发行部 010 - 62750672　编辑部 010 - 62750667
印 刷 者	三河市北燕印装有限公司
经 销 者	新华书店
	787 毫米×1092 毫米　16 开本　16 印张　390 千字
	2007 年 1 月第 1 版　2010 年 1 月第 2 版　2020 年 8 月第 3 版
	2024 年 7 月第 4 版　2024 年 7 月第 1 次印刷
定　　　　价	49.80 元

第 4 版前言

本书第 1 版自 2007 年 1 月出版以来，前 3 版经过多所高校和大量读者的使用，编者获得了许多宝贵的经验和意见。同时测试技术的传感器、显示和记录仪器等相关技术快速发展，党的二十大报告中也对中国高质量发展的许多瓶颈问题和科技创新能力提出新的要求，原书中的一些内容已经不能满足当前的学习需要。为此，编者在第 3 版的基础上对相关内容进行了调整和修改：将原来第 8 章"测试系统案例"的第一、第二案例删除，第三案例合并到第 4 章，撤销第 8 章；将原来第 6 章"现代测试技术"内容合并到第 1 章和第 2 章；对原来第 7 章"机械振动测试与分析"进行了删减，保留了重点内容，作为第 6 章；每章都增加了结合党的二十大报告要求的课程引导和课程资源，同时对第 3 版中存在的某些疏漏和印刷错误作了更正。

本书配有大量实物图片，使内容表达更加直观、易懂。本书在第 3 版的基础上新增与测试技术发展相关的二维码资源链接，以作为学习过程中必要的资源补充，包括适用每章知识点的补充视频、补充文字、在线答题等。

本书由武汉理工大学宋春生和丁毓峰任主编，陈雷、萧筝、吴华春、徐汉斌参编。本书具体编写分工如下：第 1 章、第 2 章（除随机信号、相关分析和功率谱分析相关内容）、第 4 章的光纤光栅传感器由宋春生编写；第 2 章的随机信号、相关分析和功率谱分析由陈雷编写；第 3 章由丁毓峰、徐汉斌编写；第 4 章（除光纤光栅传感器）由丁毓峰编写；第 5 章由萧筝、吴华春编写；第 6 章由陈雷、吴华春编写。

本书由华中科技大学陈学东院士任主审，陈学东院士对本书提出了许多宝贵意见，在此表示衷心的感谢。在本书编写过程中，编者参考了有关文献，在此对文献作者表示衷心的感谢。

由于编者水平有限，书中难免存在不足之处，恳请广大读者批评指正，反馈邮箱 564061726@qq.com。

编　者

2024 年 2 月于武汉

资源索引

第 3 版前言

《测试技术基础》于 2007 年 1 月出版以来，经过多所高校和大量读者的使用，编者获得了许多宝贵的经验和意见。随着测试技术的传感器、显示和记录仪器等相关技术的快速发展，一些内容已经不能满足当前的学习需要。为此，编者在第 2 版的基础上对相关内容进行了调整和修改：将原来第 6 章"随机信号相关和功率谱分析"合并到第 2 章；在第 4 章增加了"光纤光栅传感器"等新型传感器内容；对原来第 7 章"记录及显示仪"进行了更新，补充了新内容，删除了一些淘汰的内容，并合并到第 5 章；对原来第 8 章"机械振动测试与分析"进行了删减，保留了重点内容，并调整为第 7 章；新增了一章"测试技术案例"（第 8 章），便于提高学生的动手能力；同时对第 2 版中存在的某些疏漏和印刷错误做了更正。

本书配有大量实物图片，使内容表达更加直观、易懂。本书新增了大量二维码资源链接，以作为学习过程中必要的资源补充，包括按照每章知识点录制的视频、PPT 课件、补充视频、问题解答、知识拓展、MOOC 单元测验、习题参考答案等。

本书由武汉理工大学王三武、丁毓峰担任主编并统稿，宋春生担任副主编，陈雷、萧筝、赵燕、吴华春、徐汉斌参加编写。本书具体编写分工如下：第 1 章由王三武编写；第 2 章（除随机信号、相关分析和功率谱相关内容）、第 4 章的光纤光栅传感器相关内容由宋春生编写；第 2 章的随机信号、相关分析和功率谱分析相关内容由陈雷编写；第 3 章由丁毓峰、徐汉斌编写；第 4 章（除光纤光栅传感器相关内容）由赵燕、丁毓峰编写；第 5 章由萧筝、吴华春编写；第 6 章、第 7 章由吴华春和丁毓峰编写；第 8 章由宋春生、丁毓峰、陈雷和萧筝编写。

在本书的编写过程中，编者参考了相关企业的产品资料和同行作者的有关文献，在此对书中所列参考文献、引用的相关资料的作者和出版单位一并表示感谢！

由于编者水平有限，书中难免存在不足及欠妥之处，恳请广大读者批评指正，反馈邮箱 564061726@qq.com。

编　者
2020 年 7 月于武汉

第 2 版前言

《测试技术基础》于 2007 年 1 月出版以来，经过多所高校和大量读者的使用，编者获得了许多宝贵的经验和意见。为此，编者对《测试技术基础》部分章节内容进行了调整和修改：按照信号测试过程的流程组织全书内容；将原来第 3 章 "测试信号的分析与处理" 改为第 6 章 "随机信号相关和功率谱分析"；在第 2 章增加了 "离散傅里叶变换" 内容；对《测试技术基础》中存在的某些疏漏和印刷错误做了更正。

本书配有大量实物图片，使内容表达更加直观、易懂。将部分有代表性的实物图片制成两页彩色插页，意在增强可读性和趣味性。

本书各章部分计算题配有参考答案，可登录以下网址下载：https://www.pup6.com。

本书由武汉理工大学江征风教授担任主编并负责统稿，赵燕、徐汉斌担任副主编，李如强、吴华春参加编写。本书具体编写分工如下：第 1 章由江征风编写；第 2 章、第 5 章、第 6 章由李如强编写；第 3 章由徐汉斌编写；第 4 章由赵燕编写；第 7～9 章由吴华春编写。

书中部分内容参考了相关企业的最新产品资料和兄弟院校作者的有关文献，在此对书中所列参考文献、引用的相关资料的作者和出版单位一并表示感谢！

由于编者水平有限，书中难免存在不足及欠妥之处，恳请广大读者批评指正。

编　者

2009 年 10 月于武汉

第 1 版前言

在科学研究与社会生产活动的过程中，需要对研究对象、生产过程及产品研发中的各种物理现象和物理量进行观察与定量的数据分析。随着科学研究与生产技术的发展进步，对各种物理量和物理现象进行测量与试验的要求越来越广泛，极大地推动了测试技术的发展。每一次新的测量理论、测试方法、测试设备的出现都促进了其他学科与工程技术的发展。测试技术已经成为从事科学研究与工农业生产的技术人员必须掌握的专业技术基础知识。

"测试技术基础"是机械类专业本科生必修的一门专业基础课。武汉理工大学从 1982 年开始开设该课程，是全国较早开设该课程的高校。1988 年武汉理工大学机械系测试教研组编写了《测试技术基础》，1996 年正式出版；2005 年，"测试技术基础"课程被评为湖北省省级精品课。武汉理工大学教师经过 20 多年的教学和科研实践，在教学内容、教材和实验室建设等方面积累了很多宝贵经验和科研案例素材，并力图将这些经验体会、案例素材融入本书。因此，本书在选材上特别注意从应用角度出发，遵循由浅入深、循序渐进的认知规律，以案例讲解为引导，以通俗易懂的语言和大量的例题做铺垫，逐步深入，便于读者更快、更好地学习测试技术的基本理论、测试方法和测试仪器。同时，本书着重介绍了现代测试技术发展的新领域（如第 9 章），以便读者更全面、更深入地了解测试技术全貌。

本书共 9 章，第 1～4 章主要介绍测试技术的理论基础。其中，第 1 章为绪论，介绍测量与试验的概念及相互关系，测量方法的分类与非电量测试系统的构成，测试技术的发展、意义及涵盖的内容；第 2 章介绍信号的理论、信号的分类、信号的时域描述与频域描述方法，以及信号的频谱；第 3 章介绍测试信号的分析与处理；第 4 章介绍测试系统特性描述的方法、理论与工程应用；第 5～7 章分别介绍测试信号的传感、调理和记录与显示方面的理论及应用；第 8 章介绍常见物理量——机械振动（力、位移、速度、加速度）的测量和机械阻抗的测试原理及测试仪器的特性；第 9 章介绍现代测试系统的构成及虚拟测试技术的概况。教学内容上的这些安排，便于读者在完成第一部分（前 4 章）基础理论内容学习的基础上，进一步掌握综合应用测试技能进行不同物理量测试的知识。其他专业教师选用本书时，适当取舍内容后，可适应不同层次及不同专业的教学要求。

本书由武汉理工大学江征风教授担任主编并统稿，赵燕、徐汉斌担任副主编，李如强、张萍、吴华春参加编写。

武汉理工大学机电学院胡业发教授担任本书主审，他仔细审阅了全部书稿，提出了许多建设性意见和宝贵建议，在此向他表示诚挚的谢意！

　　书中部分内容参考了相关企业的最新产品资料和兄弟院校作者的有关文献，在此对书中所列参考文献、引用的相关教材与资料的作者和出版单位一并表示感谢！

　　由于编者水平有限，书中难免存在不足及欠妥之处，恳请广大读者批评指正。

编　者

2006 年 9 月于武汉

目　　录

第1章
绪论

教学提示

引导学生正确理解测试的含义、测试技术的作用、测试方法的分类和测试系统的组成。

教学要求

正确理解测试的含义，掌握测试系统的组成，了解"测试技术基础"课程的性质和任务。

课程资源

价值目标：了解测试技术的国内外发展状况，培养学生的工匠精神、爱国情怀和科技创新精神。

导入案例

测试技术在汽车上的应用

我国是汽车大国，有很多知名汽车品牌。1958年，第一辆红旗牌轿车诞生，红旗自此肩负起我国汽车产业发展的重任。我国另一个自主汽车品牌比亚迪也走向世界，尤其是新能源公共汽车受到各国青睐。测试技术在汽车上有广泛应用。例如汽车乘坐舒适性的台架试验，其试验台通过液压缸激励模拟汽车行驶过程中道路对轮胎的激励，从而测量座椅位置的振动加速度，并分析振动加速度的幅值、频率等信息，得到汽车乘坐舒适性指标。

主要内容：

➤ 典型民族汽车品牌。

➤ 神舟载人航天飞船。

【第1章课程资源主要内容】

➤ 领跑世界的"中国制造"。

➤ "秤"。

案例讨论：测试技术在我国航天飞行器上的应用。

课程引导

　　党的二十大报告指出："建设现代化产业体系。坚持把发展经济的着力点放在实体经济上，推进新型工业化，加快建设制造强国、质量强国、航天强国、交通强国、网络强国、数字中国。实施产业基础再造工程和重大技术装备攻关工程，支持专精特新企业发展，推动制造业高端化、智能化、绿色化发展。"建设制造强国、质量强国、航天强国、交通强国、网络强国、数字中国都离不开测试技术的发展。

　　测试是人类认识客观世界的一种手段，也是科学研究的基本方法。科学探索离不开测试技术，用定量关系和数学语言表达科学规律及理论也需要测试技术，验证科学理论和规律的正确性同样需要测试技术。事实上，在科学技术领域，许多新的科学发现与技术发明往往以测试技术发展为基础。可以认为，测试技术能达到的水平，在很大程度上决定了科学技术的发展水平。

1.1　测试的含义

　　测试是人们认识客观事物的一种常用方法。人类在其自身的发展过程中，一方面不断地探索、认识自然，获得科学发现；另一方面不断地运用这些科学发现改造自然，产生发明创造。无论是为了获得科学发现（如发现物体的运动规律）还是为了产生发明创造（如制造出汽车），都需要运用一定的方法和手段，按照一定的条件和方式，定量地观测并处理所要发现或者创造的对象的某些"量"，得到所需结论。

　　【例 1.1】　伽利略自由落体实验。如图 1.1 所示，为了获得物体做自由落体运动时的运动规律，伽利略设计了一个由角度可调的斜面（斜面上开有光滑的槽）、刻线尺、水钟组成的装置，以在倾斜、光滑的槽内运动的光滑铜球为观测对象。设定铜球从静止开始滚

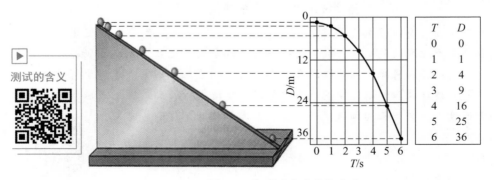

图 1.1　伽利略自由落体实验

动，用水钟测量铜球运动的时间，用刻线尺测量对应时间 T 内铜球滚过的距离 D，并且用不同质量的铜球和不同倾斜角度的斜面反复测量，通过处理测量的关于时间和距离的数据，验证自由落体定律。

【**例 1.2**】　汽车舒适性试验。如图 1.2 所示，为了验证汽车的舒适性是否满足要求，将汽车放置在液压振动台上模拟颠簸行驶，并用加速度传感器测出汽车座椅处的加速度数据，对其进行处理后作为评定汽车舒适性的依据。

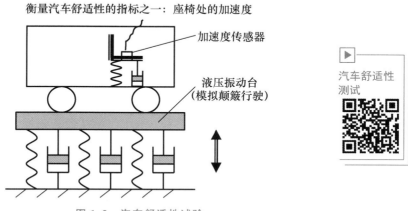

图 1.2　汽车舒适性试验

在上述两个例子中，都将要观察研究的对象（铜球、汽车）置于某种特定的环境条件（光滑的斜面、液压振动台）下运行（铜球滚动、汽车颠簸），经测量获取某些表征对象特征的量（铜球运动的时间和距离、汽车座椅处的加速度）的数据，在对测量数据进行处理后，得到所需结论（自由落体定律、汽车舒适性是否满足要求）。这种通过测量获取数据的试验（实验），或者说具有试验（实验）性质的测量称为测试。测试技术包含测量技术和试验（实验）技术两个方面。

测量是为各种物理量确定数值的活动。测量过程就是用一定的手段和方法对被测量物理量与预定标准进行定量的比较，得到被测物理量的数值结果。例如，人体身高的测量就是将某个人的"身体高度"物理量与长度标准"米"对照，采用标准米尺测量并比较，得到这个人的身高数值。

除长度、质量、时间等基本量外，机械量还包括温度、应力、应变以及与流体（流量、压强）、声学（声压、声强）、力（力矩）和运动（位移、速度、加速度）有关的参数等。

试验（实验）是对被研究的对象或系统进行研究的一种方法。它是在特定的环境和条件下，运行或激励研究对象，观察并分析对象的运行状态，得到所需结论或信息的研究过程。

测试是测量和试验（实验）的综合。测试得到的试验（实验）数据为获得研究对象的研究结论提供重要依据。在例 1.2 中，通过在座椅处安装加速度传感器测量加速度来评价汽车舒适性，如果超标，则表示应改进该汽车的设计。测量的重要性在于它在系统要求的结果和实际取得的结果之间提供了一种定量的比较。

测试过程是借助专门设备，通过合适的试验（实验）、必要的测量和数据处理，从研究对象中获得有关信息。在该过程中，需要用到与获得对象信息相关的测量和试验（实验）原理、方法、手段。这些原理、方法和手段构成了测试的技术体系。

对于信息，一般可理解为消息、情报或知识。例如在古代，烽火是外敌入侵的信息。从物理学观点考虑，信息不是物质，也不具有能量，但它是物质固有的，也是其客观存在或运动状态的特征。因此，可以将信息理解为事物运动的状态和方式。

信息本身不是物质，也不具有能量，但信息的传输依靠物质和能量。传输信息的载体称为信号。信息蕴含于信号之中。例如古代的烽火，人们观察到的是光信号，而它所蕴含的信息是"外敌入侵"。

信号具有物理特性，它是物质且具有能量。人类获取信息需要借助信号，信号的变化则反映了所携带信息的变化。

测试的目的是获取研究对象中的有用信息，而信息蕴含于信号之中，对象信息都需要通过信号传递给观测者。例如，自由落体运动的信息是通过铜球在不同时间出现在不同位置的信号传递的，汽车舒适性的信息是通过加速度信号传递的。只有通过对信号进行处理和分析才能得到对象信息，如加速度信号需要通过分析转换得到加速度的幅值、频率等指标数据，以确定汽车舒适性是否满足要求。因此，测试也是获取、加工、传输、显示、记录（存储）、处理、分析信号的过程。

1.2 测试技术的作用

人类从事的社会生产、经济交往和科学研究活动与测试技术息息相关。

首先，测试是人类认识客观世界的一种手段，也是科学研究的基本方法。科学的基本目的在于客观地描述自然界。科学定律是定量的定律，科学探索离不开测试技术，用定量关系和数学语言表达科学规律及理论需要测试技术，验证科学理论和规律的正确性同样需要测试技术。事实上，在科学技术领域，许多新的科学发现与技术发明往往以测试技术的发展为基础。可以认为，测试技术能达到的水平，在很大程度上决定了科学技术的发展水平。

其次，测试是工程技术领域的一项重要技术。工程研究、产品开发、生产监督、质量控制和性能试验等都离不开测试技术。在自动化生产过程中，常需要用多种测试手段来获取多种信息，以监督生产过程和机器的工作状态并达到优化控制的目的。

在应用广泛的自动控制系统中，测试装置已成为自动控制系统的重要组成部分。在现代装备系统的设计制造与运行过程中，测试工作内容已嵌入系统的各部分，并占据关键地位。测试技术已成为现代装备系统日常监护、故障诊断和有效安全运行的重要手段。

1.3 测试方法的分类

测试的目的是获取被测对象的有用信息。被测对象的信息总是非常丰富的，而测试工作是根据一定的目的和要求获取有限的、观测者感兴趣的某些特定信息，而不是企图获取该被测对象的全部信息。

从被测对象中获取的信号所携带的信息往往很丰富，既有观测者需要的信息，又有观测者不感兴趣的信息，后者称为干扰。相应地，信号有有用信号和干扰信号之分，但这是相对的。在一种场合是干扰信号，在另一种场合则可能是有用信号。例如，齿轮噪声对工作环境是一种干扰信号，但在评价齿轮副的运行状态和进行故障诊断时是有用信号。测试工作的一个重要任务就是从复杂的信号中排除干扰信号，提取有用信号，此过程称为信号的处理和分析。有关信号（信息）的基本知识及处理和分析的方法将在本书第2章讲述。

测试方法的分类

由于被测信号和测试系统具有多样性及复杂性，因此产生了多种测试方法及测试系统。

1.3.1　测量的基本方法

1. 直接比较测量法

直接比较测量法是将被测物理量与标准直接比较进行测量的方法。在例1.1伽利略自由落体实验中，测量铜球的滚动距离采用的就是直接比较测量法。直接比较铜球滚过的距离与刻线尺上的长度标准"米"，得到铜球的滚动距离。例1.1中使用的标准——刻线尺称为二次标准，而原始长度标准与光速有关。

用天平测量物体的质量，就是将物体直接与标准的砝码进行比较，得到所测物体质量的数值，这也采用了直接比较测量法。

2. 间接比较测量法

间接比较测量法是用经过与标准比较而标定过的测量装置测量被测物理量的方法，被测物理量的数值是通过装置与标准间接比较的结果。在例1.2汽车舒适性试验中，座椅处的加速度就是采用间接比较测量法测量的。它是用经标定的加速度传感器测量座椅处的加速度，不仅间接地将座椅处的加速度与标准进行比较，而且将加速度这个机械量信号转换为模拟电量信号。

如图1.3所示，用杆秤测量物体的质量也采用了间接比较测量法。称重前，用标准砝码对杆秤进行标定，确定了秤砣在秤杆不同位置对应的不同质量。称重时，利用杠杆平衡原理间接比较被测物体的质量与标准砝码的质量，得到被测物体质量的数值。

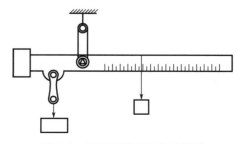

图 1.3　用杆秤测量物体的质量

间接比较测量法是应用较广泛的测量方法。

1.3.2 静态测试与动态测试

1. 静态测试

如果对象的被测物理量不随时间变化，或者随时间变化非常小以至于可以忽略，则这种测试称为静态测试。例如，空调的室内温度测试，按规范要求使用温度计测试室内温度与设定温度的差值，看其是否满足要求。在这个测试中，因为室内温度随时间变化非常小，所以该测试是静态测试。静态测试的被测信号为静态信号。

2. 动态测试

如果对象的被测物理量随时间变化较大，则这种测试称为动态测试。在例 1.2 汽车舒适性试验中，因为加速度是一个随时间变化较大的被测物理量，所以该测试是动态测试。动态测试的被测信号为动态信号。动态信号往往携带对象的动态特性信息。若被测信号是动态信号，将它输入测量系统进行比较，则输出的表示测量结果的信号是对象的动态特性和测量系统的动态特性的综合结果。因此，对于动态测试，为了从测量结果中获得被测对象中的正确信息，必须对测试系统的动态特性提出要求。本书将在第 3 章讲述测试系统的基本特性。

1.3.3 按对被测信号的转换方式分类

在机械工程测试中，被测信号往往是机械量。从狭义的范围讲，机械量包括与运动、力和温度有关的物理量，如位移、速度、加速度、外力、质量、力矩、功率、压力、流量、温度等。为了方便测试，往往把被测机械量信号转换为其他形式的信号。测试是具有试验性质的测量方法。根据被测信号的转换方式不同，测试方法可以分为机械测量法、光测量法、气压测量法和电测法等。

1. 机械测量法

机械测量法是将被测机械量信号转换为另一种机械量信号的测量方法。

如图 1.4 所示，钢板的厚度通过齿轮齿条机构转换为机械指针的角位移，由于机械指针的角位移仍是机械量，因此该方法属于机械测量法。百分表测位移、天平称重等都属于机械测量法。

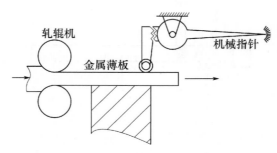

图 1.4　钢板厚度的机械测量法

2. 光测量法

光测量法是将被测机械量信号转换为光信号的测量方法。采用光栅技术、激光测量技术、红外测量技术、光纤传感技术等测量的方法都属于光测量法。

图 1.5 所示为表面粗糙度的光测量法。将光源的光通过光学系统聚焦到反光镜，然后反射到感光纸上，当被测表面水平移动时，因表面粗糙度的微观高度变化，反光镜及其光学系统随探针的移动而上下移动，故反光镜上的光点也上下移动，光点的上下移动与感光纸的水平移动在感光纸上形成反映表面粗糙度峰谷变化的记录曲线。在这个测量过程中，上下移动的反光镜将表面粗糙度的微位移信号转换为光信号。

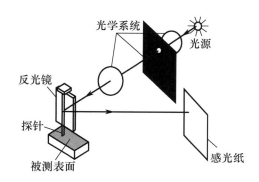

图 1.5　表面粗糙度的光测量法

图 1.6 所示为利用光纤传感器测量应变的光测量法。将光纤的敏感部分与被测对象固连，光纤中传输激光光束，当被测对象发生变形时，其应变传递给光纤，光纤的传光特性（如波长、相位、强度）发生变化，从而将应变变化转换为光纤所传输光束的相位或强度变化。

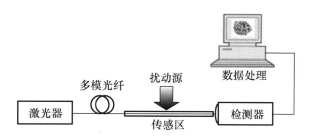

图 1.6　利用光纤传感器测量应变的光测量法

3. 气压测量法

气压测量法是将被测机械量信号转换为气体压力信号的测量方法。

图 1.7 所示为气动比较仪的工作原理。中间压力 p_i 取决于气源压力 p_s 及喷孔 O_1 和 O_2 之间的压降。喷孔 O_2 的有效尺寸随距离 d 变化。当 d 变化时，中间压力 p_i 也发生变化，这一变化可以用于测量距离 d。

气压测量法对环境条件的要求不高，但由于其可压缩性低和响应较迟缓，因此只适用于静态测试。

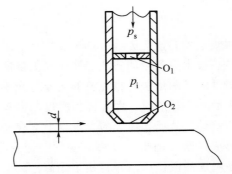

p_i—中间压力；p_s—气源压力；d—距离；Q_1，O_2—喷孔。

图 1.7　气动比较仪的工作原理

4. 电测法

电测法是将被测机械量信号转换为电信号的测量方法。

在机械工程中，普遍使用的测量方法是电测法。电测法精度和灵敏度高，特别适用于动态测试。电测法可以将不同的被测机械量信号转换为相同的电信号，便于用统一的后续仪器进行处理和分析。同时，电测法便于进行长距离测量和控制，甚至可以进行无线遥控测量。例 1.2 就是典型的电测法，即加速度传感器将加速度信号转换为电量并输出。图 1.8 所示为表面粗糙度的电测法。

非电量电测
系统的构成

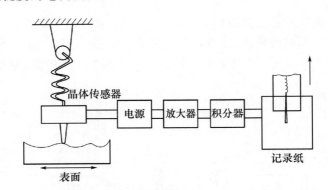

图 1.8　表面粗糙度的电测法

1.4　测试系统的组成

在例 1.2 中，为了将加速度传感器中输出的加速度信号传输给观测者，整个过程力求既不失真又不受干扰。或者说，要在有严重外界干扰的情况下提取和辨识信号中的有用信息，就必须在测试中对信号做必要的变换、放大等处理。有时，还需要选用适当的方式激励研究对象（信源），使它处于人为控制的运动状态（如汽车的振动状态），从而产生表征特征（舒适性信息）的信号（振动加速度）。图 1.2 中的液压振动台就是用于激励研究对象（汽车）的装置，称为激励装置。

据此，测试系统往往是由许多功能不同的仪器或装置组成的。加速度测试系统框图如图 1.9 所示。由此可得到一般的测试系统框图，如图 1.10 所示，包括测量装置、标定装置和激励装置。

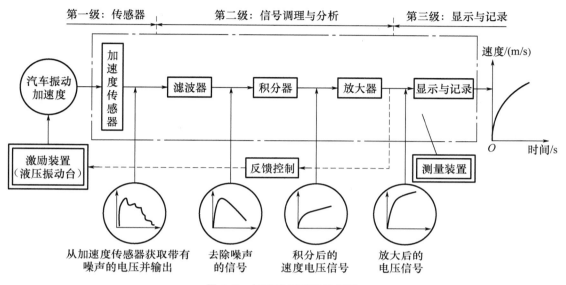

图 1.9　加速度测试系统框图

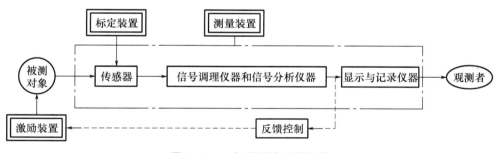

图 1.10　一般的测试系统框图

1. 测量装置

测量装置是测量仪器和辅助装置的总称。测量装置包括传感器、信号调理仪器和信号分析仪器、显示与记录仪器三部分，这三部分称为三级。

第一级：检测-传感器级或敏感元件-传感器级。

第二级：中间级或信号调理与分析级。

第三级：终端级或显示-记录级。

传感器感受和拾取被测非电量信号，并将其转换为电信号送入后续仪器进行处理。第 4 章将专门讨论常用传感器。

信号调理仪器也称中间转换电路，其作用是转换传感器送来的信号。其对信号执行一种或多种基本操作（如实现再转换、放大或衰减、调制与解调、阻抗变换、滤波等），最终使信号转换成适合显示、记录或与计算机外部设备适配的信号。

信号分析仪器多指计算机系统或专用数字信号分析仪器，也可以是模拟信号分析仪器。它主要对信号进行滤波、运算等，以求得信号中有用的特征值。

显示与记录仪器的作用是提供人能够理解的信息。

2. 标定装置

标定装置用于找到测量装置的输入与输出之间的数量关系。在例 1.2 中，通过间接比较测量法得到的加速度最终可输出为记录纸上的"位移"。若记录纸上的"位移"变化规律与汽车座椅的加速度变化规律一致，则表明可以通过记录纸上的"位移"定性地确定加速度的变化规律。但要定量地确定"位移"与加速度的关系（多少毫米"位移"代表多大的加速度），就必须对测量系统进行标定，标定使用的装置称为标定装置。

3. 激励装置

激励装置根据测试内容的需要，使被测对象处于人为工作状态，产生表征特征（信息）的信号。

1.5 "测试技术基础"课程的性质和任务

测试是一项非常复杂的工作，需要综合运用多种科学知识。从广义的角度来讲，测试涉及试验设计、模型理论、传感器、信号的加工与处理（传输、调理和分析、处理）、误差理论、控制工程、系统辨识和参数估计等内容。从狭义的角度来讲，测试是指在选定激励的方式下检测信号，并对信号进行调理与分析，以便显示与记录或以电量输出信号、数据的工作。"测试技术基础"课程在有限的学时内，从狭义的角度研究机械工程动态测试中常用的传感器、新型调理电路及显示与记录仪器等的工作原理，测试系统基本特性的评价方法，测试信号的调理与分析，以及常见物理量的测试方法。

对高等学校机械工程相关专业来说，"测试技术基础"是一门专业基础课。通过学习本课程，学生能掌握合理选用测试仪器、配置测试系统和动态测试所需基本知识及技能，为解决机械工程技术问题打下基础。

从动态测试工作必备的基本条件出发，学生在学完本课程后应具备下列几方面知识。

（1）掌握信号时域和频域的描述方法，形成明确的信号频谱结构的概念；掌握谱分析和相关分析的基本原理及方法；掌握数字信号分析的基本概念和方法。

（2）掌握测试系统基本特性的评价方法和不失真测试条件，并能正确地分析和选择测试系统；掌握一阶系统、二阶系统的动态特性及其测试方法。

（3）了解常用传感器、信号调理电路和显示与记录仪器的工作原理及性能，并能较合理地选用。

（4）对动态测试工作的基本问题有比较完整的理解，能初步测试机械工程中的某些参数。

"测试技术基础"课程具有很强的实践性，只有在学习过程中紧密联系实际、注意物理概念、加强实验才能真正掌握有关理论，具备一定的测试能力，理解关于动态测试工作的完整概念，初步具有进行实际测试工作的能力。

1.6　测试技术的发展动向

现代科技的发展对测试技术提出了新的要求，推动测试技术的发展。与此同时，各学科领域的新成就也常常体现在测试方法和仪器设备的改进中。测试技术总是从其他相关学科中汲取"营养"而得到发展。

近年来，新技术和新材料的兴起加快了测试技术的发展，主要表现在传感器技术的发展和测量方式的多样化两个方面。

1.6.1　传感器技术的发展

传感器是信息的源头，传感器技术是测试技术的关键。如今传感器有以下两方面发展趋势。

1. 物理型传感器的开发

物理型传感器依据机敏材料本身的物理性能随被测量的变化实现信号转换。这类传感器的开发实际上是新材料的开发。应用于传感器开发的机敏材料主要有声发射材料、电感材料、光纤、磁致伸缩材料、压电材料、形状记忆材料、电阻应变材料、X 射线感光材料、石墨烯等。这些材料的开发不仅使可测量增加，还使传感器集成化、微型化以及高性能传感器的出现成为可能。总之，传感器正经历着从以机构型为主向以物理型为主转变的过程。

2. 集成化、智能化传感器的开发

随着微电子学、微细加工技术的发展，出现了多种集成化、智能化传感器。这类传感器具有智能化功能。集成测量电路、微处理器与传感器的传感器（将同一功能的多个敏感元件通过集成的方式排列成线型或面型传感器）可同时测量多种参数。

1.6.2　测量方式的多样化

1. 多传感器融合技术在工程中的应用

多传感器融合技术是解决在测量过程中获取信息的方法。由于多传感器是以不同的方法、从不同的角度获取信息的，因此可以通过传感器之间的信息融合去伪存真，提高测量信息的准确性。

2. 积木式、组合式测量方法

积木式、组合式测量方法能有效提高测试系统的柔性，降低测量工作的成本，达到不同层次及不同目标的测试目的。

3. 虚拟仪器

一般来说，将数据采集卡插入计算机卡槽，利用软件在屏幕上生成某种仪器的虚拟面

板，在软件的引导下进行采集、运算、分析和处理，实现仪器功能并完成测试过程的仪器是虚拟仪器。数据采集卡与计算机组成仪器通用硬件平台，在此平台上调用测试软件完成某种功能的测试任务，即构成该种功能的测试仪器，成为具有虚拟面板的虚拟仪器。在同一平台上，调用不同的测试软件可构成不同的虚拟仪器，以方便地将多种测试功能集于一体，成为多功能虚拟仪器。例如，若利用软件对采集的数据进行快速傅里叶变换，则构成一台频谱分析仪。虚拟仪器是深层次结合测试技术与计算机的仪器，也是虚拟现实技术在精密测试领域的典型应用。

 案例讨论

测试技术在我国航天飞行器上的应用

我国载人航天取得了一系列历史性突破。我国空间站全面建成，增强了我们的民族自豪感。多年来，我国航天人艰苦奋斗、努力拼搏，取得了连战连捷的辉煌战绩，形成了"特别能吃苦、特别能战斗、特别能攻关、特别能奉献"的航天精神。测试技术在我国航天飞行器上有广泛应用。例如模拟航天飞行器起飞时重力加速度的台架试验，其试验台通过旋转试验台的离心力模拟航天飞行器起飞时的重力加速度，并通过相应的力传感器、加速度传感器等测量试验台架产生的重力加速度，模拟航天飞行器的起飞情况，也可以对航天员进行训练等。

小　结

测试是人类认识客观世界的一种手段，也是科学研究的基本方法。测试是一项非常复杂的工作，需要综合运用多种科学知识。"测试技术基础"是一门技术基础课。通过本课程的学习，学生应能合理地选用测试仪器、配置测试系统并初步掌握动态测试所需基本知识和技能，为解决机械工程技术问题打下基础。

本章主要内容如下。

（1）测试的含义。测试是具有试验性质的测量，也是测量和试验的综合。

（2）测试方法的分类。测量的基本方法分为直接比较测量法和间接比较测量法；静态测试和动态测试；根据被测信号的转换方式不同分为机械测量法、光测量法、气压测量法、电测法。

（3）测试系统一般由测量装置、标定装置和激励装置组成。

（4）"测试技术基础"课程的性质和任务。

习　题

1-1　图 1.11 所示为拉力式称重弹簧秤，它也是一种常用的质量测量系统，详细讨论该质量测量系统的三级。

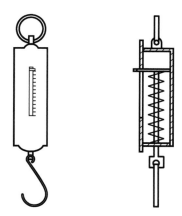

图 1.11　拉力式称重弹簧秤

1-2　汞玻璃体温计是一种常用的温度测量系统，详细讨论该温度测量系统的三级。

1-3　写一篇关于位移、速度、温度、力或应变测量系统的构成和测量过程的简短报告。

第1章
在线答题

第2章
信号描述及分析

 教学提示

　　根据信号的不同特征，信号有不同的分类方法。采用信号不同"域"的描述，可突出信号的不同特征以满足不同需求。信号的时域描述强调幅值随时间变化的特征；信号的频域描述强调幅值和相位随频率变化的特征。信号的时域描述和频域描述的转换通过傅里叶级数或傅里叶变换实现。模拟信号通过数/模（D/A）转换转换为数字信号。离散信号的离散傅里叶变换与信号的傅里叶变换既有联系又有区别。随机信号可以通过幅值域分析、随机信号的时域描述和频域描述，分别利用相关分析和功率谱分析实现。

 教学要求

　　了解信号的不同分类方法及其特点，明确信号的时域描述和频域描述的含义。重点理解信号频谱的概念，包括周期信号的离散频谱和瞬态信号的连续频谱。掌握傅里叶变换的主要性质、典型信号的频谱，并能灵活运用。掌握数字信号的基本知识，理解离散傅里叶变换的图解过程和混叠现象，正确理解和应用采样定理，理解截断、泄漏和窗函数，熟悉常用的窗函数。掌握随机信号的基本概念、主要特征参数及幅值域分析方法。熟练掌握自相关分析和互相关分析方法，掌握自谱和互谱的概念，会分析基本问题。

 课程资源

　　价值目标：使学生了解信号分析和处理的国内外发展现状以及科学家精神、奉献精神，培养学生的家国意识和科技创新精神。

　　导入案例

傅里叶忘我的科学钻研精神

1768 年傅里叶出生于法国。1807 年，他提出"任何周期信号都可用正弦函数级数表

述"。1822 年,他发表了《热的解析理论》,自此有了傅里叶级数。他一生都在为科学付出,正是凭借这种忘我的奉献精神,傅里叶在数学领域取得了巨大成就。

主要内容:

➢ 黄大年事迹。

➢ 中国"芯"。

➢ 射电望远镜——中国"天眼"。

案例讨论:信号处理在中国"天眼"上的应用。

【第2章课程
资源主要内容】

课程引导

党的二十大报告指出,"培育创新文化,弘扬科学家精神,涵养优良学风,营造创新氛围。扩大国际科技交流合作,加强国际化科研环境建设,形成具有全球竞争力的开放创新生态""加快建设制造强国、质量强国、航天强国、交通强国、网络强国、数字中国"。测试始终都需要与信号打交道,包括信号获取、信号调理和信号分析等。信号分析包括频谱分析、幅值域分析、相关分析和功率谱分析等。国内外信号调理与分析领域有很多知名科学家,如傅里叶、香农、孙家栋、黄大年、南仁东等。测试技术是建设制造强国、质量强国、航天强国、交通强国、网络强国、数字中国都离不开的技术。

信息一般可理解为消息、情报或知识。例如,语言文字是社会信息,商品报道是经济信息,古代烽火是外敌入侵的信息,等等。从物理学观点出发,信息不是物质,也不具有能量;但它是物质固有的,是其客观存在或运动状态的特征。信息可以理解为事物的运动状态和方式。信息与物质、能量一样,是人类不可缺少的一种资源。

信息本身不是物质且不具有能量,但信息的传输依靠物质和能量。一般来说,传输信息的载体称为信号,信息蕴含于信号之中。信息和信号之间的关系举例如下。

(1)古代烽火和现代防空警笛。对于古代烽火,人们观察到的是光信号,而其蕴含的信息是"外敌入侵";对于防空警笛,人们感受到的是声信号,而其携带的信息是"敌机空袭"或"敌机溃逃"。

(2)教师讲课和学生自学。教师讲课时发出的是声音信号,其是以声波的形式发出的;而声音信号中包含的信息就是教师讲授的内容。学生自学时,通过书上的文字或图像信号获取学习内容,这些内容就是文字或图像信号承载的信息。

信号具有能量,它是某种具体的物理量。信号的变化反映了所携带信息的变化。

测试的目的是获取研究对象中的有用信息,而信息又蕴含于信号之中。可见,测试始终需要与信号"打交道",包括信号的获取、调理和分析等。信号的分析包括频谱分析、幅值域分析、相关分析和功率谱分析等。

另外,通过测试获得的信号往往混有各种噪声,产生噪声的原因可能是测试装置本身不完善,也可能是系统中混入其他输入源。含有噪声的信号使得所需特征不明显、不突出,甚至难以直接识别和利用。只有在排除干扰并经过必要的处理和分析,消除和修正系统误差之后,才能比较准确地提取信号中的有用信息。一般来说,通常把研究信号的构成和特征值的过程称为信号分析,把对信号进行必要的变换以获得所需信息的过程称为信号处理，信号分析与信号处理是相互关联的。因此，信号分析和信号处理包括两个步骤：分离信号与噪声，提高信噪比；从信号中提取有用的特征信号。

近年来，信号分析发展迅猛，已经形成一门新兴学科。它对测试技术的发展产生了极大的推动作用，大幅度提高了测试系统的性能，并扩大了测试技术的应用范围。

2.1　信号的分类与描述

2.1.1　信号的分类

为了深入了解信号的物理性质，讨论信号的分类是非常必要的。下面讨论几种常见的信号分类方法。

信号的分类
与描述

确定信号与
非确定信号

1. 按信号随时间的变化规律分类

根据信号随时间的变化规律不同，信号可以分为确定性信号和随机信号（非确定性信号）。

（1）确定性信号。能明确地用数学关系式描述随时间变化关系的信号称为确定性信号。例如，一个单自由度无阻尼质量的弹簧振动系统（图 2.1）的位移信号 $x(t)$ 可表示为

$$x(t) = X_0 \cos\left(\sqrt{\frac{k}{m}}t + \varphi_0\right) \qquad (2-1)$$

式中：X_0 为初始振幅；k 为弹簧刚度系数；m 为质量；t 为时间；φ_0 为初相位。

该信号用图形表达如图 2.2 所示。其中，横坐标为独立变量 t，纵坐标为因变量 $x(t)$，这种图形称为信号的波形。

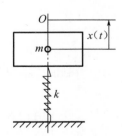

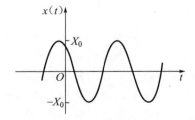

图 2.1　单自由度无阻尼质量的弹簧振动系统　　　图 2.2　信号波形

确定性信号可分为周期信号与非周期信号。按一定时间间隔周而复始出现的信号称为周期信号，否则称为非周期信号。

① 周期信号。

周期信号的数学表达式为

$$x(t) = x(t + nT) \qquad (2-2)$$

式中：T 为信号的周期，$T = 2\pi/\omega = 1/f$（其中 ω 为角频率，$\omega = 2\pi f$，f 为频率）$n = \pm 1$，

±2，…。

周期为 T_0 的三角波信号和方波信号如图 2.3 所示。

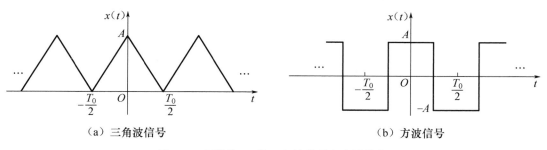

（a）三角波信号　　　　　　　　　　　（b）方波信号

图 2.3　周期为 T_0 的三角波信号和方波信号

式（2-1）表示的信号为周期信号，其角频率 $\omega=\sqrt{k/m}$，周期 $T=2\pi/\omega$。这种单一频率的正弦信号或余弦信号称为谐波信号。

由多个乃至无穷个频率成分叠加而成，叠加后仍存在公共周期的信号称为一般周期信号，如

$$
\begin{aligned}
x(t) &= x_1(t) + x_2(t) \\
&= A_1\cos(2\pi f_1 t + \theta_1) + A_2\cos(2\pi f_2 t + \theta_2) \\
&= 10\cos(2\pi \cdot 3t + \pi/6) + 5\cos(2\pi \cdot 2t + \pi/3)
\end{aligned}
\tag{2-3}
$$

$x(t)$ 由周期信号 $x_1(t)$ 和 $x_2(t)$ 叠加而成，周期分别为 $T_1=1/3$、$T_2=1/2$，叠加后信号的周期为 T_1 和 T_2 的最小公倍数 1，即最小公共周期为 1，如图 2.4 所示。

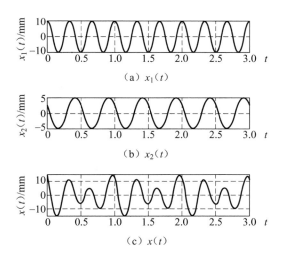

（a）$x_1(t)$

（b）$x_2(t)$

（c）$x(t)$

图 2.4　两个余弦信号叠加（有公共周期）

② 非周期信号。

a. 准周期信号。在非周期信号中，由多个频率成分叠加而成，但叠加后不存在公共周期的信号称为准周期信号，如

$$
x(t) = x_1(t) + x_2(t) = A_1\cos(\sqrt{2}t + \theta_1) + A_2\cos(3t + \theta_2)
\tag{2-4}
$$

$x(t)$ 由信号 $x_1(t)$ 和 $x_2(t)$ 叠加而成，两个信号的频率比为无理数，即没有公约数，叠

加后信号无公共周期，如图 2.5 所示。

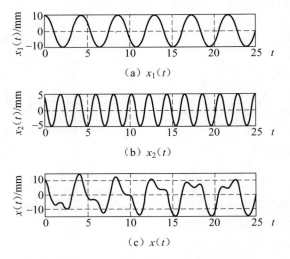

（a）$x_1(t)$

（b）$x_2(t)$

（c）$x(t)$

图 2.5　两个余弦信号叠加（无公共周期）

b. 瞬态信号。在有限时间段内存在或随时间幅值衰减至零的信号称为瞬态信号，又称瞬变非周期信号或一般非周期信号。

图 2.6 所示为常见非周期信号，其中图 2.6（a）所示为指数衰减振动信号，表示为

$$x(t) = X_0 \cdot e^{-at} \cdot \sin(\omega t + \varphi_0) \tag{2-5}$$

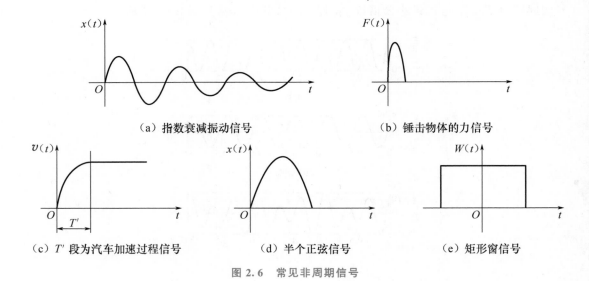

（a）指数衰减振动信号　　　　　　　　　（b）锤击物体的力信号

（c）T' 段为汽车加速过程信号　　　　（d）半个正弦信号　　　　　　（e）矩形窗信号

图 2.6　常见非周期信号

（2）随机信号（非确定性信号）。无法用明确的数学关系式表达的信号称为随机信号。随机信号只能用概率统计方法由过去估计未来或找出某些统计特征量。根据统计特性参数的特点，随机信号可分为平稳随机信号和非平稳随机信号两类。其中，平稳随机信号可进一步分为各态历经随机信号和非各态历经随机信号。

2. 按信号幅值随时间变化的连续性分类

根据信号幅值随时间变化的连续性，信号可以分为连续信号与离散信号。

连续信号与
离散信号

（1）连续信号。

独立变量取值连续的信号称为连续信号，如图2.7（a）、图2.7（b）所示。

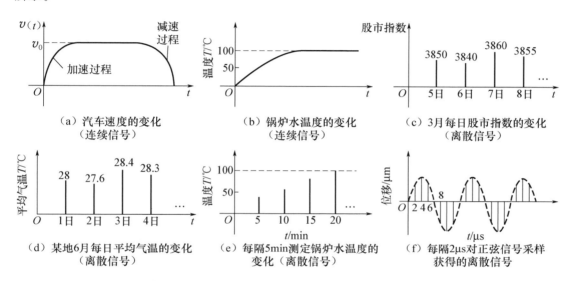

图 2.7　连续信号与离散信号

（2）离散信号。

仅独立变量连续的信号称为一般连续信号；仅独立变量离散的信号称为一般离散信号。信号幅值也可分为连续和离散两种，幅值和独立变量均连续的信号称为模拟信号，如图2.7（a）、图2.7（b）所示；幅值和独立变量均离散并能用二进制数表示的信号称为数字信号，如图2.7（f）所示，其幅值进行了离散化。数字计算机使用的信号都是数字信号。

3. 按信号的能量特征分类

根据信号的能量特征，信号可以分为能量信号与功率信号。

（1）能量信号。

若信号 $x(t)$ 在 $(-\infty, \infty)$ 内满足

$$\int_{-\infty}^{\infty} x^2(t)\mathrm{d}t < \infty \qquad (2-6)$$

则该信号的能量是有限的，称为能量有限信号，简称能量信号。例如，图2.6所示的信号都是能量信号。

（2）功率信号。

若信号 $x(t)$ 在 $(-\infty, \infty)$ 内满足

$$\int_{-\infty}^{\infty} x^2(t)\mathrm{d}t \to \infty \qquad (2-7)$$

能量信号与
功率信号

而在有限区间(t_1,t_2)的平均功率是有限的，即

$$\frac{1}{t_2-t_1}\int_{t_1}^{t_2}x^2(t)\mathrm{d}t<\infty \qquad (2-8)$$

则该信号称为功率有限信号，简称功率信号。例如，图2.2中的正弦信号就是功率信号。

综上所述，信号分类可归纳如下。

按信号随时间的变化规律分类

信号 $\begin{cases}\text{确定性信号}\begin{cases}\text{周期信号}\begin{cases}\text{谐波信号}\\\text{一般周期信号}\end{cases}\\\text{非周期信号}\begin{cases}\text{准周期信号}\\\text{瞬态信号}\end{cases}\end{cases}\\\text{随机信号}\begin{cases}\text{平稳随机信号}\begin{cases}\text{各态历经信号}\\\text{非各态历经信号}\end{cases}\\\text{非平稳随机信号}\end{cases}\end{cases}$

按信号幅值随时间变化的连续性分类

信号 $\begin{cases}\text{连续信号}\begin{cases}\text{模拟信号（幅值和独立变量均连续）}\\\text{一般连续信号（独立变量连续）}\end{cases}\\\text{离散信号}\begin{cases}\text{一般离散信号（独立变量离散）}\\\text{数字信号（幅值和独立变量均离散）}\end{cases}\end{cases}$

按信号的能量特征分类

信号 $\begin{cases}\text{能量信号}\\\text{功率信号}\end{cases}$

2.1.2 信号的时域描述和频域描述

直接观测或记录的信号一般为随时间变化的物理量。这种以时间为独立变量，用信号幅值随时间变化的函数或图形描述信号的方法称为时域描述。式（2-1）为单自由度无阻尼质量的弹簧振动系统位移信号的函数表示，也可用时域波形表示，参见图2.2。信号的时域波形是时域描述的一种重要形式。

时域描述简单直观，只能反映信号幅值随时间变化的特性，而不能明确揭示信号的频率成分。因此，为了研究信号的频率构成和各频率成分的幅值及相位关系，需要把时域信号转换为频域信号，即通过数学处理把时域信号转换为以频率f（或角频率ω）为独立变量、相应的幅值或相位为因变量的函数表达式或图形，这种描述信号的方法称为频域描述。例如，若式（2-1）描述的单自由度无阻尼质量的弹簧振动系统的位移信号为

$$x(t)=A_0\cos(\omega_0 t+\theta_0)=A_0\cos(2\pi ft+\theta_0)=10\cos(2\pi\cdot10\cdot t+\pi/3)$$

则其时域波形如图2.8（a）所示；其频域描述一般用频谱图表示，如图2.8（b）、图2.8（c）所示。

时域信号与
频域信号

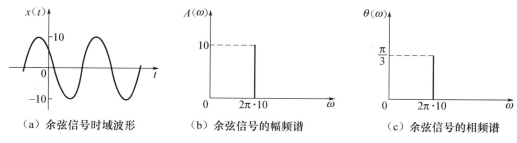

（a）余弦信号时域波形　　　　（b）余弦信号的幅频谱　　　　（c）余弦信号的相频谱

图 2.8　单自由度无阻尼质量的弹簧振动系统的波形和频谱图

信号"域"的不同是指信号的独立变量不同或描述信号的横坐标物理量不同。信号在不同域中的描述使信号所需特征更为突出，以便满足解决不同问题的需要。信号的时域描述以时间为独立变量，只能反映信号幅值随时间的变化，强调信号幅值随时间变化的特征。信号的频域描述以频率或角频率为独立变量，反映信号的幅值和初相位随频率的变化，强调信号的幅值和相位随频率变化的特征。因此，信号的时域描述直观反映信号随时间变化的情况，频域描述则反映信号的频率成分。信号的时域描述和频域描述是信号表示的不同形式，同一信号无论采用哪种描述方法信息内容都是相同的，即把信号的时域描述转换为频域描述时不增加新的信息。信号的"域"还包括幅值域和时延域。

2.2　周期信号与离散频谱

最简单、最常用的周期信号是谐波信号。一般周期信号可以利用傅里叶级数展开成多个乃至无穷个不同频率的谐波信号。也就是说，一般周期信号是由多个乃至无穷个不同频率的谐波信号线性叠加而成的。

▶

周期信号的
频谱分析

1807 年，傅里叶提出任何周期信号都可用正弦函数级数表示。1822 年，他发表了著作《热的解析理论》，自此有了傅里叶级数、傅里叶积分。

2.2.1　周期信号的傅里叶级数的三角函数展开

在有限区间上，周期信号 $x(t)$ 只要满足狄利克雷（Dirichlet）条件[①]就可以展开成傅里叶级数。傅里叶级数的三角函数表达式为

$$x(t) = a_0 + \sum_{n=1}^{\infty} (a_n \cos n\omega_0 t + b_n \sin n\omega_0 t) \tag{2-9}$$

式中：a_0 为信号的常值分量；a_n 为信号的余弦分量幅值；b_n 为信号的正弦分量幅值。

a_0、a_n 和 b_n 分别为

---

① 狄利克雷（Drichlet）条件：信号 $x(t)$ 在一个周期内只有有限个第一类间断点（当 t 从左或右趋向于这个间断点时，函数有左极限值或右极限值）；信号 $x(t)$ 在一个周期内只有有限个极大值或极小值；信号在一个周期内是绝对可积分的，即 $\int_{-T_0/2}^{T_0/2} x(t)\mathrm{d}t$ 应为有限值。

傅里叶级数
的三角函数
展开

$$\begin{cases} a_0 = \dfrac{1}{T_0} \displaystyle\int_{-T_0/2}^{T_0/2} x(t)\,\mathrm{d}t \\[2mm] a_n = \dfrac{2}{T_0} \displaystyle\int_{-T_0/2}^{T_0/2} x(t)\cos n\omega_0 t\,\mathrm{d}t \\[2mm] b_n = \dfrac{2}{T_0} \displaystyle\int_{-T_0/2}^{T_0/2} x(t)\sin n\omega_0 t\,\mathrm{d}t \end{cases} \tag{2-10}$$

式中：T_0 为信号的周期；ω_0 为信号的基频，即角频率，$\omega_0 = 2\pi/T_0$，$n=1$，2，3，…。

合并式（2-9）中的同频项，得

$$x(t) = a_0 + \sum_{n=1}^{\infty} A_n \cos(n\omega_0 t + \theta_n) \tag{2-11}$$

式中：信号的幅值 A_n 和相位 θ_n 分别为

$$A_n = \sqrt{a_n^2 + b_n^2} \tag{2-12a}$$

$$\theta_n = \arctan(-b_n/a_n) \tag{2-12b}$$

由式（2-11）可以看出，周期信号是由一个或多个乃至无穷个不同频率的谐波信号叠加而成的。或者说，一般周期信号可以分解为一个常值分量 a_0 和多个呈谐波关系的正弦分量之和。因此，一般周期信号的傅里叶级数的三角函数展开是以正（余）弦函数为基本函数簇相加获得的。

周期信号的幅值 A_n 随 ω（或 f）的变化关系称为信号的幅频谱，用 A_n-ω（或 A_n-f）表示。周期信号的相位 θ_n 随 ω（或 f）的变化关系称为信号的相频谱，用 θ_n-ω（或 θ_n-f）表示；幅频谱和相频谱统称周期信号的三角频谱。因此，信号的频谱就是构成信号各频率分量的集合，它表征信号的幅值或相位随频率的变化关系，即信号的结构。对信号进行数学变换，获得频谱的过程称为信号的频谱分析。在周期信号的三角频谱中，由于 n 为整数，因此相邻频率的间隔 $\Delta\omega = \omega_0 = 2\pi/T_0$ 或 $\Delta f = f_0 = 1/T$，即各频率成分都是 ω_0 或 f_0 的整数倍。通常把 ω_0 或 f_0 称为基频，其对应的信号称为基波，而把 $n\omega_0$（$n=2,3,\cdots$）或 nf_0（$n=2,3,\cdots$）的倍频成分 $A_n \cos(n\omega_0 t + \varphi_n)$ 或 $A_n \cos(2\pi nf_0 t + \theta_n)$ 称为 n 次谐波。

以角频率 ω（或频率 f）为横坐标、以幅值 A_n 和相位 θ_n 为纵坐标的图形分别称为周期信号的幅频图和相频图，即 A_n-ω（或 A_n-f）图和 θ_n-ω（或 θ_n-f）图，它们统称周期信号的三角频谱图。基波（$n=1$）或 n 次谐波在频谱图中对应一根谱线。在周期信号的三角频谱图中，谱线是离散的。三角频谱中的角频率 ω 或频率 f 从 $0 \sim +\infty$，谱线总是在横坐标的一边，因而三角频谱也称单边谱，其频谱图也称单边频谱图。

【例 2.1】 画出式（2-3）所示信号 $x(t)$ 的三角频谱图。

解： 如图 2.4 所示，$x(t)$ 由 $x_1(t)$、$x_2(t)$ 叠加而成，其中，$\omega_1 = 2\pi f_1 = 2\pi \cdot 3$，$\omega_2 = 2\pi f_2 = 2\pi \cdot 2$，它们的最小公共周期 $T=1$，频率间隔 $\Delta\omega = \omega_0 = 2\pi/T = 2\pi$，信号 $x_1(t)$、$x_2(t)$ 和 $x(t)$ 的三角频谱图如图 2.9 所示。

2.2.2　周期函数的奇偶特性

利用函数的奇偶性，可简化周期函数（信号）的傅里叶级数的三角函数展开式。

（1）如果周期函数 $x(t)$ 是奇函数，即 $x(t) = -x(-t)$，傅里叶系数的常值分量 $a_0 = 0$，

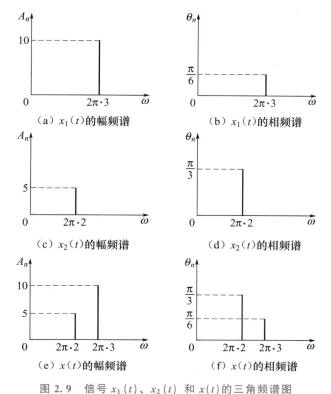

（a）$x_1(t)$的幅频谱　　　　　　（b）$x_1(t)$的相频谱

（c）$x_2(t)$的幅频谱　　　　　　（d）$x_2(t)$的相频谱

（e）$x(t)$的幅频谱　　　　　　（f）$x(t)$的相频谱

图 2.9　信号 $x_1(t)$、$x_2(t)$ 和 $x(t)$ 的三角频谱图

余弦分量幅值 $a_n = 0$，则傅里叶级数 $x(t) = \sum\limits_{n=1}^{\infty} b_n \sin n\omega_0 t$。

（2）如果周期函数 $x(t)$ 是偶函数，即 $x(t)=x(-t)$，傅里叶系数的正弦分量幅值 $b_n = 0$，则傅里叶级数 $x(t) = a_0 + \sum\limits_{n=1}^{\infty} a_n \cos n\omega_0 t$。

【例 2.2】　求图 2.3（a）所示周期性三角波信号 $x(t)$ 的傅里叶级数的三角函数展开式及三角频谱图，其中周期为 T_0，幅值为 A。

解： 在 $x(t)$ 的一个周期中，$x(t)$ 可表示为

$$x(t) = \begin{cases} A + \dfrac{A}{T_0/2}t & \left(-\dfrac{T_0}{2} \leqslant t < 0\right) \\ A - \dfrac{A}{T_0/2}t & \left(0 \leqslant t \leqslant \dfrac{T_0}{2}\right) \end{cases} \tag{2-13}$$

由于 $x(t)$ 为偶函数，因此正弦分量幅值 $b_n = 0$。而常值分量和余弦分量幅值分别为

$$a_0 = \frac{1}{T_0} \int_{-T_0/2}^{T_0/2} x(t)\,\mathrm{d}t = \frac{1}{T_0} \int_0^{T_0/2} 2\left(A - \frac{2At}{T_0}\right)\mathrm{d}t = \frac{A}{2}$$

$$a_n = \frac{2}{T_0} \int_{-T_0/2}^{T_0/2} x(t)\cos n\omega_0 t\,\mathrm{d}t = \frac{2}{T_0} \int_0^{T_0/2} 2\left(A - \frac{2A}{T_0}t\right)\cos n\omega_0 t\,\mathrm{d}t$$

$$= -\frac{2A}{n^2\pi^2}(\cos n\pi - 1) = \frac{4A}{n^2\pi^2}\sin^2\frac{n\pi}{2} = \begin{cases} \dfrac{4A}{n^2\pi^2} & (n = 1,3,5,\cdots) \\ 0 & (n = 2,4,6,\cdots) \end{cases}$$

则

$$A_n = \sqrt{a_n^2 + b_n^2} = |a_n| = \begin{cases} \dfrac{4A}{n^2 \pi^2} & (n=1,3,5,\cdots) \\ 0 & (n=2,4,6,\cdots) \end{cases}$$

$$\theta_n = \arctan\left(\dfrac{-b_n}{a_n}\right) = \arctan\left(\dfrac{0}{\dfrac{4A}{n^2 \pi^2}}\right) = 0 \qquad (n=1,2,3,\cdots)$$

当 $n=1$ 时，$A_1 = \dfrac{4A}{\pi^2}$，$\theta_1 = 0$；当 $n=2$ 时，$A_2 = 0$，$\theta_2 = 0$；当 $n=3$ 时，$A_3 = \dfrac{4A}{3^2 \pi^2}$，

$\theta_3 = 0$；当 $n=4$ 时，$A_4 = 0$，$\theta_4 = 0$；当 $n=5$ 时，$A_5 = \dfrac{4A}{5^2 \pi^2}$，$\theta_5 = 0$；$\cdots$。根据式（2-11）

可知，周期性三角波信号的傅里叶级数的三角函数展开式为

$$\begin{aligned} x(t) &= a_0 + \sum_{n=1}^{\infty} A_n \cos(n\omega_0 t + \theta_n) \\ &= \frac{A}{2} + \frac{4A}{\pi^2}\left(\cos\omega_0 t + \frac{1}{3^2}\cos 3\omega_0 t + \frac{1}{5^2}\cos 5\omega_0 t + \cdots\right) \end{aligned} \tag{2-14}$$

周期性三角波信号的三角频谱图如图 2.10 所示。

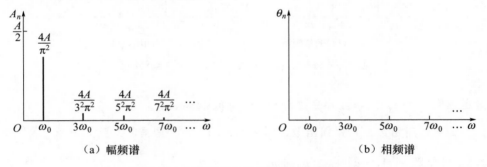

（a）幅频谱 　　　　　　　　　　　（b）相频谱

图 2.10　周期性三角波信号的三角频谱图

【例 2.3】　求图 2.3（b）所示周期性方波信号 $x(t)$ 的傅里叶级数的三角函数展开式及三角频谱图，其中周期为 T_0，幅值为 A。

解：在 $x(t)$ 的一个周期中，$x(t)$ 可表示为

$$x(t) = \begin{cases} -A & \left(-\dfrac{T_0}{2} \leqslant t < -\dfrac{T_0}{4}\right) \\ A & \left(-\dfrac{T_0}{4} \leqslant t < \dfrac{T_0}{4}\right) \\ -A & \left(\dfrac{T_0}{4} \leqslant t \leqslant \dfrac{T_0}{2}\right) \end{cases} \tag{2-15}$$

由于 $x(t)$ 为偶函数，因此正弦分量幅值 $b_n = 0$。同时信号的波形关于时间轴对称，故常值分量 $a_0 = 0$；余弦分量幅值为

$$\begin{aligned} a_n &= \frac{2}{T_0}\int_{-T_0/2}^{T_0/2} x(t)\cos n\omega_0 t \, \mathrm{d}t = \frac{4}{T_0}\int_{0}^{T_0/2} x(t)\cos n\omega_0 t \, \mathrm{d}t \\ &= \frac{4}{T_0} \cdot \frac{A}{n\omega_0}\left[\sin n\omega_0 t \,\big|_0^{T_0/4} - \sin n\omega_0 t \,\big|_{T_0/4}^{T_0/2}\right] \end{aligned}$$

$$= \frac{4}{T_0} \cdot \frac{A}{n \cdot 2\pi/T_0} \cdot \left[2\sin\left(n \cdot \frac{2\pi}{T_0} \cdot \frac{T_0}{4}\right) - \sin\left(n \cdot \frac{2\pi}{T_0} \cdot \frac{T_0}{2}\right) \right]$$

$$= \begin{cases} \dfrac{4A}{n\pi}(-1)^{\frac{n-1}{2}} & (n=1,3,5,\cdots) \\ 0 & (n=2,4,6,\cdots) \end{cases}$$

则

$$A_n = \sqrt{a_n^2 + b_n^2} = |a_n| = \begin{cases} \left| \dfrac{4A}{n\pi}(-1)^{\frac{n-1}{2}} \right| & (n=1,3,5,\cdots) \\ 0 & (n=2,4,6,\cdots) \end{cases}$$

$$\theta_n = \arctan\left(\frac{-b_n}{a_n}\right) = \arctan\left[\frac{0}{\dfrac{4A}{n\pi}(-1)^{\frac{n-1}{2}}} \right] = \begin{cases} 0 & (n=1,5,9,\cdots) \\ \pi & (n=3,7,11,\cdots) \\ 0 & (n=2,4,6,\cdots) \end{cases}$$

根据式（2-11），周期性方波信号 $x(t)$ 的傅里叶级数的三角函数展开式为

$$x(t) = a_0 + \sum_{n=1}^{\infty} A_n \cos(n\omega_0 t + \theta_n)$$

$$= \frac{4A}{\pi}\left(\cos\omega_0 t - \frac{1}{3}\cos 3\omega_0 t + \frac{1}{5}\cos 5\omega_0 t - \frac{1}{7}\cos 7\omega_0 t + \cdots \right) \tag{2-16}$$

周期性方波信号的三角频谱图如图 2.11 所示。

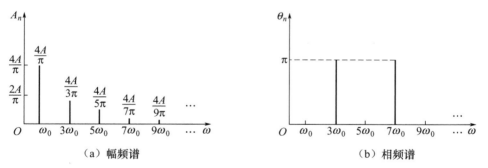

（a）幅频谱　　　　　　　　　　　　　　　　（b）相频谱

图 2.11　周期性方波信号的三角频谱图

通过以上讨论可知，常见周期信号的频谱具有以下特点。

（1）**离散性**。在三角频谱图中，每根谱线都代表一个谐波成分，谱线的高度代表该谐波成分的幅值或相位。

（2）**谐波性**。每根谱线都只有在基频的整数倍 $n\omega_0$（或 nf_0）的离散点频率处才有值。

（3）**收敛性**。谐波幅值总体随谐波次数的增大而减小，按各自规律收敛。例如，在例 2.2 和例 2.3 中，谐波幅值分别按 $\dfrac{1}{n^2}$ 和 $\dfrac{1}{n}$ 的级数收敛。

在信号的频谱分析中，一般没有必要取谐波次数过大的谐波分量。

2.2.3　周期信号的傅里叶级数的复指数函数展开

为了便于数学运算，往往将傅里叶级数写成复指数函数形式。根据欧拉公式

$$e^{\pm j\omega t} = \cos\omega t \pm j\sin\omega t \qquad (j = \sqrt{-1}) \tag{2-17}$$

有

$$\cos\omega t = \frac{1}{2}(e^{-j\omega t} + e^{j\omega t}) \tag{2-18a}$$

$$\sin\omega t = \frac{1}{2}j(e^{-j\omega t} - e^{j\omega t}) \tag{2-18b}$$

因此式（2-9）可改写为

$$x(t) = a_0 + \sum_{n=1}^{\infty}\left(\frac{a_n - jb_n}{2}e^{jn\omega_0 t} + \frac{a_n + jb_n}{2}e^{-jn\omega_0 t}\right)$$

令

$$C_0 = a_0 \tag{2-19a}$$

$$C_n = \frac{1}{2}(a_n - jb_n) \tag{2-19b}$$

$$C_{-n} = \frac{1}{2}(a_n + jb_n) \tag{2-19c}$$

则

$$x(t) = C_0 + \sum_{n=1}^{\infty}C_n e^{jn\omega_0 t} + \sum_{n=1}^{\infty}C_{-n}e^{-jn\omega_0 t}$$

$$= \sum_{n=0}^{\infty}C_n e^{jn\omega_0 t} + \sum_{n=1}^{\infty}C_n e^{jn\omega_0 t} + \sum_{n=-1}^{-\infty}C_n e^{jn\omega_0 t}$$

或

$$x(t) = \sum_{n=-\infty}^{\infty}C_n e^{jn\omega_0 t} \quad (n = 0, \pm1, \pm2, \cdots) \tag{2-20}$$

式（2-20）就是周期信号的傅里叶级数的复指数函数形式的表达式。将式（2-10）代入式（2-19b），得

$$C_n = \frac{1}{T_0}\int_{-T_0/2}^{T_0/2}x(t)e^{-jn\omega_0 t}\,dt \tag{2-21}$$

在一般情况下，C_n 是复数，可以写成

$$C_n = C_{nR} + jC_{nI} = |C_n|e^{j\varphi_n} \tag{2-22}$$

其中

$$|C_n| = \sqrt{C_{nR}^2 + C_{nI}^2} \tag{2-23a}$$

$$\varphi_n = \arctan\frac{C_{nI}}{C_{nR}} \tag{2-23b}$$

式中：C_{nR} 为复数 C_n 在实轴 Re 上的投影，称为复数 C_n 的实部；C_{nI} 为复数 C_n 在虚轴 Im 上的投影，称为复数 C_n 的虚部。C_n 与 C_{-n} 共轭，即 $C_n = C_{-n}^{*}$ 且 $\varphi_n = -\varphi_{-n}$。

周期信号 C_n 的实部 C_{nR} 和虚部 C_{nI} 随角频率 ω（或频率 f）的变化关系分别称为信号的实频谱和虚频谱，并分别用 C_{nR}-ω（或 C_{nR}-f）和 C_{nI}-ω（或 C_{nI}-f）表示；$|C_n|$ 和 φ_n 随角频率 ω（或频率 f）的变化关系分别称为信号的幅频谱和相频谱，并分别用 $|C_n|$-ω（或 $|C_n|$-f）和 φ_n-ω（或 φ_n-f）表示。周期信号的实频谱、虚频谱、幅频谱和相频谱统称周期信号的频谱。

以角频率 ω（或频率 f）为横坐标、以实部 C_{nR} 和虚部 C_{nI} 为纵坐标的图形分别称为周期

信号的实频谱图和虚频谱图，即 $C_{nR}-\omega$（或 $C_{nR}-f$）图和 $C_{nI}-\omega$（或 $C_{nI}-f$）图；而以角频率 ω（或频率 f）为横坐标、以 $|C_n|$ 和 φ_n 为纵坐标的图形分别称为周期信号的双边幅频谱图和双边相频谱图，即 $|C_n|-\omega$（或 $|C_n|-f$）图和 $\varphi_n-\omega$（或 φ_n-f）图。周期信号的实频谱图、虚频谱图、双边幅频谱图和双边相频谱图统称周期信号的频谱图。

由式（2-20）可知，$n=-\infty\sim+\infty$，则 $\omega=-\infty\sim+\infty$，$f=-\infty\sim+\infty$。因此，信号频谱的频率范围为 $-\infty\sim+\infty$，即频率是双边的，而不是单边的，周期信号的傅里叶级数的复指数函数展开的频谱都是双边频谱，其对应的频谱图称为双边频谱图。

整合式（2-22）、式（2-19b）和式（2-19c），得

$$C_n=\frac{1}{2}(a_n-jb_n)=|C_n|\,e^{j\varphi_n} \tag{2-24a}$$

$$C_{-n}=\frac{1}{2}(a_n+jb_n)=|C_n|\,e^{-j\varphi_n} \tag{2-24b}$$

则式（2-20）可表示为

$$\begin{aligned}
x(t)&=C_0+\sum_{n=1}^{\infty}C_n e^{jn\omega_0 t}+\sum_{n=1}^{\infty}C_{-n}e^{-jn\omega_0 t}\\
&=C_0+\sum_{n=1}^{\infty}\left[\,|C_n|\,e^{j(n\omega_0 t+\varphi_n)}+|C_n|\,e^{j(-n\omega_0 t-\varphi_n)}\,\right]
\end{aligned} \tag{2-25}$$

因此，可把 $C_n(n=0,\pm1,\pm2,\cdots)$ 看作在复平面内模 $|C_n|$ 为 $A_n/2$、角频率为 ω_0 的一对共轭反向旋转矢量（向量）。初相位角为 φ_n，表示矢量 $\boldsymbol{C_n}$ 对于实轴在 $t=0$ 时刻的位置。由于矢量旋转的方向可正可负，因此出现了正频率和负频率。当 $n\omega_0$ 为正时，φ_n 为正值；当 $n\omega_0$ 为负时，φ_n 为负值。图 2.12 所示为负频率的说明。

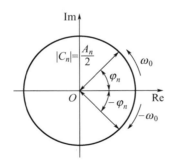

图 2.12 负频率的说明

由此可见，周期信号用复指数函数形式展开，相当于在复平面内用一系列旋转矢量 $|C_n|\,e^{j(n\omega_0 t\pm\varphi_n)}$ 描述，且具有负频率的矢量总是与具有正频率的矢量成对出现。在双边幅频谱图中，每对正频率和负频率上谱线的高度 $|C_n|$ 都相等，因此幅频谱呈偶对称分布，而双边相频谱呈奇对称分布。

负频率只是数学推导的结果，并无实际的物理意义。

2.2.4　傅里叶级数的复指数函数展开与三角函数展开的关系

由式（2-19b）和式（2-22）可知

$$C_{nR} = a_n/2 \tag{2-26a}$$

$$C_{nI} = -b_n/2 \tag{2-26b}$$

结合式（2-12a），式（2-23a）表示为

$$|C_n| = \sqrt{C_{nR}^2 + C_{nI}^2} = \sqrt{(a_n/2)^2 + (-b_n/2)^2} = A_n/2 \tag{2-27}$$

即双边频谱的幅值 $|C_n|$ 是单边频谱幅值 A_n 的一半。

由式（2-23b）及式（2-26）可知

$$\varphi_n = \arctan\left(-\frac{b_n}{a_n}\right) \tag{2-28}$$

对比式（2-11）、式（2-12）与式（2-19a）、式（2-26）至式（2-28），可得信号的傅里叶级数的复指数函数展开与三角函数展开的关系，见表 2-1。

表 2-1　信号的傅里叶级数的复指数函数展开与三角函数展开的关系

复指数展开	表 达 式	三角函数展开	表 达 式
复指数常量	$C_0 = a_0$	常值分量	$a_0 = C_0$
复数 C_n 的实部	$C_{nR} = a_n/2$	余弦分量幅值	$a_n = 2C_{nR}$
复数 C_n 的虚部	$C_{nI} = -b_n/2$	正弦分量幅值	$b_n = -2C_{nI}$
复数 C_n 的模	$|C_n| = A_n/2$	振幅	$A_n = 2|C_n|$
相位	$\varphi_n = \arctan(-b_n/a_n)$	相位	$\theta_n = \arctan(-b_n/a_n)$

【例 2.4】　画出正弦信号的频谱图。

解：由欧拉公式得

$$\sin\omega_0 t = \frac{\mathrm{j}}{2}(\mathrm{e}^{-\mathrm{j}\omega_0 t} - \mathrm{e}^{\mathrm{j}\omega_0 t})$$

由式（2-18）得

$$\sin\omega_0 t = \sum_{n=-\infty}^{\infty} C_n \mathrm{e}^{\mathrm{j}n\omega_0 t} = \mathrm{j}\frac{1}{2}\mathrm{e}^{\mathrm{j}\cdot(-1)\cdot\omega_0 t} + \mathrm{j}\frac{-1}{2}\mathrm{e}^{\mathrm{j}\cdot 1\omega_0 \cdot t}$$

结合式（2-20）及式（2-23），得

在 $-\omega_0$ 处：$C_n = \dfrac{\mathrm{j}}{2}$，$C_{nR} = 0$，$C_{nI} = \dfrac{1}{2}$，$|C_n| = \dfrac{1}{2}$，$\varphi_n = \dfrac{\pi}{2}$。

在 ω_0 处：$C_n = -\dfrac{\mathrm{j}}{2}$，$C_{nR} = 0$，$C_{nI} = -\dfrac{1}{2}$，$|C_n| = \dfrac{1}{2}$，$\varphi_n = -\dfrac{\pi}{2}$。

由式（2-27）得 $A_n = 2|C_n| = 1$。由此画出正弦信号的频谱图，如图 2.13 所示。

正弦函数的实频谱为零，虚频谱关于纵轴奇对称。在利用欧拉公式进行转换时，单项的正（余）弦信号用复指数函数形式表示变成了两项，而引入了一个（$-n\omega_0$）。作频谱图时，表达三角函数展开的频谱 $\sin n\omega_0 t$ 或 $\cos n\omega_0 t$ 仅在 $n\omega_0$ 处有一根谱线，如图 2.13（f）所示；但在表达复指数函数形式展开的频谱时，由于 $A\sin n\omega_0 t = \mathrm{j}\dfrac{A}{2}(\mathrm{e}^{-\mathrm{j}n\omega_0 t} - \mathrm{e}^{\mathrm{j}n\omega_0 t})$ 或 $A\cos n\omega_0 t = \dfrac{A}{2}(\mathrm{e}^{-\mathrm{j}n\omega_0 t} + \mathrm{e}^{\mathrm{j}n\omega_0 t})$，因此在 $n\omega_0$ 和 $-n\omega_0$ 两处各有一根谱线，其幅值为原 $\sin n\omega_0 t$ 或 $\cos n\omega_0 t$ 幅值的一半，如图 2.13(d)所示。故用三角函数展开式的频谱称为单边

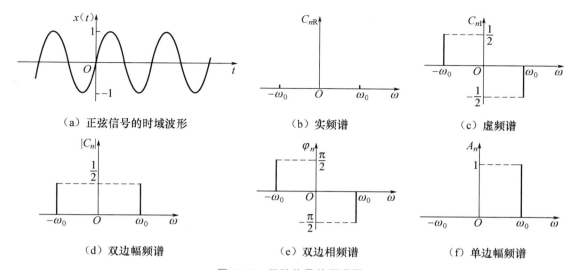

（a）正弦信号的时域波形　　　　（b）实频谱　　　　（c）虚频谱

（d）双边幅频谱　　　　（e）双边相频谱　　　　（f）单边幅频谱

图 2.13　正弦信号的频谱图

频谱；用复指数函数展开式的频谱称为双边频谱。

【例 2.5】 画出信号 $x(t)=\sqrt{2}\sin(2\pi f_0 t+\pi/4)$ 的三角频谱图和双边频谱图。

解： $x(t)=\sqrt{2}\sin(2\pi f_0 t+\pi/4)=\sqrt{2}\cos(2\pi f_0 t-\pi/4)$，则 $A_n=\sqrt{2}$，$\theta_n=-\pi/4$，在频率 f_0 处信号的傅里叶级数的三角函数展开的幅值为 $\sqrt{2}$，相位为 $-\pi/4$，其三角频谱图如图 2.14 所示。

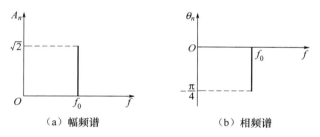

（a）幅频谱　　　　（b）相频谱

图 2.14　信号 $x(t)=\sqrt{2}\sin(2\pi f_0 t+\pi/4)$ 的三角频谱图

对信号 $x(t)=\sqrt{2}\sin(2\pi f_0 t+\pi/4)$ 进行三角函数展开并由欧拉公式得

$$x(t)=\sin 2\pi f_0 t+\cos 2\pi f_0 t$$

$$=j\frac{1}{2}(e^{-j2\pi f_0 t}-e^{j2\pi f_0 t})+\frac{1}{2}(e^{-j2\pi f_0 t}+e^{j2\pi f_0 t})$$

$$=j\frac{1}{2}(e^{j2\pi(-f_0)t}-e^{j2\pi f_0 t})+\frac{1}{2}(e^{j2\pi(-f_0)t}+e^{2\pi f_0 t})$$

$$=\left(\frac{1}{2}+j\frac{1}{2}\right)e^{j2\pi(-f_0)t}+\left(\frac{1}{2}-j\frac{1}{2}\right)e^{j2\pi f_0 t}$$

在 $-f_0$ 处：$C_n=\frac{1}{2}+j\frac{1}{2}$，$C_{nR}=1/2$，$C_{nI}=1/2$，$|C_n|=\sqrt{2}/2$，$\varphi_n=\pi/4$。

在 f_0 处：$C_n=\frac{1}{2}-j\frac{1}{2}$，$C_{nR}=1/2$，$C_{nI}=-1/2$，$|C_n|=\sqrt{2}/2$，$\varphi_n=-\pi/4$。

信号 $x(t)=\sqrt{2}\sin(2\pi f_0 t+\pi/4)$ 的双边频谱图如图 2.15 所示。

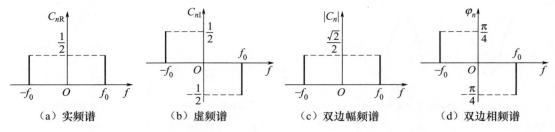

（a）实频谱　　　（b）虚频谱　　　（c）双边幅频谱　　　（d）双边相频谱

图 2.15　信号 $x(t) = \sqrt{2}\sin(2\pi f_0 t + \pi/4)$ 的双边频谱图

2.2.5　周期信号的强度表述

周期信号的强度通常用峰值 x_F 与峰-峰值 $x_\mathrm{F\text{-}F}$、均值 μ_x 与绝对均值 $\mu_{|x|}$、有效值 x_rms、平均功率 P_av 表述。

1. 峰值 x_F 与峰-峰值 $x_\mathrm{F\text{-}F}$

峰值 x_F 是指波形上与零线的最大偏离值（图 2.16），用于描述信号 $x(t)$ 在时域中出现的最大瞬时幅值，即

$$x_\mathrm{F} = |x(t)|_{\max} \tag{2-29}$$

峰-峰值 $x_\mathrm{F\text{-}F}$ 是指信号在一个周期内最大幅值与最小幅值之差。

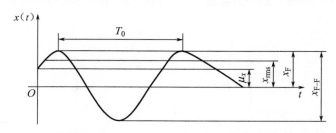

图 2.16　周期信号各强度参数的关系

应该对信号的峰值有足够的估计，以便确定测试系统的动态范围，不至于产生削波现象，从而真实地反映被测信号的最大值。

2. 均值 μ_x 与绝对均值 $\mu_{|x|}$

均值 μ_x 是指信号在一个周期内幅值对时间的平均，也就是用傅里叶级数展开后的常值分量 a_0，即

$$\mu_x = \frac{1}{T}\int_0^T x(t)\,\mathrm{d}t \tag{2-30}$$

周期信号全波整流后的均值称为绝对均值 $\mu_{|x|}$，即

$$\mu_{|x|} = \frac{1}{T}\int_0^T |x(t)|\,\mathrm{d}t \tag{2-31}$$

3. 有效值 x_rms

有效值 x_rms 是信号的方均根值，即

$$x_{\mathrm{rms}} = \sqrt{\frac{1}{T} \int_0^T x^2(t)\,\mathrm{d}t} \tag{2-32}$$

有效值记录了信号的时间历程，反映信号的功率。

4. 平均功率 P_{av}

有效值的平方为信号的方均值，也就是信号的平均功率 P_{av}，即

$$P_{\mathrm{av}} = \frac{1}{T} \int_0^T x^2(t)\,\mathrm{d}t \tag{2-33}$$

例如，若正弦信号 $x(t) = A\sin(\omega t + \varphi)$，则 $x_{\mathrm{F}} = A$，$x_{\mathrm{F\text{-}F}} = 2A$，$\mu_x = 0$，$\mu_{|x|} = 2A/\pi$，$x_{\mathrm{rms}} = A/\sqrt{2}$，$P_{\mathrm{av}} = A^2/2$。

表 2-2 列举了典型周期信号的峰值 x_{F}、均值 μ_x、绝对均值 $\mu_{|x|}$ 和有效值 x_{rms} 之间的数量关系。

表 2-2　典型周期信号的峰值 x_{F}、均值 μ_x、绝对均值 $\mu_{|x|}$ 和有效值 x_{rms} 之间的数量关系

名称	波形	峰值 x_{F}	均值 μ_x	绝对均值 $\mu_{|x|}$	有效值 x_{rms}
正弦波		A	0	$\dfrac{2A}{\pi}$	$\dfrac{A}{\sqrt{2}}$
方波		A	0	A	A
三角波		A	0	$\dfrac{A}{2}$	$\dfrac{A}{\sqrt{3}}$
锯齿波		A	$\dfrac{A}{2}$	$\dfrac{A}{2}$	$\dfrac{A}{\sqrt{3}}$

信号的峰值 x_{F}、绝对均值 $\mu_{|x|}$ 和有效值 x_{rms} 可以用三值电压表和普通的电工仪表测量；各单项值也可以根据需要用不同的仪表（如示波器、直流电压表等）测量。

2.3　瞬态信号与连续频谱

除准周期信号外的非周期信号称为瞬态信号。瞬态信号具有瞬变性。例如，锤子敲击力的变化、承载缆绳断裂时的应力变化、热电偶插入加热液体后温度的变化等信号均属于

瞬态信号，如图 2.17 所示。

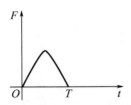
（a）锤子敲击力的变化

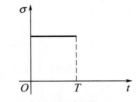
（b）承载缆绳断裂时的应力变化

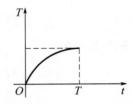
（c）热电偶插入加热液体后温度的变化

图 2.17　瞬态信号实例

瞬态信号是非周期信号，可以看作一个周期（周期 $T \to \infty$）的周期信号。因此，可以把瞬态信号看作周期趋于无穷大的周期信号。

基于以上观点，可以从周期信号的角度理解非周期信号并推导其频谱。周期为 T_0 的信号 $x(t)$ 的频谱是离散频谱，相邻谐波之间的频率间隔 $\Delta\omega = \omega_0 = 2\pi/T_0$。对于瞬态信号，当 $T_0 \to \infty$ 时，$\omega_0 = \Delta\omega \to 0$，意味着当周期无限扩大时，周期信号频谱的谱线间隔无限缩小，相邻谐波分量无限接近，离散变量 $n\omega_0$ 转换为连续变量 ω，离散频谱转换为连续频谱，式（2-11）和式（2-20）中的求和运算可用积分运算取代，所以瞬态信号的频谱是连续的。此时，不能用傅里叶级数展开来描述瞬态信号的频域，而要用傅里叶变换来描述。

2.3.1　傅里叶变换

设周期信号 $x(t)$，根据式（2-20）得其在 $[-T_0/2, T_0/2]$ 区间内傅里叶级数的复指数函数形式的表达式

$$x(t) = \sum_{n=-\infty}^{\infty} C_n e^{jn\omega_0 t} \tag{2-34}$$

其中

$$C_n = \frac{1}{T_0} \int_{-T_0/2}^{T_0/2} x(t) e^{-jn\omega_0 t} \mathrm{d}t \tag{2-35}$$

当 $T_0 \to \infty$ 时，$[-T_0/2, T_0/2] \to (-\infty, \infty)$；频率间隔 $\Delta\omega = \omega_0 = 2\pi/T_0 \to \mathrm{d}\omega$，离散频率 $n\omega_0 \to$ 连续变量 ω，所以式（2-35）可改写为

$$\lim_{T_0 \to \infty} C_n T_0 = \int_{-\infty}^{\infty} x(t) e^{-j\omega t} \mathrm{d}t \tag{2-36}$$

对式（2-36）积分后得到 ω 的函数，用 $X(\omega)$ 表示：

$$X(\omega) = \int_{-\infty}^{\infty} x(t) e^{-j\omega t} \mathrm{d}t \tag{2-37}$$

式中：$X(\omega)$ 为信号 $x(t)$ 的傅里叶变换（Fourier transform，FT），其是把非周期信号看成周期趋于无穷大的周期信号处理的，有

$$X(\omega) = \lim_{T_0 \to \infty} C_n T_0 = \lim_{f \to 0} \frac{C_n}{f} \tag{2-38}$$

即 $X(\omega)$ 为单位带宽上的谐波幅值，具有"密度"的含义，故把 $X(\omega)$ 称为瞬态信号的频谱密度函数，简称频谱函数。

由式（2-38）得

$$C_n = \lim_{T_0 \to \infty} \frac{X(\omega)}{T_0} = \lim_{\omega_0 \to 0} X(\omega) \frac{\omega_0}{2\pi} \tag{2-39}$$

将式（2-39）代入式（2-34），得

$$x(t) = \sum_{n=-\infty}^{\infty} \lim_{\omega_0 \to 0} X(\omega) \frac{\omega_0}{2\pi} e^{jn\omega_0 t} \tag{2-40}$$

当 $T_0 \to \infty$ 时，$\omega_0 = 2\pi/T_0 = \mathrm{d}\omega$，离散频率 $n\omega_0 \to$ 连续变量 ω，求和 $\sum \to$ 积分，则

$$x(t) = \frac{1}{2\pi} \int_{-\infty}^{\infty} X(\omega) e^{j\omega t} \mathrm{d}\omega \tag{2-41}$$

$x(t)$ 称为 $X(\omega)$ 的傅里叶逆变换（inverse Fourier transform，IFT）或傅里叶反变换。式（2-37）和式（2-41）构成了傅里叶变换对，即

$$x(t) \underset{\mathrm{IFT}}{\overset{\mathrm{FT}}{\Longleftrightarrow}} X(\omega)$$

一般地，使用 $\underset{\mathrm{IFT}}{\overset{\mathrm{FT}}{\Longleftrightarrow}}$ 或 $\Leftrightarrow$ 表示信号之间的傅里叶变换及傅里叶逆变换之间的关系。由于 $\omega = 2\pi f$，因此式（2-37）和式（2-41）可改写为

$$X(f) = \int_{-\infty}^{\infty} x(t) e^{-j2\pi ft} \mathrm{d}t \tag{2-42}$$

$$x(t) = \int_{-\infty}^{\infty} X(f) e^{j2\pi ft} \mathrm{d}f \tag{2-43}$$

这就避免了在傅里叶变换中出现 $1/2\pi$ 的常数因子，使公式简化。

由式（2-42）可知，非周期信号可由傅里叶变换表示，而周期信号可由傅里叶级数式（2-20）表示。式（2-42）一般为复数形式，可表示为

$$X(f) = \mathrm{Re}X(f) + j\mathrm{Im}X(f) = |X(f)| e^{j\varphi(f)} \tag{2-44}$$

式中：$\mathrm{Re}X(f)$ 为 $|X(f)|$ 的实部；$\mathrm{Im}X(f)$ 为 $X(f)$ 的虚部；$|X(f)|$ 为信号 $x(t)$ 的连续幅频谱；$\varphi(f)$ 为信号 $x(t)$ 的连续相频谱。

$$|X(f)| = \sqrt{[\mathrm{Re}X(f)]^2 + [\mathrm{Im}X(f)]^2}$$
$$\varphi(f) = \arctan[\mathrm{Im}X(f)/\mathrm{Re}X(f)]$$

比较周期信号和非周期信号的频谱可知，非周期信号的幅值 $|X(f)|$ 随频率 f 的变化是连续的，为连续频谱，而周期信号的幅值 $|C_n|$ 随频率 f 的变化是离散的，为离散频谱；$|C_n|$ 的量纲与信号幅值的量纲一致，而 $|X(f)|$ 的量纲相当于 $|C_n|/f$，为单位带宽上的幅值，即频谱函数。

【例 2.6】 求矩形窗函数 $w_{\mathrm{R}}(t)$ 的频谱。矩形窗函数为

$$w_{\mathrm{R}}(t) = \begin{cases} 0 & (t < -T/2) \\ 1 & (-T/2 \leqslant t < T/2) \\ 0 & (t \geqslant T/2) \end{cases} \tag{2-45}$$

其波形如图 2.18 所示。

解： 利用式（2-42），矩形窗函数 $w_{\mathrm{R}}(t)$ 的频谱为

$$W_{\mathrm{R}}(f) = \int_{-\infty}^{\infty} w_{\mathrm{R}}(t) e^{-j2\pi ft} \mathrm{d}t$$

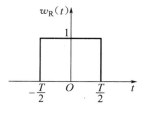

图 2.18　矩形窗函数 $w_{\mathrm{R}}(t)$ 的波形

$$= \int_{-\frac{T}{2}}^{\frac{T}{2}} 1 \cdot e^{-j2\pi ft} \, dt = \frac{1}{-j2\pi f} e^{-j2\pi ft} \Big|_{-\frac{T}{2}}^{\frac{T}{2}}$$

$$= \frac{1}{-j2\pi f} (e^{-j\pi fT} - e^{j\pi fT}) = T \frac{\sin(\pi fT)}{\pi fT}$$

$$= T\mathrm{sinc}(\pi fT) \tag{2-46}$$

式中：通常定义 $\mathrm{sinc}x \triangleq \dfrac{\sin x}{x}$，该函数称为采样函数，也称滤波函数或内插函数，常用于信号分析。$\mathrm{sinc}x$ 函数的曲线如图 2.19 所示，可通过专门的数学表查其函数值，它以 2π 为周期并随 x 的增大而做衰减振荡。$\mathrm{sinc}x$ 函数为偶函数，在 $n\pi$（$n=0$，± 1，± 2，$\cdots$）处值为零。

矩形窗函数 $w_R(t)$ 的频谱函数为扩大 T 倍的采样函数，只有实部，没有虚部。其幅频谱为

$$|W_R(f)| = T |\mathrm{sinc}(\pi fT)| \tag{2-47}$$

矩形窗函数 $w_R(t)$ 的双边幅频谱图如图 2.20 所示。

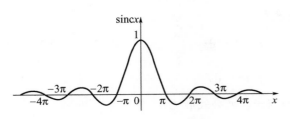

图 2.19　$\mathrm{sinc}x$ 函数的曲线

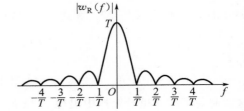

图 2.20　矩形窗函数 $w_R(f)$ 的双边幅频谱图

傅里叶变换的主要性质

2.3.2　傅里叶变换的主要性质

可以对一个信号进行时域描述和频域描述，两种描述依靠傅里叶变换确立对应关系，因此，熟悉傅里叶变换的主要性质十分必要。傅里叶变换的主要性质见表 2-3。

表 2-3　傅里叶变换的主要性质

主要性质	时域	频域
奇偶虚实性	实偶函数	实偶函数
	实奇函数	虚奇函数
	虚偶函数	虚偶函数
	虚奇函数	实奇函数
线性叠加性	$ax(t)+by(t)$	$aX(f)+bY(f)$
对称性	$X(t)$	$x(-f)$
时间尺度改变特性	$x(kt)$	$\dfrac{1}{|k|} \cdot X\left(\dfrac{f}{k}\right)$

续表

主要性质	时域	频域
时移特性	$x(t-t_0)$	$X(f)\mathrm{e}^{\mathrm{j}2\pi ft_0}$
频移特性	$X(f\pm f_0)$	$x(t)\mathrm{e}^{\mp\mathrm{j}2\pi f_0 t}$
时域卷积特性	$x_1(t)*x_2(t)$	$X_1(f)X_2(f)$
频域卷积特性	$x_1(t)x_2(t)$	$X_1(f)*X_2(f)$
时域微分特性	$\dfrac{\mathrm{d}^n x(t)}{\mathrm{d}t^n}$	$(\mathrm{j}2\pi f)^n X(f)$
频域微分特性	$(-\mathrm{j}2\pi f)^n x(t)$	$\dfrac{\mathrm{d}^n X(f)}{\mathrm{d}f^n}$
积分特性	$\displaystyle\int_{-\infty}^{t} x(t)\mathrm{d}t$	$\dfrac{1}{\mathrm{j}2\pi f}x(f)$

下面对几个主要性质作一些必要的推导和说明。

1. 奇偶虚实性

一般 $X(f)$ 是实变量 f 的复变函数，可以表达为

$$X(f)=\int_{-\infty}^{\infty}x(t)\mathrm{e}^{-\mathrm{j}2\pi ft}\mathrm{d}t=\mathrm{Re}X(f)-\mathrm{jIm}X(f) \qquad (2-48)$$

式中

$$\mathrm{Re}X(f)=\int_{-\infty}^{\infty}x(t)\cos 2\pi ft\,\mathrm{d}t \qquad (2-49)$$

$$\mathrm{Im}X(f)=\int_{-\infty}^{\infty}x(t)\sin 2\pi ft\,\mathrm{d}t \qquad (2-50)$$

余弦函数是偶函数，正弦函数是奇函数。由式（2-50）可知，如果 $x(t)$ 是实函数，则 $X(f)$ 一般是具有实部和虚部的复函数，实部为偶函数，即 $\mathrm{Re}X(f)=\mathrm{Re}X(-f)$；虚部为奇函数，即 $X(f)=-\mathrm{Im}(f)$。

如果 $x(t)$ 是实偶函数，则 $\mathrm{Im}X(f)=0$，而 $X(f)$ 是实偶函数，即 $X(f)=\mathrm{Re}(f)$。

如果 $x(t)$ 是实奇函数，则 $\mathrm{Re}X(f)=0$，而 $X(f)$ 是虚奇函数，即 $X(f)=-\mathrm{jIm}X(f)$。

如果 $x(t)$ 是虚偶函数，则 $X(f)$ 是虚偶函数。

如果 $x(t)$ 是虚奇函数，则 $X(f)$ 是实奇函数。

了解奇偶虚实性有助于估计傅里叶变换对的相应图形性质，减少不必要的变换计算。

2. 线性叠加性

若信号 $x(t)$ 和 $y(t)$ 的傅里叶变换分别为 $X(f)$ 和 $Y(f)$，则 $ax(t)+by(t)$ 的傅里叶变换为

$$ax(t)+by(t)\Leftrightarrow aX(f)+bY(f) \qquad (2-51)$$

3. 对称性

若 $x(t)\Leftrightarrow X(f)$，则

$$X(t) \Leftrightarrow x(-f) \qquad (2-52)$$

傅里叶变换对称性的具体应用如图 2.21 所示。

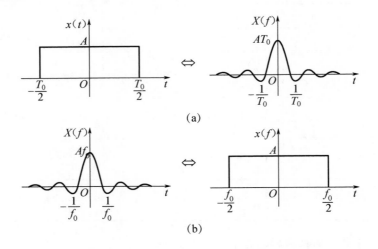

图 2.21　傅里叶变换对称性的具体应用

4. 时间尺度改变特性

在时域信号 $x(t)$ 幅值不变的情况下，若 $x(t) \Leftrightarrow X(f)$，则

$$x(kt) \Leftrightarrow \frac{1}{|k|} \cdot X\left(\frac{f}{k}\right) \qquad (2-53)$$

式中：k 为实常数。

式 (2-53) 表达了信号的时域表示与其频谱之间在时间尺度展缩方面的内在关系，即时域波形的压缩对应频谱图形的扩展，且信号持续时间与其占有的频带成反比。若信号持续时间压缩为 $1/k (k>1)$，则其带宽扩大 k 倍，幅值为原来的 $1/k$，如图 2.22(a) 所示；反之亦然，如图 2.22(b) 所示。

傅里叶变换的时间尺度改变特性对测试系统的分析很有帮助。例如，快速播放记录好的磁带即时间尺度的压缩，可提高处理信号的效率，但得到的播放信号带宽增大。若后处理设备（如放大器、滤波器等）的通频带不够，则会导致失真。反之，若快录慢放，则播放信号的带宽减小，对后续处理设备的通频带要求降低，但信号处理效率也随之降低。

5. 时移特性和频移特性

若 $\qquad x(t) \Leftrightarrow X(f)$

在时域中信号沿时间坐标平移常值 t_0，则（时移）

$$x(t-t_0) \overset{\text{对应}}{\Leftrightarrow} X(f)\mathrm{e}^{-\mathrm{j}2\pi f t_0} \qquad (2-54)$$

在频域中信号沿频率坐标平移常值 f_0，则（频移）

$$X(f \pm f_0) \Leftrightarrow x(t)\mathrm{e}^{\mp \mathrm{j}2\pi f_0 t} \qquad (2-55)$$

时移特性表明，如果信号在时域中延迟 t_0，则其幅频谱不会改变，而相频谱中各次谐波的相平移 $-2\pi f t_0$，与频率成正比。

频域特性表明，如果频谱函数在频率坐标上平移 f_0，则其代表的信号波形与频率为 f_0

的正弦信号和余弦信号相乘，即进行了信号调制（有关信号调制的内容将在第5章介绍）。

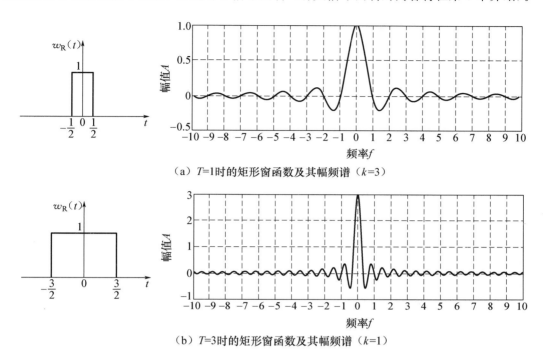

（a）$T=1$时的矩形窗函数及其幅频谱（$k=3$）

（b）$T=3$时的矩形窗函数及其幅频谱（$k=1$）

图 2.22　傅里叶变换的时间尺度改变特性

6. 卷积特性

对于任意两个函数 $x_1(t)$ 和 $x_2(t)$，它们的卷积定义为

$$x_1(t) * x_2(t) = \int_{-\infty}^{\infty} x_1(\tau)x_2(t-\tau)\mathrm{d}\tau \tag{2-56}$$

记作 $x_1(t) * x_2(t)$。若

$$x_1(t) \Leftrightarrow X_1(f)$$
$$x_2(t) \Leftrightarrow X_2(f)$$

则

$$x_1(t) * x_2(t) \Leftrightarrow X_1(f)X_2(f) \tag{2-57}$$
$$x_1(t)x_2(t) \Leftrightarrow X_1(f) * X_2(f) \tag{2-58}$$

式（2-57）和式（2-58）表明，两个时域函数卷积的傅里叶变换等于两者傅里叶变换的乘积，称为信号的时域卷积特性；而两个时域函数乘积的傅里叶变换等于两者傅里叶变换的卷积，称为信号的频域卷积特性。

7. 微分特性和积分特性

若 $x(t) \Leftrightarrow X(f)$，则将傅里叶逆变换表达式（2-43）对时间微分得

$$\frac{\mathrm{d}^n x(t)}{\mathrm{d}t^n} \Leftrightarrow (\mathrm{j}2\pi f)^n X(f) \tag{2-59}$$

将傅里叶变换表达式（2-42）对时间微分得

$$(-\mathbf{j}2\pi f)^n x(t) \Leftrightarrow \frac{\mathrm{d}^n X(f)}{\mathrm{d}f^n} \tag{2-60}$$

同理，可证明

$$\int_{-\infty}^{t} x(t)\mathrm{d}t \Leftrightarrow \frac{1}{\mathrm{j}2\pi f}x(f) \tag{2-61}$$

在振动测试中，如果测得振动系统的位移、速度或加速度，应用微分特性和积分特性就可以获得其他参数的频谱。

2.3.3　典型信号的频谱

1. 矩形窗函数的频谱

几种典型信号的频谱

在 2.2.1 节中讨论过矩形窗函数的频谱，即在有限时间区间内的幅值为常数的一个窗信号，其频谱延伸至无限频率。矩形窗函数在信号处理中有重要应用，若在时域中截取某信号的一段记录长度，则相当于原信号和矩形窗函数的乘积，因而所得频谱是原信号频域函数和 $\mathrm{sinc}x$ 函数的卷积。由于 $\mathrm{sinc}x$ 函数的频谱是连续的、频率是无限的，因此信号截取后频谱是连续的、频率是无限的。

2. 单位脉冲函数（δ 函数）及其频谱

（1）δ 函数的定义。

在 ε 时间内激发矩形脉冲 $S_\varepsilon(t)$（或三角形脉冲、双边指数脉冲、钟形脉冲，如图 2.23 所示）所包含的单位面积为 1，当 $\varepsilon \to 0$ 时，$S_\varepsilon(t)$ 的极限称为单位脉冲函数，也称 δ 函数，记作 $\delta(t)$，即

$$\lim_{\varepsilon \to 0}S_\varepsilon(t) = \delta(t) \tag{2-62}$$

图 2.24 所示为矩形脉冲与 δ 函数的转换关系。

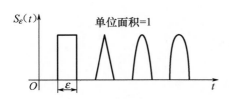

图 2.23　各种单位面积为 1 的脉冲

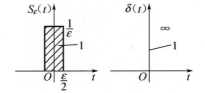

图 2.24　矩形脉冲与 δ 函数的转换关系

从函数极限的角度看

$$\delta(t) = \begin{cases} \infty & (t=0) \\ 0 & (t \neq 0) \end{cases} \tag{2-63}$$

从面积的角度看

$$\int_{-\infty}^{\infty}\delta(t)\mathrm{d}t = \lim_{\varepsilon \to 0}\int_{-\infty}^{\infty}S_\varepsilon(t)\mathrm{d}t = 1 \tag{2-64}$$

由式（2-64）可知，当 $\varepsilon \to 0$ 时，单位面积为 1 的脉冲函数 $S_\varepsilon(t)$ 为 $\delta(t)$。由于现实中信号的持续时间不可能为零，因此，δ 函数是一个理想函数，也是一种广义函数、物理不

可实现的信号。当 $\varepsilon \to 0$ 时，δ 函数在原点的幅值为无穷大，但其包含的单位面积为 1，表示信号的能量是有限的。

（2）δ 函数的性质。

① 筛选特性。如果 δ 函数与某连续信号 $x(t)$ 相乘，则其乘积仅在 $t=0$ 处有值 $x(0)\delta(0)$，在其余各点($t\neq 0$)的乘积均为零，即

$$\int_{-\infty}^{\infty} x(t)\delta(t)\mathrm{d}t = \int_{-\infty}^{\infty} x(0)\delta(t)\mathrm{d}t = x(0)\int_{-\infty}^{\infty} \delta(t)\mathrm{d}t = x(0) \qquad (2-65)$$

同理，对于时延 t_0 的 δ 函数 $\delta(t-t_0)$，只有在 $t=t_0$ 处乘积不为零，即

$$\int_{-\infty}^{\infty} x(t)\delta(t-t_0)\mathrm{d}t = x(t_0) \qquad (2-66)$$

式（2-65）和式（2-66）所示 δ 函数的筛选特性的图形表达分别如图 2.25 和图 2.26 所示。时延 t_0 的 δ 函数 $\delta(t-t_0)$ 就是一个采样器，它在 δ 脉冲出现 $t=t_0$ 时刻取出与之相乘的信号 $x(t)$ 的值。筛选特性对连续信号的离散采样十分重要。

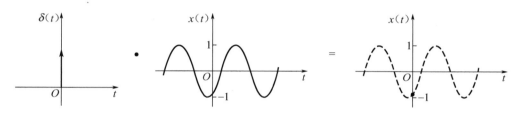

图 2.25 δ 函数的筛选特性($t_0=0$)

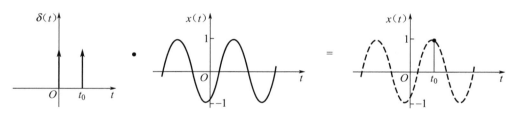

图 2.26 δ 函数的筛选特性($t_0\neq 0$)

② 卷积特性。在两个函数的卷积运算过程中，若一个函数为单位脉冲函数 $\delta(t)$，则卷积运算是一种最简单的卷积积分，即

$$x(t) * \delta(t) = \int_{-\infty}^{\infty} x(\tau)\delta(t-\tau)\mathrm{d}\tau = x(t)$$

证明：

$$x(t) * \delta(t) = \int_{-\infty}^{\infty} x(\tau)\delta(t-\tau)\mathrm{d}\tau = x(t)\int_{-\infty}^{\infty} \delta(\tau-t)\mathrm{d}\tau = x(t) \qquad (2-67)$$

因此，$x(t)$ 与 $\delta(t)$ 的卷积等于 $x(t)$，其图形表示如图 2.27 所示。

同理，脉冲函数 $\delta(t\pm t_0)$ 与函数 $x(t)$ 卷积为

$$x(t) * \delta(t\pm t_0) = \int_{-\infty}^{\infty} x(\tau)\delta(t\pm t_0-\tau)\mathrm{d}\tau = x(t\pm t_0) \qquad (2-68)$$

因此，$x(t)$ 与 $\delta(t\pm t_0)$ 的卷积等于 $x(t\pm t_0)$。可见，函数 $x(t)$ 与 δ 函数的卷积结果是

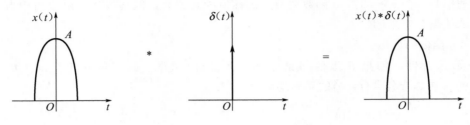

图 2.27　δ 函数的卷积特性 $(t_0=0)$

在 δ 函数出现脉冲的位置上重新绘制 $x(t)$ 的图形，如图 2.28 所示。

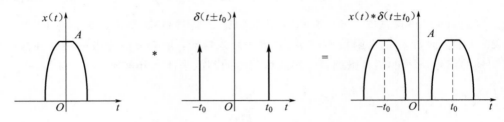

图 2.28　δ 函数的卷积特性 $(t_0\neq 0)$

（3）δ 函数的频谱。

对 $\delta(t)$ 进行傅里叶变换，考虑 δ 函数的筛选特性，得

$$\Delta(\mathrm{j}f) = \int_{-\infty}^{\infty} \delta(t)\,\mathrm{e}^{-\mathrm{j}2\pi ft}\,\mathrm{d}t = \mathrm{e}^{0} = 1 \tag{2-69}$$

傅里叶逆变换为

$$\delta(t) = \int_{-\infty}^{\infty} 1 \cdot \mathrm{e}^{\mathrm{j}2\pi ft}\,\mathrm{d}f \tag{2-70}$$

因此，时域的单位脉冲函数具有无限宽广的频谱，且在所有频段上的强度都相等，如图 2.29 所示。这种信号是理想的白噪声。

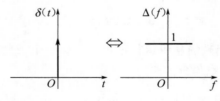

图 2.29　δ 函数及其频谱

根据傅里叶变换的对称性、时移特性和频移特性，可以得到如下信号的傅里叶变换对。

时域		频域	
$\delta(t)$	$\Leftrightarrow$	1	$(2-71a)$
1	$\Leftrightarrow$	$\delta(f)$	$(2-71b)$
$\delta(t-t_0)$	$\Leftrightarrow$	$\mathrm{e}^{-\mathrm{j}2\pi ft_0}$	$(2-71c)$
$\mathrm{e}^{\mathrm{j}2\pi f_0 t}$	$\Leftrightarrow$	$\delta(f-f_0)$	$(2-71d)$

式（2-71b）表明，直流信号的傅里叶变换就是单位脉冲函数 $\delta(f)$，说明时域中的直

流信号在频域中只包含 $f=0$ 的直流分量，而不包含任何谐波成分，如图 2.30 所示。

式（2-71d）左侧时域信号 $x(t)=e^{j2\pi f_0 t}$ 是复指数信号，表示一个单位长度的矢量，以固定的角频率 $2\pi f_0$ 逆时针旋转。复指数信号经傅里叶变换后，其频谱为集中于 f_0 处、强度为 1 的脉冲，如图 2.31 所示。

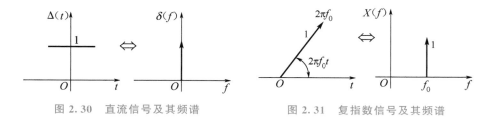

图 2.30　直流信号及其频谱　　　　图 2.31　复指数信号及其频谱

3. 正弦信号的频谱及余弦信号的频谱

由于傅里叶变换要满足狄利克雷条件和函数在无限区间内绝对可积的条件，而正弦信号及余弦信号均不满足后者，因此，在进行傅里叶变换时必须引入 δ 函数。

由式（2-18）可知

$$\sin 2\pi f_0 t=\frac{j}{2}(e^{-j2\pi f_0 t}-e^{j2\pi f_0 t})$$

$$\cos 2\pi f_0 t=\frac{1}{2}(e^{-j2\pi f_0 t}+e^{j2\pi f_0 t})$$

根据式（2-71d），得上述两式的傅里叶变换为

$$x(t)=\sin 2\pi f_0 t\Longleftrightarrow\frac{j}{2}[\delta(f+f_0)-\delta(f-f_0)] \qquad (2-72)$$

$$y(t)=\cos 2\pi f_0 t\Longleftrightarrow\frac{1}{2}[\delta(f+f_0)-\delta(f-f_0)] \qquad (2-73)$$

正弦信号及余弦信号的双边幅频图如图 2.32 所示，比较图 2.32(a) 和图 2.13(b) 可知，它们的结果相同，即利用傅里叶级数的复指数函数形式展开方法和利用傅里叶变换方法获得的双边幅频图相同。

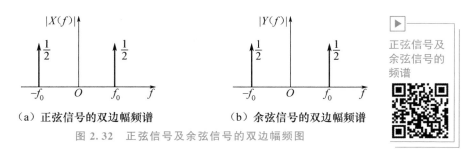

（a）正弦信号的双边幅频谱　　　　（b）余弦信号的双边幅频谱

图 2.32　正弦信号及余弦信号的双边幅频图

4. 一般周期信号的频谱

周期为 T_0 的信号 $x(t)$ 可用傅里叶级数的复指数函数形式［式（2-20）］表示。利用傅里叶变换同样可以获得信号 $x(t)$ 的频谱，即

$$X(f)=\int_{-\infty}^{\infty}x(t)e^{-j2\pi ft}\,dt$$

$$= \int_{-\infty}^{\infty} \left(\sum_{n=-\infty}^{\infty} C_n \mathrm{e}^{\mathrm{j}n2\pi f_0 t} \right) \mathrm{e}^{-\mathrm{j}2\pi ft} \, \mathrm{d}t$$

$$= \sum_{n=-\infty}^{\infty} C_n \int_{-\infty}^{\infty} \mathrm{e}^{\mathrm{j}2\pi f_0 t} \cdot \mathrm{e}^{-\mathrm{j}2\pi ft} \, \mathrm{d}t$$

$$= \sum_{n=-\infty}^{\infty} C_n \delta(f - nf_0) \tag{2-74}$$

式（2-74）表明，一般周期信号的频谱是一个以基频 f_0 为间隔的脉冲序列，每个脉冲的强度都由系数 C_n 确定。

根据上述对正弦信号、余弦信号和一般周期信号的傅里叶变换分析可知，傅里叶变换不仅适用于非周期信号，还适用于周期信号。

周期单位脉冲序列的频谱

5. 周期单位脉冲序列的频谱

等间隔的周期单位脉冲序列也称梳状函数或采样函数［图 2.33（a）］，表示为

$$g(t) = \sum_{n=-\infty}^{\infty} \delta(t - nT_s) \tag{2-75}$$

式中：T_s 为周期；n 为整数，$n=0, \pm 1, \pm 2, \pm 3, \cdots$；$g(t)$ 为周期函数。

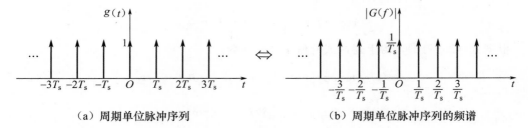

（a）周期单位脉冲序列　　　　　　（b）周期单位脉冲序列的频谱

图 2.33　周期单位脉冲序列及其频谱

根据式（2-74）有

$$g(t) \Leftrightarrow \sum_{n=-\infty}^{\infty} C_n \delta(f - nf_s) \tag{2-76}$$

式中：f_s 为频率，$f_s = 1/T_s$；系数 C_n 由式（2-21）确定，即

$$C_n = \frac{1}{T_s} \int_{-\frac{T_s}{2}}^{\frac{T_s}{2}} g(t) \mathrm{e}^{-\mathrm{j}2\pi nf_s t} \, \mathrm{d}t$$

在区间 $\left(-\dfrac{T_s}{2}, \dfrac{T_s}{2} \right)$，$g(t) = \delta(t)$。同时，根据 δ 函数的筛选特性得

$$C_n = \frac{1}{T_s} \int_{-\frac{T_s}{2}}^{\frac{T_s}{2}} \delta(t) \mathrm{e}^{-\mathrm{j}2\pi nf_s t} \, \mathrm{d}t = \frac{1}{T_s} = f_s \tag{2-77}$$

因此，周期单位脉冲序列 $g(t)$ 的频谱

$$G(f) = f_s \sum_{n=-\infty}^{\infty} \delta(f - nf_s) = \frac{1}{T_s} \sum_{n=-\infty}^{\infty} \delta\left(f - \frac{n}{T_s} \right) \tag{2-78}$$

可见，周期单位脉冲序列的频谱也是一个周期脉冲序列，其强度和频率间隔均为 f_s，

如图 2.33(b)所示。

常见信号的波形图、时域表达式、频响函数及其频谱图见表 2-4。

表 2-4 常见信号的波形图、时域表达式、频响函数及其频谱图

$x(t)$		$X(f)$	
波形图	时域表达式	频响函数	频谱图
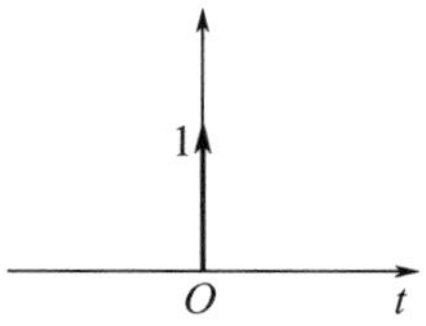	单位脉冲 $\delta(t)$	1	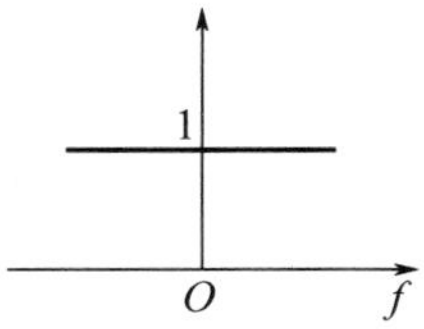
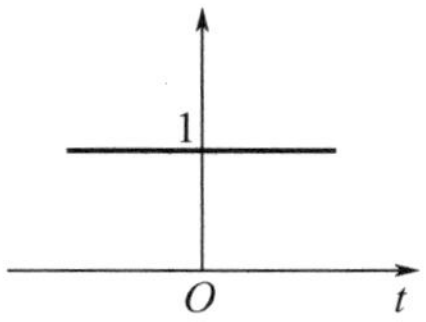	单位直流 1	$\delta(f)$	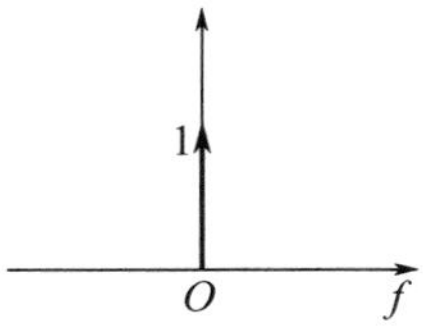
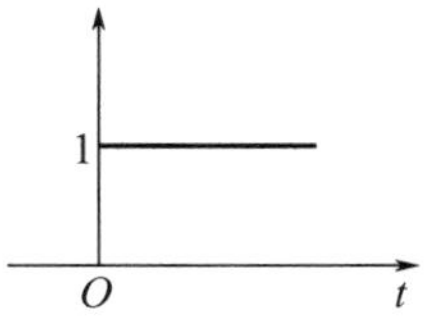	单位阶跃 $u(t)$	$\dfrac{1}{2}\delta(f)+\dfrac{1}{\mathrm{j}2\pi f}$	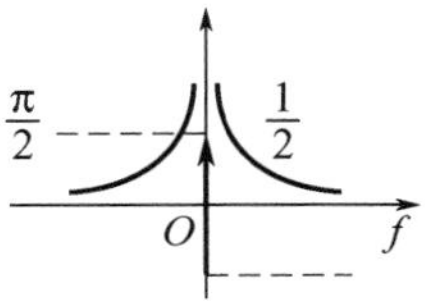
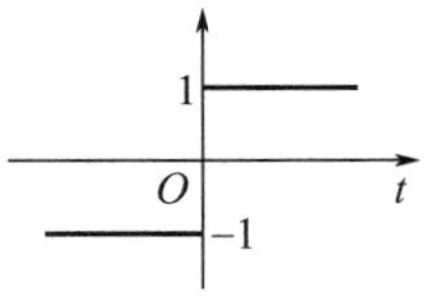	单位符号函数 $\mathrm{sign}(t)$	$\dfrac{2}{\mathrm{j}2\pi f}$	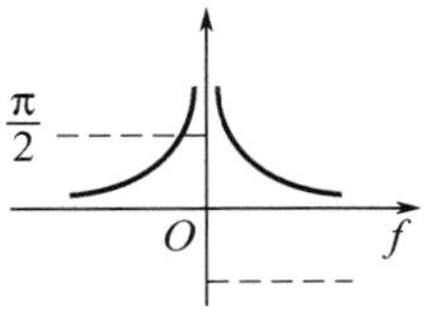
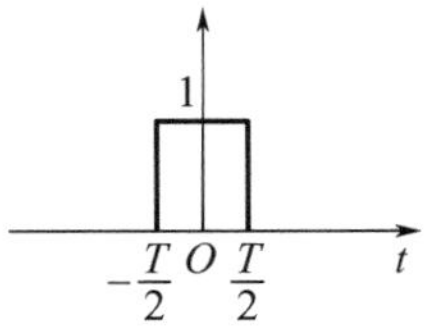	非周期方波 $\begin{cases} 1 & \left(|t|\leqslant \dfrac{T}{2}\right) \\ 0 & \left(|t|>\dfrac{T}{2}\right) \end{cases}$	$T\mathrm{sinc}\,\pi fT$	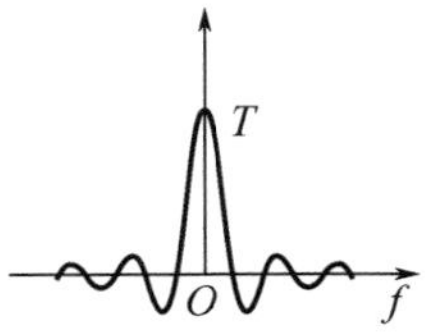
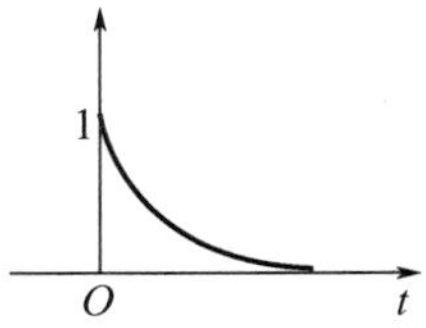	单边指数 $\mathrm{e}^{-\alpha t}u(t) \quad (\alpha>0)$	$\dfrac{1}{\alpha+\mathrm{j}2\pi f}$	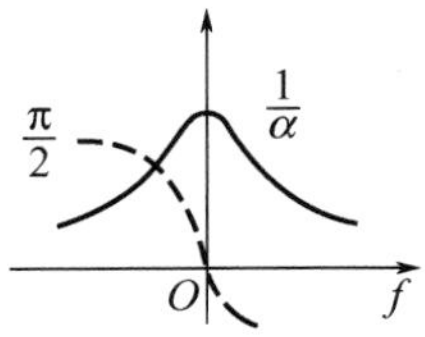
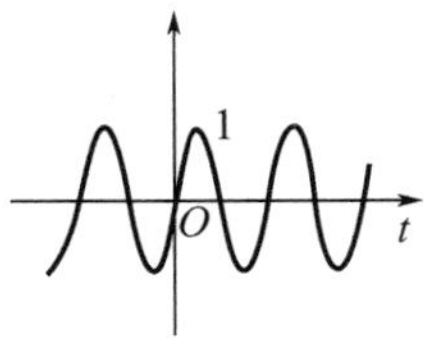	周期正弦 $\sin 2\pi f_0 t$	$\mathrm{j}\dfrac{1}{2}[\delta(f+f_0)-\delta(f-f_0)]$	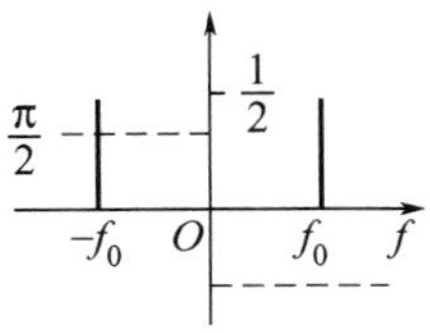

续表

$x(t)$		$X(f)$	
波形图	时域表达式	频响函数	频谱图
  	周期余弦 $\cos 2\pi f_0 t$	$\dfrac{1}{2}[\delta(f+f_0)+\delta(f-f_0)]$	
 	复杂周期信号 $\displaystyle\sum_{n=-\infty}^{\infty} C_n \mathrm{e}^{\mathrm{j}n2\pi f_0 t}$	$\displaystyle\sum_{n=-\infty}^{\infty} C_n \delta(f-nf_0)$	
 	周期单位脉冲序列 $\displaystyle\sum_{n=-\infty}^{\infty} \delta(t-nT_s)$	$\dfrac{1}{T_s}\displaystyle\sum_{n=-\infty}^{\infty} \delta\left(f-\dfrac{n}{T_s}\right)$	
 	单位斜坡 $t \cdot u(t)$	$\dfrac{\mathrm{j}}{2}\delta^*(f)-\dfrac{1}{(2\pi f)^2}$	
 	单边正弦 $\sin 2\pi f_0 t \cdot u(t)$	$\dfrac{\mathrm{j}}{4}[\delta(f+f_0)-\delta(f-f_0)]$ $+\dfrac{f_0}{2\pi(f_0^2-f^2)}$	
 	衰减正弦 $\mathrm{e}^{-\alpha t}\sin 2\pi f_0 t \cdot u(t)$	$\dfrac{2\pi f_0}{(\alpha+\mathrm{j}2\pi f)^2+(2\pi f_0)^2}$	
 	采样函数 $\dfrac{\sin\Omega t}{\Omega t}$	$\begin{cases}\dfrac{\pi}{\Omega} & \|f\|<\Omega \\ 0 & \|f\|>\Omega\end{cases}$	

【例 2.7】 如图 2.34(c)所示，求被截取后的余弦信号的频谱，该信号时域的表达式为

$$x(t) = \begin{cases} \cos\omega_0 t & |t| \leqslant T_0 \\ 0 & |t| > T_0 \end{cases} \tag{2-79}$$

示意画出该截取信号 $x_T(t)$ 的幅频谱图，试分析当 T_0 增大或减小时幅频谱图的变化。

分析：截取就是将无限长的信号乘以有限宽的窗函数，即 $x(t) = w_R(t)\cos\omega_0 t$。因为 $w_R(t)$ 和 $\cos\omega_0 t$ 为特殊函数，其傅里叶变换 $W_R(f)$ 和 $X_1(f)$ 都为已知，所以由傅里叶变换的卷积性质和 δ 函数与其他函数的卷积性质可方便地求出 $x(t)$ 的频谱 $X(f)$。

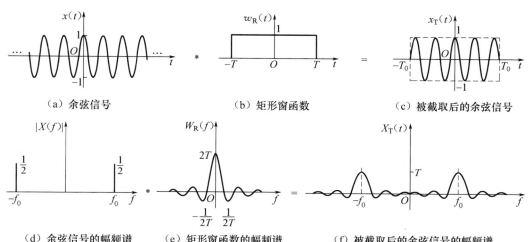

　　（a）余弦信号　　　　　　（b）矩形窗函数　　　　　　（c）被截取后的余弦信号

　　（d）余弦信号的幅频谱　　（e）矩形窗函数的幅频谱　　（f）被截取后的余弦信号的幅频谱

图 2.34　余弦函数被矩形窗函数截取的信号及其频谱图

解 1：令

$$w_R(t) = \begin{cases} 1 & (|t| < T_0) \\ 0 & (|t| > T_0) \end{cases}$$

$$x_1(t) = \cos\omega_0 t$$

则

$$x(t) = w_R(t)x_1(t)$$

而

$$w_R(t) \Leftrightarrow W_R(f) = 2T_0\,\mathrm{sinc}\,2\pi f T_0$$

$$x_1(t) \Leftrightarrow X_1(f) = \frac{1}{2}[\delta(f-f_0)+\delta(f+f_0)]$$

由傅里叶变换的卷积特性、δ 函数与其他函数的卷积特性得

$$w_R(t) \cdot x_1(t) \Leftrightarrow W_R(f) * X_1(f)$$

所以

$$X(f) = W_R(f) * X_1(f)$$

$$= 2T_0\,\mathrm{sinc}(2\pi f T_0) * \frac{1}{2}[\delta(f-f_0)+\delta(f+f_0)]$$

$$= T_0\,\mathrm{sinc}[2\pi(f-f_0)T_0] + T_0\,\mathrm{sinc}[2\pi(f+f_0)T_0]$$

$w_R(t)$、$x_1(t)$ 和 $x(t)$ 的频谱图如图 2.34 所示。

由傅里叶变换的时间尺度改变特性可知，当 T_0 增大时，其频谱变窄，即带宽以 $f = f_0$ 为中心变窄，而幅值 $|X(f)|$ 增大；当 T_0 减小时，与上述情况相反。

讨论：本题也可按频谱定义求上述信号的频谱。

解2：在区间 $(-T_0, T_0)$，$x(t)$ 满足狄利克雷条件，则有

$$
\begin{aligned}
X(f) &= \int_{-\infty}^{\infty} x(t) \mathrm{e}^{-\mathrm{j}2\pi ft}\,\mathrm{d}t = \int_{-T_0}^{T_0} \cos\omega_0 \,\mathrm{e}^{-\mathrm{j}2\pi ft}\,\mathrm{d}t \\
&= \frac{1}{2} \int_{-T_0}^{T_0} (\mathrm{e}^{-\mathrm{j}2\pi f_0 t} + \mathrm{e}^{\mathrm{j}2\pi f_0 t}) \mathrm{e}^{-\mathrm{j}2\pi ft}\,\mathrm{d}t \\
&= \frac{1}{2} \int_{-T_0}^{T_0} \mathrm{e}^{-\mathrm{j}2\pi(f+f_0)t}\,\mathrm{d}t + \frac{1}{2} \int_{-T_0}^{T_0} \mathrm{e}^{-\mathrm{j}2\pi(f-f_0)t}\,\mathrm{d}t \\
&= \frac{1}{2} \left. \frac{\mathrm{e}^{-\mathrm{j}2\pi(f+f_0)t}}{\mathrm{j}2\pi(f+f_0)t} \right|_{-T_0}^{T_0} + \frac{1}{2} \left. \frac{\mathrm{e}^{-\mathrm{j}2\pi(f-f_0)t}}{-\mathrm{j}2\pi(f-f_0)t} \right|_{-T_0}^{T_0} \\
&= \frac{T_0 \sin 2\pi(f+f_0)T_0}{2\pi(f+f_0)T_0} + \frac{T_0 \sin 2\pi(f-f_0)T_0}{2\pi(f-f_0)T_0} \\
&= T_0 \mathrm{sinc}[2\pi(f+f_0)T_0] + T_0 \mathrm{sinc}[2\pi(f-f_0)T_0]
\end{aligned}
$$

虽然第2种解法可直接求得结果，但积分比较复杂；而第1种解法的解题过程简单，既避免了繁杂的纯数学运算，又可加深对信号定义、傅里叶变换性质及典型信号频谱的理解，灵活运用各基本概念，使解题时思路更开阔。

【例2.8】 信号 $x(t)$ 的傅里叶变换为 $X(f)$，$x(t)$ 和 $X(f)$ 的图形分别如图 2.35(a) 和图 2.35(b) 所示。试求函数 $f(t) = x(t)(1+\cos 2\pi f_0 t)$ 的傅里叶变换 $F(f)$，并画出其图形。

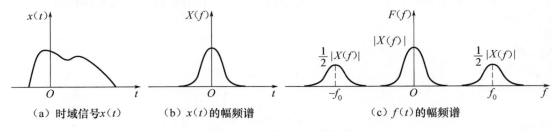

（a）时域信号 $x(t)$　　　　（b）$x(t)$ 的幅频谱　　　　（c）$f(t)$ 的幅频谱

图 2.35　信号 $x(t)$ 及其频谱

解：该题为求两个信号相乘后的频谱并画出其图形，根据余弦信号的频谱函数和傅里叶变换的卷积性质可方便地求解。

由于

$$\cos 2\pi f_0 t \Leftrightarrow \frac{1}{2}[\delta(f+f_0) + \delta(f-f_0)]$$

因此

$$x(t)(1+\cos 2\pi f_0 t) = x(t) + x(t)\cos 2\pi f_0 t \Leftrightarrow X(f) + X(f) * \frac{1}{2}[\delta(f+f_0) + \delta(f-f_0)]$$

而

$$x(t) * \delta(t \pm T) = x(t \pm T)$$

所以

$$F(f) = X(f) + X(f+f_0)/2 + X(f-f_0)/2$$

$F(f)$ 的图形如图 2.35(c) 所示。

讨论：由上述计算过程可知，为了使解题过程简单明了，灵活应用基本概念、性质及典型函数的傅里叶变换结果是非常重要的。

问题的多面性：傅里叶级数和傅里叶变换主要研究将信号从时域转换为频域，信号的时域和频域本质上是同一个问题的不同表现形式，有些问题在时域中得不到解答，但在频域中可以找到更多信息，从而找到解决方法。可见，一个问题可以有多种表现形式，从不同的角度看问题，可以得到不同的解答。

请给出一个从不同角度看待和解决问题的案例。

2.4 离散傅里叶变换

傅里叶变换是频谱分析的数学基础，也是建立时域信号与频域信号映射关系的有力工具。但在很长一段时间内，傅里叶变换的应用受到限制，其主要障碍是傅里叶变换的计算需花费大量时间，特别是数据量较大时，不借助计算机很难进行。在计算机普遍使用以前，常采用模拟仪器进行频域分析，但模拟仪器价格高、稳定性和精度差。使用计算机进行信号分析和处理时，需要将模拟信号数字化。而所谓数字信号的分析与处理实际就是"运算"，它可以通过软件编程在计算机上完成，也可以根据算法选择一种运算结构，设计专用硬件，制成专用芯片完成。数字信号处理具有高度的灵活性、良好的稳定性和高精度，从 20 世纪 60 年代开始到现在，其发展十分迅速，在工程界得到广泛应用。

数字信号分析涉及的内容和理论非常广泛，而离散傅里叶变换(discrete Fourier transform,DFT)是基础。在进行数字信号分析的过程中，如果没有掌握离散傅里叶变换的基本理论，就不能正确应用数字信号分析的有关程序，难以正确操作数字信号分析仪器。数字信号分析的基本理论与模拟信号分析的基本理论紧密相关。本书从工程应用的角度出发，利用图解表示的方法介绍数字信号处理中的基本理论——离散傅里叶变换，学生学习后可掌握信号数字分析中的一些基本理论。

2.4.1 数字信号、模/数转换和数/模转换

由 2.1.1 节可知，若信号幅值和独立变量均离散，并且用二进制序列表示信号的幅值，则该信号为数字信号。数字信号可用数字序列表示，如 001 011 110 111 …。在工程测试中，数字信号一般来自模拟信号，因此需要将模拟信号转换为数字信号并进行必要的数据处理，处理后的数字信号常需要还原为模拟信号。模拟信号到数字信号和数字信号到模拟信号的转换分别称为信号的模/数(A/D)转换和数/模(D/A)转换。

A/D 转换可分三个步骤完成，如图 2.36 所示。

(1) 采样：将模拟信号转换为离散时间信号，在各离散时刻得到连续信号的样值。因此，若 $x_a(t)$ 为采样器的输入，则输出 $x_a(nT_s) \equiv x(n)$，其中 T_s 称为采样间隔或采样周期。

(2) 量化：将离散时间连续幅值的信号 $x(n)$ 转换为离散时间离散幅值的数字信号 $x_q(n)$。$x(n)$ 与量化器的输出 $x_q(n)$ 的差值称为量化误差。

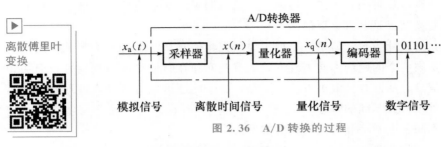

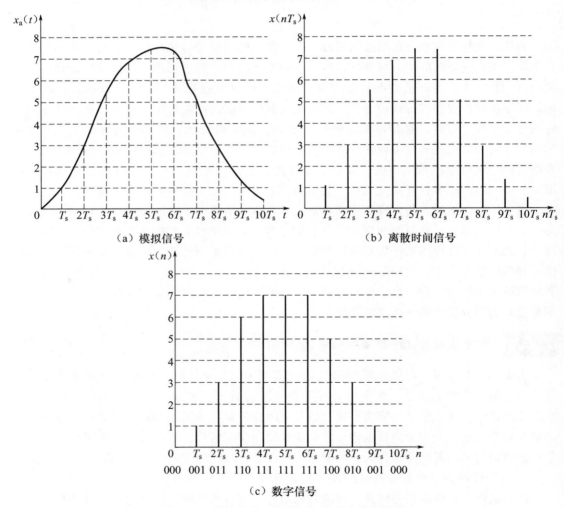

图 2.36　A/D 转换的过程

（3）编码：用二进制序列表示每个量化值 $x_q(n)$，便于数字处理。

图 2.37 所示为模拟信号、离散时间信号和数字信号。

（a）模拟信号

（b）离散时间信号

（c）数字信号

图 2.37　模拟信号、离散时间信号和数字信号

D/A 转换的原理是对数字信号进行某种内插方式的处理以连接逐个样值的端点，从而得到近似的模拟信号，近似的程度取决于内插方式。图 2.38 所示为一种简单的内插方式，称为零阶保持或阶梯近似。可能的近似方式有多种，如线性连接逐个样值对的线性内插、

通过三个相邻样值拟合的二次多项式内插等。

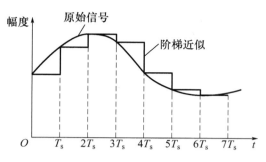

图 2.38 D/A 转换的零阶保持

然而，量化是非可逆的或单向的处理，会引起信号失真。失真的大小取决于 A/D 转换器的精度。在实际中，影响精度选择的因素有成本和采样速度，通常成本随着精度和采样速度的提高而增加。

2.4.2 离散傅里叶变换的图解表示

对模拟信号进行离散傅里叶变换一般可概括为三个步骤：时域采样、时域截断和频域采样。

1. 时域采样

模拟信号的采样有多种方法，其中周期采样或均匀采样应用较多，表示为

$$x(n) = x_a(nT_s) \tag{2-80}$$

式中：$x(n)$ 为采样后的离散时间信号或采样信号，由对模拟信号 $x_a(t)$ 每隔 T_s 秒采样得到，该过程如图 2.39 所示；T_s 为采样周期，其倒数 $1/T_s = f_s$ 称为采样速度（每秒采样次数）或采样频率（单位为 Hz）。

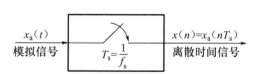

图 2.39 模拟信号的采样过程

模拟信号的采样过程可以看作用等间隔的单位脉冲序列乘以模拟信号，各采样点上的信号幅值就变成脉冲序列的权值，这些权值将被量化成相应的二进制编码。在数学上，时域采样表示为间隔为 T_s 的周期脉冲序列 $g(t)$ 乘以模拟信号 $x(t)$。$g(t)$ 由式（2-75）表示，即

$$g(t) = \sum_{n=-\infty}^{\infty} \delta(t - nT_s) \qquad (n = 0, \pm 1, \pm 2, \pm 3, \cdots)$$

由 δ 函数的筛选特性式（2-66）得模拟信号 $x(t)$ 采样后的采样信号

$$x_s(nT_s) = x(t) \cdot g(t) = \int_{-\infty}^{\infty} x(t) \cdot \delta(t - nT_s) \mathrm{d}t \qquad (n = 0, \pm 1, \pm 2, \pm 3, \cdots)$$

$$\tag{2-81}$$

采样信号 $x_s(nT_s)$ 在各采样时刻 nT_s 的幅值为 $x(t=nT_s)$。信号的时域采样如图 2.40 所示。

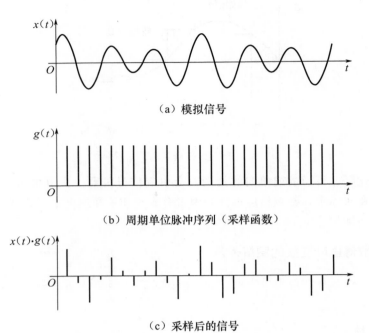

（a）模拟信号

（b）周期单位脉冲序列（采样函数）

（c）采样后的信号

图 2.40　信号的时域采样

在时域采样中，采样函数 $g(t)$ 的傅里叶变换由式（2-78）表示，即

$$G(f) = f_s \sum_{n=-\infty}^{\infty} \delta(f-nf_s) \qquad (n=0,\pm 1,\pm 2,\pm 3,\cdots)$$

由信号的频域卷积特性式（2-58）可知，模拟信号 $x(t)$ 乘以采样函数 $g(t)$ 后的采样信号 $x_s(nT_s)$ 的傅里叶变换等于 $x(t)$ 的频谱 $X(f)$ 与 $g(t)$ 的频谱 $G(f)$ 的卷积，即

$$x_s(nT_s) = x(t) \cdot g(t) \Leftrightarrow X(f) * G(f) \qquad (2-82)$$

由 δ 函数与其他函数的卷积特性，得采样信号 $x_s(nT_s)$ 的频谱

$$X_s(f) = X(f) * G(f) = X(f) * f_s \sum_{n=-\infty}^{\infty} \delta(f-nf_s)$$

$$(2-83)$$

$$= f_s \sum_{n=-\infty}^{\infty} X(f-nf_s) \qquad (n=0,\pm 1,\pm 2,\pm 3,\cdots)$$

可以看出，采样信号 $x_s(nT_s)$ 的频谱 $X_s(f)$ 和模拟信号 $x(t)$ 的频谱 $X(f)$ 既有联系又有区别。将 $f_s \cdot X(f)$ 依次平移至采样函数 $g(t)$ 对应的频率序列点 $nf_s(n=0,\pm 1,\pm 2,\pm 3,\cdots)$ 上并叠加，即可得到采样信号 $x_s(nT_s)$ 的频谱 $X_s(f)$，其幅值为 $X(f)$ 与 $G(f)$ 幅值的乘积。时域采样过程中各信号及其频谱如图 2.41 所示。

由此可见，对一个模拟信号采样后，它的频谱将沿着频率轴每隔一个采样频率 f_s 都重复出现一次，即频谱产生周期延拓，延拓周期为 f_s。由于模拟信号 $x(t)$ 的频谱 $X(f)$ 为连续频谱，因此采样信号 $x_s(nT_s)$ 的频谱 $X_s(f)$ 为周期性连续频谱。若 $X(f)$ 的频带大于

$f_s/2$，则平移后的图形会发生交叠，如图 2.41(f)中的粗虚线所示。采样信号的频谱是这些平移后图形的叠加，如图 2.41(f)中的实线所示。

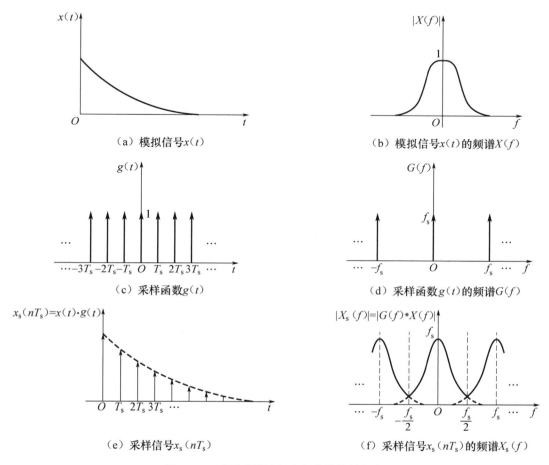

（a）模拟信号$x(t)$

（b）模拟信号$x(t)$的频谱$X(f)$

（c）采样函数$g(t)$

（d）采样函数$g(t)$的频谱$G(f)$

（e）采样信号$x_s(nT_s)$

（f）采样信号$x_s(nT_s)$的频谱$X_s(f)$

图 2.41　时域采样过程中各信号及其频谱

2. 时域截断

时域截断

理论上，采样信号 $x_s(nT_s)$ 是时间无限长的离散序列，即 $n=0,1,2,3,\cdots$，而实际上为了方便存储、分析和处理，只取有限长度的采样序列，所以必须从采样信号的时间序列截取有限长的一段处理，其余部分视为零而不予考虑。相当于用采样信号 $x_s(nT_s)$ 乘以一个矩形窗函数 $w_R(t)$，如图 2.42（a）所示。

$$w_R(t)=\begin{cases}1 & (0\leqslant t\leqslant T)\\ 0 & (t>T)\end{cases} \tag{2-84}$$

宽度为 T；截取的时间序列点数为 $N=T/T_s$，N 称为序列长度。采样信号 $x_s(nT_s)$ 被截取后的信号

$$x_{sw}(nT_s)=x(t)\cdot g(t)\cdot w_R(t) \qquad (n=1,2,\cdots,N) \tag{2-85}$$

由信号的频域卷积特性式（2-58）知 $x_{sw}(nT_s)$ 的频谱

$$x_{sw}(nT_s)=x(t)\cdot g(t)\cdot w_R(t)\Leftrightarrow X(f)*G(f)*W_R(f)=X_{sw}(f) \tag{2-86}$$

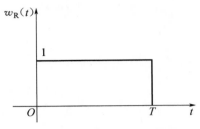

（a）矩形窗函数$w_R(t)$的时域波形

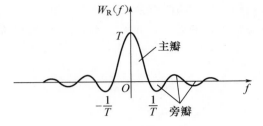

（b）矩形窗函数$w_R(t)$的幅频谱

图 2.42　矩形窗函数及其幅频谱

矩形窗函数 $w_R(t)$ 的幅频谱

$$W_R(f) = T\frac{\sin(\pi f T)}{\pi f T} = T\mathrm{sinc}(\pi f T) \qquad (2-87)$$

由式（2-87）可见，该幅频谱为 sinc 函数，如图 2.42(b)所示。其频谱中间部分为主瓣，两侧为旁瓣。时域采样截断后的信号及其幅频谱如图 2.43 所示。由于采样信号 $x_s(nT_s)$ 的频谱 $X_s(f)$ 为周期性连续频谱，而 $x_{sw}(f)$ 为 $X_s(f)$ 与 $W_R(f)$ 的卷积，因此 $x_{sw}(nT_s)$ 的频谱 $X_{sw}(f)$ 也为周期性连续频谱。同时，受矩形窗函数频谱的主瓣和旁瓣的作用，$x_{sw}(f)$ 比 $X_s(f)$ 多一些皱纹波。

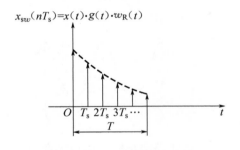

（a）截断后的采样信号$x_{sw}(nT_s)$

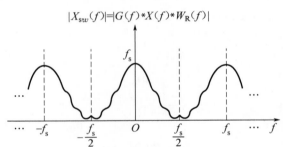

（b）截断后的采样信号$x_{sw}(nT_s)$的幅频谱$X_{sw}(f)$

图 2.43　时域采样截断后的信号及其幅频谱

皱纹波的存在及其值与矩形窗函数的宽度 T 有关，宽度 T 越大，其频谱主瓣越窄，形状越尖。当 $T\to\infty$ 时，sinc 函数就是 δ 函数，此时 $x_{sw}(f)$ 与 $X_s(f)$ 的幅频谱相同，即当 $T\to\infty$ 时，图 2.43(b)变为图 2.41(e)。

3. 频域采样

频域采样

经过时域采样和截断处理，模拟信号 $x(t)$ 变成了有限长的离散时间序列 $x_{sw}(nT_s)$，$n = 1, 2, \cdots, N$。而从频域上看，$x_{sw}(nT_s)$ 的幅频谱 $X_{sw}(f)$ 仍为周期性连续频谱。由于计算机或数字信号处理仪只能处理离散数据，因此需要对 $X_{sw}(f)$ 进行频域采样。

理论上，频域采样是用周期性连续频谱 $X_{sw}(f)$ 乘以周期序列脉冲函数［图 2.44(a)］：

$$D(f) = \frac{1}{T}\sum_{n=-\infty}^{+\infty}\delta\left(f - n\frac{1}{T}\right) \qquad (2-88)$$

其时域函数 ［图 2.44(b)］ 表示为

$$d(t) = \sum_{n=-\infty}^{+\infty} \delta(t - nT) \qquad (2-89)$$

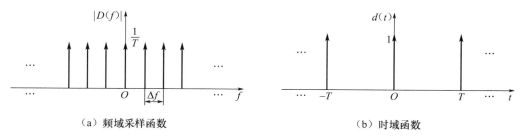

（a）频域采样函数 （b）时域函数

图 2.44 频域采样函数及其时域函数

频域采样在频域的一个周期 $T_s = \dfrac{1}{f_s}$ 中输出 N 个数据点，故输出的频率序列的频率间隔 $\Delta f = f_s/N = 1/(T_s N) = 1/T$。$X_{sw}(f)$ 经频域采样后的实际输出为

$$X_{sw}(f)_p = X_{sw}(f) \cdot D(f) = [X(f) * G(f) * W_R(f)] \cdot D(f) \qquad (2-90)$$

由信号的卷积特性可知，与 $X_{sw}(f)_p$ 对应的时域信号为

$$x_{sw}(t)_p = [x(t) \cdot g(t) \cdot w_R(t)] * d(t) \qquad (2-91)$$

频域采样形成 $X_{sw}(f)$ 频域的离散化，相应地，把时域信号周期化，因而 $x_{sw}(t)_p$ 是一个周期信号，如图 2.45 所示。

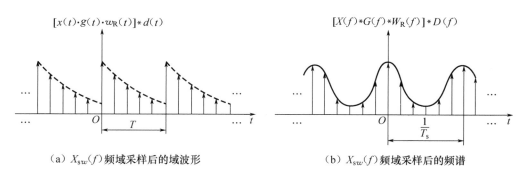

（a）$X_{sw}(f)$ 频域采样后的域波形 （b）$X_{sw}(f)$ 频域采样后的频谱

图 2.45 $X_{sw}(f)$ 频域采样后的时域和频域表示

从以上过程可以看出，原来希望获得模拟信号的频谱，由于计算机的数据是序列长度为 N 的离散时间信号 $x_{sw}(nT_s)$，计算机输出的是 $X_{sw}(f)_p$，而不是 $X(f)$，因此用 $X_{sw}(f)_p$ 近似 $X(f)$。处理过程中的每个步骤（采样、截断、离散傅里叶变换计算）都会引起失真或误差。

图 2.45 解释了离散傅里叶变换的演变过程。从最后的结果可以看出，信号经时域及频域的离散化导致对时域和频域的周期化处理。离散傅里叶变换实际上是把一个有限长序列作为周期序列的一个周期处理的。

2.4.3 频率混叠和采样定理

选择采样间隔是一个重要问题。若采样间隔 T_s 太小（采样频率 f_s 太高），则对定长的时间记录来说数字序列长（采样点多），使计算工作量增大。若数字序列长度一定，则只能处理很短的时间历程，可能产生很大误差。若采样间隔 T_s 太大（采样频率 f_s 太低），则可能丢失有用的信息。

【例 2.9】 对模拟信号 $x_1(t)=10\sin(2\pi\cdot 10t)$ 和 $x_2(t)=10\sin(2\pi\cdot 50t)$ 进行采样处理，采样间隔 $T_s=1/40$，即采样频率 $f_s=40\mathrm{Hz}$。试比较两信号采样后的离散时间信号的状态。

解： 由于采样频率 $f_s=40\mathrm{Hz}$，则

$$t=nT_s$$

$$x_1(nT_s)=10\sin\left(2\pi\frac{10}{40}nT_s\right)=10\sin\left(\frac{\pi}{2}nT_s\right)$$

$$x_2(nT_s)=10\sin\left(2\pi\frac{50}{40}nT_s\right)=10\sin\left(\frac{5\pi}{2}nT_s\right)=10\sin\left(\frac{\pi}{2}nT_s\right)$$

因此，$x_1(nT_s)=x_2(nT_s)$。在图形上，模拟信号 $x_1(t)$ 和 $x_2(t)$ 在采样点上的瞬时值（图 2.46 中的"×"点）完全相同，即获得了相同的离散时间信号。从采样结果（离散时间信号）上看，不能分辨出离散时间信号来自模拟信号 $x_1(t)$ 还是 $x_2(t)$。也就是说，对不同频率的模拟信号 $x_1(t)$ 和 $x_2(t)$ 在采样频率 $f_s=40\mathrm{Hz}$ 下采样，得到没有区别的离散时间信号，即产生了信号的不确定性。从时域的角度来看，产生了频率混叠现象。

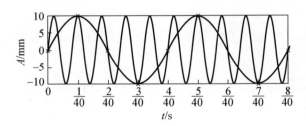

图 2.46　频率混叠现象

（1）频率混叠。

由图 2.41 可知，设模拟信号 $x(t)$ 为带限信号，如果采样间隔 T_s 太大（采样频率 f_s 太低），频率平移距离过小，$x(t)$ 的频谱 $X(f)$ 移至 $nf_s(n=0,\pm1,\pm2,\pm3,\cdots)$ 处的频谱 $f_s\cdot X(f)$ 就会有部分相互交叠 [图 2.41(d)]，使新合成的 $X(f)*G(f)$ 图形与 $f_s\cdot X(f)$ 不一致，这种现象称为频率混叠。频率混叠后，原来频谱的部分幅值改变，就不可能准确地从采样信号 $x_s(t)$ 中恢复原来的模拟信号 $x(t)$ 了。

设带限信号 $x(t)$ 的最高频率 f_c 为有限值，以采样频率 $f_s=1/T_s\geqslant 2f_c$ 进行采样，采样信号 $x_s(t)$ 的频谱 $X_s(f)=X(f)*G(f)$ 就不会发生频率混叠，如图 2.47 所示，其中 $f_s/2$ 称为折叠频率。如果将该频谱通过一个中心频率为零（$f=0$）、带宽为 $\pm f_s/2$ 的理想低通滤波器，就可以把原信号完整的频谱取出，从而可能从采样信号中准确地恢复原信号的波形。

如果模拟信号 $x(t)$ 为无限带宽信号，即信号的最高频率 $f_{c\max}\to\infty$，则无论采样频率 f_s 多高，采样信号 $x_s(t)$ 的频谱 $X_s(f)$ 都会出现频率混叠。$X_s(f)$ 中超过折叠频率 $f_s/2$ 的频谱部分都将间隔 f_s 叠加，出现频率混叠。

（2）采样定理。

为了避免信号的频率混叠，以便采样后仍能准确地恢复原信号，采样频率 f_s 必须不

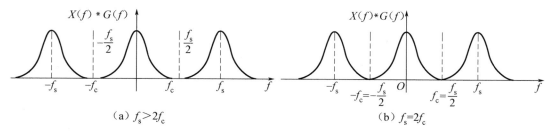

（a）$f_s>2f_c$ （b）$f_s=2f_c$

图2.47 不发生频率混叠的条件

低于信号最高频率f_c的2倍，即$f_s \geqslant 2f_c$，这就是采样定理。在实际工作中，采样频率一般高于被处理信号中最高频率的3～4倍。

如果确定测试信号中的高频成分是由噪声干扰引起的，为满足采样定理且不使数据过长，就在信号采样前使用低通滤波器进行滤波预处理，人为降低信号中的最高频率f_c，这种滤波器称为抗混滤波器。由于抗混滤波器不可能有理想的截止频率f_c，在f_c之后总会有一定的过渡带，因此，不产生频率混叠是不可能的，工程上只能保证足够的精度。如果只对某频带感兴趣，那么可用抗混滤波器或带通滤波器滤掉其他频率成分，避免频率混叠并减少信号中其他成分的干扰。

【例2.10】 对模拟信号$x(t)=x_1(t)+x_2(t)=10\sin(2\pi \cdot 10t)+10\sin(2\pi \cdot 50t)$以采样率$f_s=120\text{Hz}$进行采样。试分析采样信号$x_s(nT_s)$的频谱$X_s(f)$，并画出示意图。

解： 模拟信号$x(t)$在$\pm 10\text{Hz}$、$\pm 50\text{Hz}$处有谱线，谱线的高度为$10/2=5$，其频谱$|X(f)|$如图2.48（a）所示。因采样频率$f_s=120\text{Hz}$，故采样函数$g(t)$的频谱$|G(f)|$如图2.48（b）所示，其在$n \cdot f_s=120 \cdot n(\text{Hz})$（$n=0, \pm 1, \pm 2, \cdots$）处有谱线，谱线的高度为120。采样信号$x_s(nT_s)$的频谱$|X_s(f)|$如图2.48（c）所示，其频谱为把$|X(f)|$的图形分别平移到$n \cdot f_s$处，谱线的高度为$5 \times 120=600$。

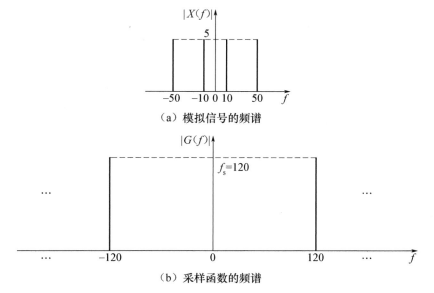

（a）模拟信号的频谱

（b）采样函数的频谱

图2.48 模拟信号、采样函数及采样信号的频谱

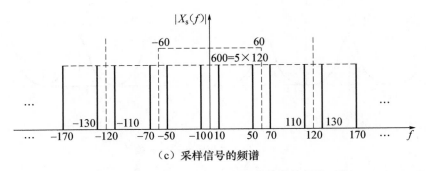

（c）采样信号的频谱

图 2.48　模拟信号、采样函数及采样信号的频谱（续）

2.4.4　量化和量化误差

模拟信号经采样后在时间上离散化，但其幅值仍为连续的模拟电压值。量化是指对信号的幅值量化，就是将模拟信号 $x(t)$ 在 nT_s 时刻采样的电压幅值 $x(nT_s)$ 转变为离散的二进制数码，其二进制数码只能表达有限个相应的离散电平（量化电平）。

把采样信号 $x(nT_s)$ 经过舍入或者截尾的方法转变为只有有限个有效数字的数的过程称为量化。若信号 $x(t)$ 可能出现的最大值为 A，将其分为 D 个间隔，则每个间隔的长度 $R=A/D$，R 称为量化增量（或量化步长）。若采样信号 $x(nT_s)$ 落在某一小间隔内，经过舍入或者截尾的方法转变为有限值，则产生量化误差，如图 2.49 所示。

量化和量化误差

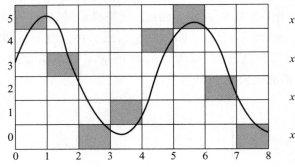

$x(1)=5$　　　　$x(5)=4$

$x(2)=3$　　　　$x(6)=5$

$x(3)=3$　　　　$x(7)=2$

$x(4)=1$　　　　$x(8)=0$

图 2.49　信号的量化（$D=6$）

一般把量化误差看成对模拟信号进行数字处理时的可加噪声，其又称舍入噪声或截尾噪声。量化电平 R 越大，量化误差越大。量化电平一般取决于计算机 A/D 转换卡的位数。例如，8 位二进制为 $2^8=256$，即量化电平 R 为所测信号最大电压幅值的 1/256。

【例 2.11】　将幅值 $A=1000$ 的谐波信号分别按 6、10、18 等分量化，求其量化后的曲线。

解：图 2.50(a) 所示为谐波信号，图 2.50(b) 至图 2.50(d) 所示分别为 6 等分、10 等分和 18 等分量化结果。对比图 2.50(b) 至图 2.50(d) 可知，等分数越小，量化电平 R 越大，量化误差越大。

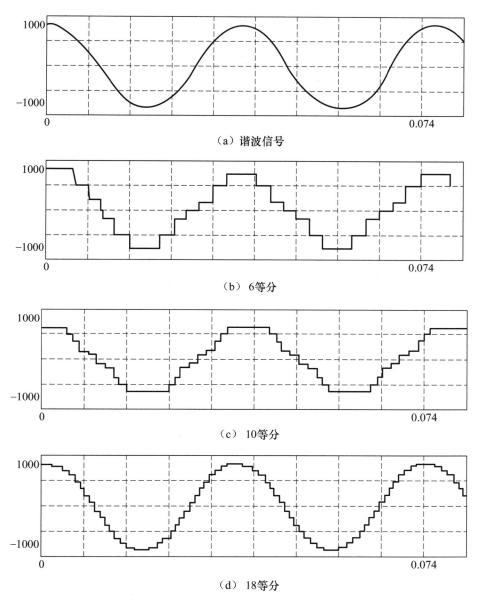

（a）谐波信号

（b）6等分

（c）10等分

（d）18等分

图 2.50　谐波信号按 6 等分、10 等分、18 等分量化的误差

2.4.5　截断、泄漏和窗函数

1. 截断、泄漏和窗函数的概念

信号的长度可能很大甚至是无限的，而计算机处理的数据长度是有限的，只能从信号中提取一段来考察分析，从而考察整个信号历程，这个过程称为时域截断或"加窗"。"窗"的意思是指人们能够"透过窗口看到外景"（原始信号）的一部分，而把"窗口"以外的信号均视为零。由局部估计全体会丢失一些信息，从而给原始信号的频谱带来误差。

【例 2.12】 分析正弦信号截断前后信号的频谱。

解： 图 2.51 所示为正弦信号截断前后信号的频谱。图 2.51(f) 中频谱交错的部分引起频率混叠。将截断信号的频谱 $X_T(f)$ 与原始信号的频谱 $X(f)$ 比较可知，它已不是原来的两条谱线，而是两段振荡的连续谱。原来的信号被截断以后，其频谱发生了畸变，原来正弦信号的能量集中在 $\pm f_0$ 处，截断后在 $\pm f_0$ 附近出现了一些原来没有的频谱分量，相当于把原来集中的能量分散到附近的频带范围，这种现象称为频谱能量泄漏，由此引起的误差称为泄漏误差。能量泄漏使原来的频谱失真，出现"假频"，即原来没有频率成分的地方也出现谱线。信号截断后，产生能量泄漏现象是必然的。

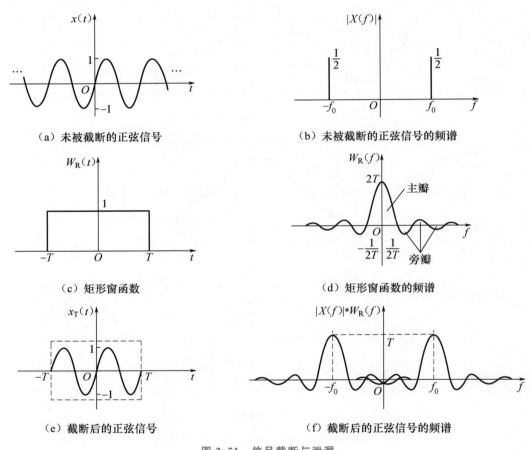

（a）未被截断的正弦信号　　　　　（b）未被截断的正弦信号的频谱

（c）矩形窗函数　　　　　　　　　（d）矩形窗函数的频谱

（e）截断后的正弦信号　　　　　　（f）截断后的正弦信号的频谱

图 2.51　信号截断与泄漏

如果增大截断长度 T，即窗口加宽，则窗函数的频谱 $W_R(f)$ 被压缩变窄（$1/T$ 减小）。虽然从理论上讲，其频谱范围仍为无限宽，但实际上中心频率以外的频率分量衰减较快，因而泄漏误差减小。当窗口宽度 T 趋于无穷大时，$W_R(f)$ 将变为 $\delta(f)$ 函数，而 $\delta(f)$ 与 $X(f)$ 的卷积仍为 $X(f)$。这说明，如果窗口无限宽，即信号不截断，就不会出现"假频"，不存在泄漏。

由上述分析可知，为了减少频谱能量泄漏，可以增大窗函数的宽度。例如，使用矩形窗、增大采样长度可以使得 sinc 函数的主瓣变窄，旁瓣向主瓣密集；还可采用适当的窗函数对信号进行截断。一个好的窗函数表现为频谱的主瓣突出、旁瓣衰减大。实际上，二者往往不可兼得，要视具体需要选用。由于不可能无限增大窗函数的长度（增大采样长度），因此，在信号长度一定的情况下，适当增大窗函数的长度可以减少频谱能量泄漏。

2. 频率分辨力、栅栏效应和整周期截取

频率采样间隔 Δf 是频率分辨力的指标。Δf 越小，频率分辨力越高。在利用离散傅里叶变换将有限时间序列转换为相应的频谱序列的情况下，Δf 与分析的时间信号长度 T 的关系为

$$\Delta f = f_s/N = 1/(T_s N) = 1/T \tag{2-92}$$

这种关系是离散傅里叶变换算法的固有特征，往往会加剧频率分辨力与计算工作量的矛盾，而谱线的位置为

$$f = k\frac{1}{T} = k\frac{f_s}{N} \tag{2-93}$$

即只有在基频 $1/T$ 的整数倍上才有谱线，离散谱线之间的谱线不显示。即使是重要的频率成分也可能被忽略，像栅栏一样，部分景物被栅栏遮挡，故称栅栏效应。无论是时域采样还是频域采样，都有相应的栅栏效应。时域采样就是"摘取"采样点上对应的模拟信号的样值，如满足采样定理要求，则栅栏效应不会有什么影响。而对频域的栅栏效应，频率间隔 Δf 越小，频率分辨力越高，被"挡住"的频域成分越少。

根据采样定理，若感兴趣的最高频率为 f_c，则最低采样频率 f_s 应高于 $2f_c$。根据式（2-92）选定 f_s 后，要提高频率分辨力就必须增大数据点数 N，从而急剧地增大计算工作量。解决此项矛盾有两条途径：一条途径是在离散傅里叶变换的基础上采用"频率细化技术（ZOOM）"，其基本思路是在处理过程中只提高感兴趣的局部频段中的频率分辨力，以减小计算工作量；另一条途径是采用把时域序列转换为频谱序列的其他方法。

在分析简谐信号的场合下，需要了解某特定频率 f_0 的幅值，希望离散傅里叶变换谱线落在频率 f_0 上。单纯减小 Δf，并不一定会使谱线落在频率 f_0 上。从离散傅里叶变换的原理来看，谱线落在频率 f_0 处的条件是 $f_0/\Delta f$ 为整数。考虑 $\Delta f = 1/T$ 是分析时长 T 的倒数，简谐信号的周期 T_0 是频率 f_0 的倒数，因此，只有截取的信号长度 T 正好等于信号周期的整数倍，才可能使分析谱线落在简谐信号的频率上，从而获得准确的频谱。显然，这个结论适用于所有周期信号。

因此，对周期信号进行整周期截断是获得准确频谱的先决条件。从概念上来说，离散傅里叶变换的效果相当于将时窗内信号向外周期延拓。若事先按整周期截断信号，则延拓后的信号与原始信号完全重合，无任何畸变；反之，延拓后将在 $t=kT$（k 为某个整数）交接处出现间断点，波形和频谱都会发生畸变。

3. 常见窗函数

（1）实际应用的窗函数。

① 幂窗。幂窗即采用时间变量的某种幂次的函数，如矩形、三角形、梯形或其他时间 t 的高次幂。

② 三角窗。三角窗即三角函数窗，其由正弦函数或余弦函数等组合成复合函数，如汉宁（Hanning）窗、汉明（Hamming）窗等。

③ 指数窗。指数窗即数函数窗，采用指数时间函数（如 e^{-St}）的形式，如高斯窗等。

（2）常用窗函数的性质和特点。

① 矩形窗。矩形窗属于时间变量的零次幂窗，函数形式为式（2-45）或式（2-84），相应频谱为式（2-46）或式（2-86）。式（2-45）与式（2-84）窗的长度相同，后者对前者进行了时移，矩形窗的时域波形如图 2.18、图 2.42(a) 或图 2.51(c) 所示，相应频谱如图 2.18、图 2.42(b) 或图 2.51(d) 所示。矩形窗使用最多，一般所说的不加窗实际上是使信号通过矩形窗。矩形窗的优点是主瓣比较集中；缺点是旁瓣较大且有负旁瓣，导致变换中带入了高频干扰和泄漏，甚至出现负谱现象。在需要获得精确频谱主峰的所在频率且对幅值精度要求不高的情况下，可选用矩形窗。

② 三角窗。三角窗又称费杰（Fejer）窗，其是幂窗的一次方形式，其定义为

$$w(t) = \begin{cases} 1 - \dfrac{2}{T}|t| & (|t| < T/2) \\ 0 & (|t| \geqslant T/2) \end{cases} \tag{2-94}$$

相应的频谱为

$$W(f) = \frac{T}{2}\left(\frac{\sin\dfrac{\pi fT}{2}}{\dfrac{\pi fT}{2}}\right)^2 = \frac{T}{2}\mathrm{sinc}^2\frac{\pi fT}{2} \tag{2-95}$$

三角窗的时域波形及频谱如图 2.52 所示。三角窗与矩形窗相比，主瓣宽度约等于矩形窗的 2 倍，但旁瓣小且无负旁瓣。

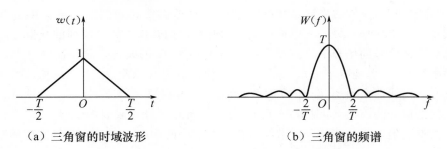

（a）三角窗的时域波形　　　　　　　　（b）三角窗的频谱

图 2.52　三角窗的时域波形及频谱

③ 汉宁窗。汉宁窗又称升余弦窗，其时域表达式为

$$w(t) = \begin{cases} \dfrac{1}{2} + \dfrac{1}{2}\cos\dfrac{\pi t}{T} & (|t| < T/2) \\ 0 & (|t| \geqslant T/2) \end{cases} \tag{2-96}$$

相应的频谱为

$$\begin{aligned} W(f) &= \frac{T\sin(\pi fT)}{2\pi fT} + \frac{T}{4}\left\{\frac{\sin[\pi(f+1/T)T]}{\pi(f+1/T)T} + \frac{\sin[\pi(f-1/T)T]}{\pi(f-1/T)T}\right\} \\ &= \frac{T}{2}\mathrm{sinc}(\pi fT) + \frac{T}{4}\mathrm{sinc}\left[\pi\left(f+\frac{1}{T}\right)T\right] + \frac{1}{4}\mathrm{sinc}\left[\pi\left(f-\frac{1}{T}\right)T\right] \end{aligned} \tag{2-97}$$

汉宁窗的时域波形及频谱如图 2.53 所示。与矩形窗相比，汉宁窗的旁瓣小得多，因而泄漏少得多；但是主瓣较宽。

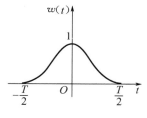

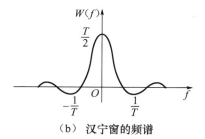

（a）汉宁窗的时域波形　　　　　　（b）汉宁窗的频谱

图 2.53　汉宁窗的时域波形及频谱

④ 汉明窗。汉明窗是改进的汉宁窗，其本质与汉宁窗相同，只是系数不同。其时域表达式为

$$w(t)=\begin{cases}0.54+0.46\cos\dfrac{2\pi t}{T} & (|t|\leqslant T/2)\\[2mm]0 & (|t|>T/2)\end{cases} \qquad (2-98)$$

相应的频谱为

$$W(f)=0.54T\frac{\sin(\pi fT)}{\pi fT}+0.23T\left\{\frac{\sin[\pi(f+1/T)]}{\pi(f+1/T)}+\frac{\sin[\pi(f-1/T)]}{\pi(f-1/T)}\right\}$$

$$=0.54T\mathrm{sinc}(\pi fT)+0.23T\mathrm{sinc}\left[\pi\left(f+\frac{1}{T}\right)T\right]+\frac{1}{4}\mathrm{sinc}\left[\pi\left(f-\frac{1}{T}\right)T\right] \qquad (2-99)$$

汉明窗比汉宁窗消除旁瓣的效果好，而且主瓣稍窄；但是旁瓣衰减较慢。适当地改变系数，可得到不同特性的窗函数。

在实际信号处理中，常用单边窗函数。若以开始测量的时刻作为 $t=0$，截断长度为 T，$0\leqslant t<T$，则等于对双边窗函数进行了时移。根据傅里叶变换的性质，时域时移，对应的频域相移而幅值绝对值不变。因此，以单边窗函数截断信号产生的泄漏与以双边窗函数截断信号而产生的泄漏相同。

选择窗函数时，应考虑被分析信号的性质与处理要求。如果仅要求精确读出主瓣曲率而不考虑幅值精度，则可选用主瓣宽度比较窄且便于分辨的矩形窗，如测量物体的自振频率等；如果分析窄带信号且有较强的干扰噪声，则应选用旁瓣幅度小的窗函数，如汉宁窗、三角窗等；如果分析随时间按指数衰减的函数，则采用指数窗来提高信噪比。

2.5　随机信号

2.5.1　随机信号的基本概念

随机信号具有随机性，每次观测的结果都不尽相同，任一观测值都只是在其变动范围中可能产生的结果，因此不能用明确的数学关系式描述随机信号；但其变动服从统计规律，可以用概率和统计的方法描述。

对随机信号按时间历程所作的各次长时间观测记录称为样本函数，记作 $x_i(t)$，在有限区间内的样本函数称为样本记录。在相同试验条件下，全部

随机信号

样本函数的集合（总体）就是随机过程，记作$\{x(t)\}$，即

$$\{x(t)\}=\{x_1(t),x_2(t),\cdots,x_i(t),\cdots\} \tag{2-100}$$

图 2.54 所示为随机过程与样本函数。随机过程的各种平均值（如均值、方差、均方值和均方根值等）是按集合平均计算的。集合平均不是沿某个样本的时间轴计算的，而是在集合中某时刻 t_i 对所有样本的观测值进行平均。单个样本沿时间历程进行平均的计算称为时间平均。

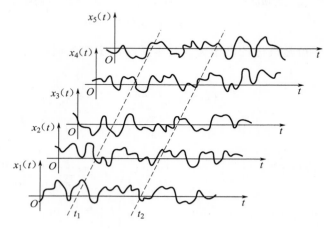

图 2.54　随机过程与样本函数

在随机过程中，统计特性参数不随时间变化的过程称为平稳随机过程，否则为非平稳随机过程。在平稳随机过程中，若任一单个样本函数的时间平均统计特性等于该过程的集合平均统计特性，则该过程就是各态历经随机过程。工程上很多随机信号都具有各态历经性（遍历性）。有的信号虽不是严格的各态历经信号，但也可作为各态历经过程处理。事实上，一般的随机过程需要足够多的样本描述，而要进行大量的观测来获得足够多的样本函数是非常困难甚至不可实现的。因此，在实际测试中，常以一个或多个有限长度的样本记录来推断和估计被测对象的整个随机过程，以其时间平均代替集合平均。本书对随机过程的讨论仅限于各态历经随机过程。

2.5.2　随机信号的主要特征参数

随机信号的主要特征参数如下：①均值、方差、均方值（描述信号强度方面的特征）；②概率密度函数（描述信号在幅值域中的特征）；③自相关函数（描述信号在时延域中的特征）；④功率谱密度函数（描述信号在频域中的特征）。

在实际的信号分析中，往往还需要描述两个或两个以上各态历经随机信号之间的依赖程度，通常使用联合概率密度函数、互相关函数、互谱密度函数和相干函数等联合统计特性参数描述。

下面介绍均值、方差、均方值和概率密度函数。自相关函数和功率谱密度函数将分别在第 2.6 节和第 2.7 节介绍。

1. 均值、方差和均方值

（1）均值。

均值表示信号的常值分量，各态历经信号的均值为

$$\mu_x = \lim_{T \to \infty} \frac{1}{T} \int_0^T x(t)\,\mathrm{d}t \qquad (2-101)$$

式中：$x(t)$ 为样本函数；T 为观测时间。

（2）方差。

方差描述随机信号的波动分量（交流分量），其值是 $x(t)$ 偏离均值的平方的均值，即

$$\sigma_x^2 = \lim_{T \to \infty} \frac{1}{T} \int_0^T [x(t) - \mu_x]^2\,\mathrm{d}t \qquad (2-102)$$

事实上，为了便于分析处理，可以从不同角度将信号分解为简单的信号分量之和。如图 2.55 所示，信号 $x(t)$ 可分解为常值分量 $x_D(t)$ 和波动分量 $x_A(t)$ 之和。常值分量可通过信号的均值描述，而波动分量可通过信号的方差或正平方根（标准差）描述。

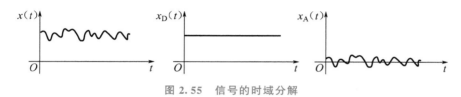

图 2.55　信号的时域分解

（3）均方值。

均方值用来描述随机信号的强度，其值是 $x(t)$ 平方的均值，代表随机信号的平均功率，即

$$\psi_x^2 = \lim_{T \to \infty} \frac{1}{T} \int_0^T x^2(t)\,\mathrm{d}t \qquad (2-103)$$

若将均方值开根号则为均方根值，也称有效值，即

$$x_{\mathrm{rms}} = \sqrt{\frac{1}{T} \int_0^T x^2(t)\,\mathrm{d}t} = \psi_x \qquad (2-104)$$

均方根值是动态特性的平均能量（功率）的一种表达，常用于一些振动强度国家标准。

由式 $(2-101)$ 至式 $(2-103)$ 可得均值、方差和均方值之间的关系为

$$\sigma_x^2 = \psi_x^2 - \mu_x^2 \qquad (2-105)$$

当均值 $\mu_x = 0$ 时，$\sigma_x^2 = \psi_x^2$，即方差等于均方值。

在实际测试中，以有限长的样本函数估计总体的特性参数，其估计值通过在符号上方加注"^"来区分，即

$$\hat{\mu}_x = \frac{1}{T} \int_0^T x(t)\,\mathrm{d}t \qquad (2-106)$$

$$\hat{\sigma}_x^2 = \frac{1}{T} \int_0^T [x(t) - \mu_x]^2\,\mathrm{d}t \qquad (2-107)$$

$$\hat{\psi}_x^2 = \frac{1}{T} \int_0^T x^2(t)\,\mathrm{d}t \qquad (2-108)$$

2. 概率密度函数

随机信号的概率密度函数表示信号幅值落在指定区间内的概率。如图 2.56 所示，设某信号的样本函数 $x(t)$，在观测时间 T 内，信号 $x(t)$ 的幅值落在 $[x, x + \Delta x]$ 的总时间为

T_x，则

$$T_x = \Delta t_1 + \Delta t_2 + \Delta t_3 + \cdots + \Delta t_n = \sum_{i=1}^{N} \Delta t_i \qquad (2-109)$$

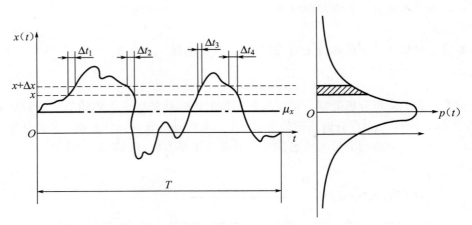

图 2.56　概率密度函数的说明

当样本函数 $x(t)$ 的记录时间 $T \to \infty$ 时，T_x/T 的比值就是幅值落在 $[x, x+\Delta x]$ 的概率，即

$$P[x < x(t) \leqslant (x+\Delta x)] = \lim_{T \to \infty} \frac{T_x}{T} \qquad (2-110)$$

定义随机信号的概率密度函数为

$$p(x) = \lim_{\Delta x \to 0} \frac{P[x < x(t) \leqslant (x+\Delta x)]}{\Delta x} = \lim_{\Delta x \to 0} \frac{1}{\Delta x} \lim_{T \to \infty} \frac{T_x}{T} \qquad (2-111)$$

而有限时间记录 T 内的概率密度函数可由式（2-112）估计。

$$p(x) = \frac{T_x}{T \Delta x} \qquad (2-112)$$

概率密度函数提供了随机信号沿幅值域分布的信息，它是随机信号的主要特性参数。不同的随机信号具有不同的概率密度函数图形，用于识别随机信号的性质。图 2.57 所示为五种常见随机信号（假设其均值为零）及其概率密度函数图形。

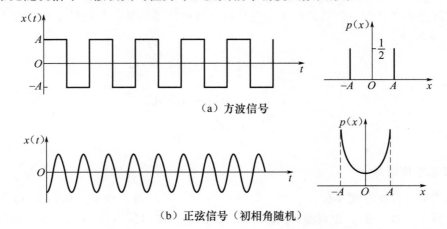

（a）方波信号

（b）正弦信号（初相角随机）

图 2.57　五种常见随机信号及其概率密度函数图形

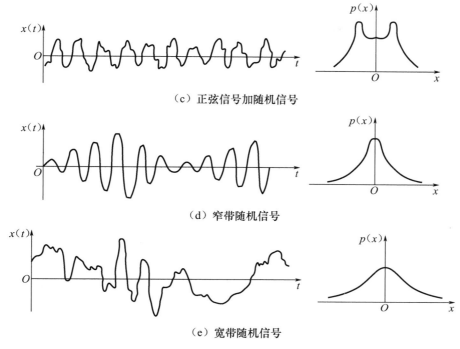

（c）正弦信号加随机信号

（d）窄带随机信号

（e）宽带随机信号

图 2.57　五种常见随机信号及其概率密度函数图形（续）

2.6　相　关　分　析

在测试结果的分析中，相关分析是一个非常重要的概念。描述相关概念的相关函数具有许多重要性质，使得相关函数在测试工程技术中得到了广泛应用，形成了专门的相关分析的研究和应用领域。

2.6.1　自相关分析

1. 自相关函数的定义

若 $x(t)=y(t)$，$y(t+\tau)\rightarrow x(t+\tau)$，则得到 $x(t)$ 的自相关函数为

$$R_x(\tau)=\lim_{T\to\infty}\frac{1}{T}\int_0^T x(t)x(t+\tau)\mathrm{d}t \qquad (2-113)$$

图 2.58 所示为 $x(t)$ 和 $x(t+\tau)$ 的波形。

对于有限时间序列的自相关函数，用式（2-114）进行估计，即

$$\hat{R}_x(\tau)=\frac{1}{T}\int_0^T x(t)x(t+\tau)\mathrm{d}t \qquad (2-114)$$

相关分析及
应用1

2. 自相关函数的性质

（1）$R_x(\tau)$ 为实偶函数，即 $R_x(\tau)=R_x(-\tau)$，有

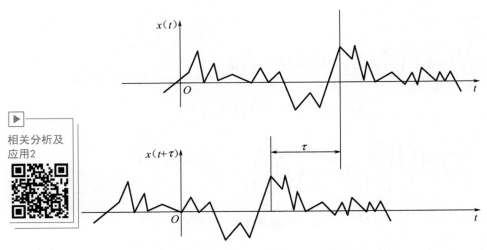

图 2.58　$x(t)$ 和 $x(t+\tau)$ 的波形

$$R_x(-\tau) = \lim_{T \to \infty} \int_0^T x(t+\tau)x(t+\tau-\tau)\mathrm{d}(t+\tau)$$

$$= \lim_{T \to \infty} \int_0^T x(t+\tau)x(t)\mathrm{d}(t+\tau)$$

$$= \lim_{T \to \infty} \int_0^T x(t)x(t+\tau)\mathrm{d}t$$

$$= R_x(\tau)$$

因为 $x(t)$ 为实函数，所以自相关函数 $R_x(\tau)$ 为实偶函数。

（2）时延 τ 值不同，$R_x(\tau)$ 不同。当 $\tau=0$ 时，$R_x(\tau)$ 的值最大，并等于信号的均方值 ψ_x^2。

$$R_x(0) = \lim_{T \to \infty} \frac{1}{T} \int_0^T x(t)x(t+0)\mathrm{d}t = \lim_{T \to \infty} \frac{1}{T} \int_0^T x^2(t)\mathrm{d}t = \sigma_x^2 + \mu_x^2 = \psi_x^2$$

$$(2-115)$$

则

$$\rho_x(0) = \frac{R_x(0) - \mu_x^2}{\sigma_x^2} = \frac{\mu_x^2 + \sigma_x^2 - \mu_x^2}{\sigma_x^2} = \frac{\sigma_x^2}{\sigma_x^2} = 1 \qquad (2-116)$$

说明变量 $x(t)$ 本身在同一时刻的记录样本完全呈线性关系，是完全相关的，其自相关系数为 1。

（3）$R_x(\tau)$ 的取值范围为 $\mu_x^2 - \sigma_x^2 \leqslant R_x(\tau) \leqslant \mu_x^2 + \sigma_x^2$。

由于

$$R_x(\tau) = \rho_x(\tau)\sigma_x^2 + \mu_x^2 \qquad (2-117)$$

同时，由 $|\rho_{xy}| \leqslant 1$ 得

$$\mu_x^2 - \sigma_x^2 \leqslant R_x(\tau) \leqslant \mu_x^2 + \sigma_x^2 \qquad (2-118)$$

（4）当 $\tau \to \infty$ 时，$x(t)$ 和 $x(t+\tau)$ 之间不存在内在联系，彼此无关，即

$$\rho_x(\tau \to \infty) \to 0 \qquad (2-119)$$

$$R_x(\tau \to \infty) \to \mu_x^2 \qquad (2-120)$$

相关分析及
应用2

若均值 $\mu_x = 0$，则 $R_x(\tau) \rightarrow 0$。

根据以上性质，自相关函数的可能图形如图 2.59 所示。

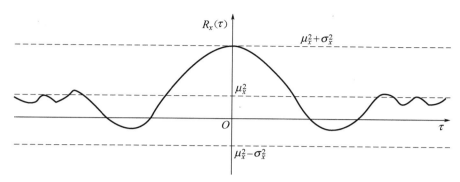

图 2.59 自相关函数的可能图形

（5）若信号 $x(t)$ 为周期函数，则其自相关函数 $R_x(\tau)$ 是频率相同的周期函数，但是不保留原始信号 $x(t)$ 的相位信息。

若周期函数为 $x(t) = x(t+nT)$，则其自相关函数为

$$
\begin{aligned}
R_x(\tau + nT) &= \frac{1}{T} \int_0^T x(t+nT)x(t+nT+\tau)\mathrm{d}(t+nT) \\
&= \frac{1}{T} \int_0^T x(t)x(t+\tau)\mathrm{d}t \qquad\qquad (2-121) \\
&= R_x(\tau)
\end{aligned}
$$

【例 2.13】 求正弦函数 $x(t) = x_0\sin(\omega t + \varphi)$ 的自相关函数。

解： 此处初始相角 φ 是一个随机变量，由于其存在周期性，因此可以用一个周期内的平均值计算各种平均值。

根据自相关函数的定义

$$
\begin{aligned}
R_x(\tau) &= \lim_{T \to \infty} \frac{1}{T} \int_0^T x(t)x(t+\tau)\mathrm{d}t = \frac{1}{T_0} \int_0^{T_0} x_0^2 \sin(\omega t + \varphi)\sin[\omega(t+\tau)+\varphi]\mathrm{d}t \\
&= \frac{x_0^2}{2T_0} \int_0^{T_0} \{\cos[\omega(t+\tau)+\varphi-(\omega t+\varphi)] - \cos[\omega(t+\tau)+\varphi+(\omega t+\varphi)]\}\mathrm{d}t \\
&= \frac{x_0^2}{2T_0} \int_0^{T_0} [\cos\omega\tau - \cos(2\omega t+\omega\tau+2\varphi)]\mathrm{d}t \\
&= \frac{x_0^2}{2T_0} \int_0^{T_0} \cos\omega\tau\,\mathrm{d}t - \frac{x_0^2}{2T_0} \int_0^{T_0} \cos(2\omega t+\omega\tau+2\varphi)\mathrm{d}t \\
&= \frac{x_0^2}{2}\cos\omega\tau
\end{aligned}
$$

式中：T_0 为正弦函数的周期，$T_0 = 2\pi/\omega$，即

$$
R_x(\tau) = \frac{x_0^2}{2}\cos\omega\tau \qquad\qquad (2-122)
$$

可见，正弦函数的自相关函数是一个余弦函数，当 $\tau = 0$ 时，其具有最大值 $\dfrac{x_0^2}{2}$，如图 2.60 所示。它保留了变量 $x(t)$ 的幅值信息 x_0 和频率信息 ω，但没有保留初始相位信息 φ。

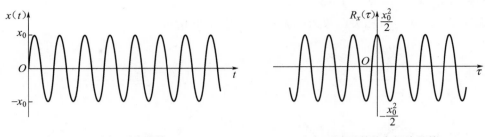

（a）正弦函数　　　　　　　　　　　（b）正弦函数的自相关函数

图 2.60　正弦函数及其自相关函数

【例 2.14】 如图 2.61 所示，用轮廓仪对一机械加工表面粗糙度检测信号 $a(t)$ 进行自相关分析，得到其相关函数 $R_a(\tau)$。试根据 $R_a(\tau)$ 分析造成机械加工表面粗糙度的原因。

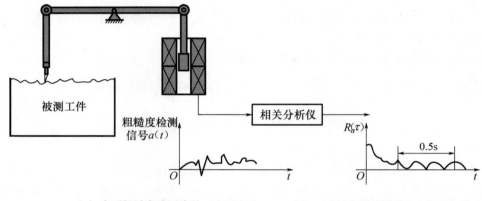

（a）表面粗糙度检测信号 $a(t)$ 的波形　　　　（b）$a(t)$ 的自相关函数 $R_a(\tau)$ 的波形

图 2.61　表面粗糙度的相关检测法

解：观察 $a(t)$ 的自相关函数 $R_a(\tau)$，发现 $R_a(\tau)$ 具有周期性，说明造成加工表面粗糙度的原因之一是某种周期因素。从自相关函数图可以确定周期因素的频率为

$$f = \frac{1}{T} = \frac{1}{0.5/3}\,\mathrm{Hz} = 6\,\mathrm{Hz}$$

对加工该工件的机械设备中各运动部件的运动频率（如电动机的转速、拖板的往复运动次数、液压系统的油脉动频率等）进行测算和对比分析可知，运动频率与 6 Hz 接近的部件振动就是造成加工表面粗糙度的主要原因。

2.6.2　互相关分析

1. 互相关函数的定义

若 $x(t)$ 和 $y(t)$ 为两个不同的信号，则 $R_{xy}(\tau)$ 称为函数 $x(t)$ 与 $y(t)$ 的互相关函数，即

$$R_{xy}(\tau) = \lim_{T \to \infty} \frac{1}{T} \int_0^T x(t)y(t+\tau)\,\mathrm{d}t \qquad (2-123)$$

可得相应的互相关系数为

$$\rho_{xy}(\tau) = \frac{R_{xy}(\tau) - \mu_x \mu_y}{\sigma_x \sigma_y} \tag{2-124}$$

对于有限序列的互相关函数，用式（2-125）进行估计，即

$$\hat{R}_{xy}(\tau) = \frac{1}{T} \int_0^T x(t) y(t+\tau) \mathrm{d}t \tag{2-125}$$

2. 互相关函数的性质

（1）互相关函数是可正可负的实函数。因为 $x(t)$ 和 $y(t)$ 均为实函数，所以 $R_{xy}(\tau)$ 也为实函数。当 $\tau = 0$ 时，由于 $x(t)$ 和 $y(t)$ 可正可负，因此 $R_{xy}(\tau)$ 的值可正可负。

（2）互相关函数是非奇函数、非偶函数，且 $R_{xy}(\tau) = R_{yx}(-\tau)$。对于平稳随机过程，在 t 时刻从样本采样计算的互相关函数应与 $t-\tau$ 时刻从样本采样计算的互相关函数一致，即

$$\begin{aligned}
R_{xy}(\tau) &= \lim_{T \to \infty} \frac{1}{T} \int_0^T x(t) y(t+\tau) \mathrm{d}t = \lim_{T \to \infty} \frac{1}{T} \int_0^T x(t-\tau) y(t-\tau+\tau) \mathrm{d}(t-\tau) \\
&= \lim_{T \to \infty} \frac{1}{T} \int_0^T x(t-\tau) y(t) \mathrm{d}t = \lim_{T \to \infty} \frac{1}{T} \int_0^T y(t) x[t+(-\tau)] \mathrm{d}t \tag{2-126} \\
&= R_{xy}(-\tau)
\end{aligned}$$

式（2-126）表明，互相关函数既不是偶函数又不是奇函数，$R_{xy}(\tau)$ 与 $R_{yx}(-\tau)$ 在图形上关于纵坐标轴对称，如图 2.62 所示。

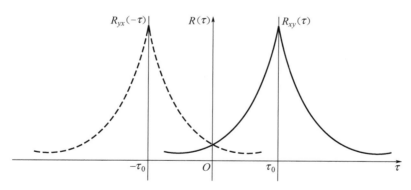

图 2.62 互相关函数的对称性

（3）$R_{xy}(\tau)$ 的峰值不在 $\tau = 0$ 处。τ_0 反映两信号的时移，如图 2.63 所示，在 τ_0 处，$R_{xy}(\tau)$ 出现最大值，它反映随机信号 $x(t)$ 和 $y(t)$ 之间主传输通道的滞后时间。

（4）互相关函数的取值范围。由式（2-124）得

$$R_{xy}(\tau) = \mu_x \mu_y + \rho_{xy}(\tau) \sigma_x \sigma_y \tag{2-127}$$

结合 $|\rho_{xy}| \leqslant 1$，可得图 2.63 所示的互相关函数的取值为

$$\mu_x \mu_y - \sigma_x \sigma_y \leqslant R_{xy}(\tau) \leqslant \mu_x \mu_y + \sigma_x \sigma_y \tag{2-128}$$

（5）两个统计独立的随机信号，当均值为零时，$R_{xy}(\tau) = 0$。将随机信号 $x(t)$ 和 $y(t)$ 表示为均值与波动分量之和的形式，即

$$x(t) = \mu_x + \Delta x(t)$$

$$y(t) = \mu_y + \Delta y(t)$$

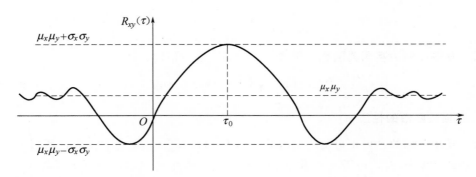

图 2.63　互相关函数曲线

则

$$y(t+\tau)=\mu_y+\Delta y(t+\tau)$$

$$R_{xy}(\tau)=\lim_{T\to\infty}\frac{1}{T}\int_0^T x(t)y(t+\tau)\mathrm{d}t=\lim_{T\to\infty}\frac{1}{T}\int_0^T[\mu_x+\Delta x(t)][\mu_y+\Delta y(t+\tau)]\mathrm{d}t$$

$$=\lim_{T\to\infty}\frac{1}{T}\int_0^T[\mu_x\mu_y+\mu_x\Delta y(t+\tau)+\mu_y\Delta x(t)+\Delta x(t)\Delta y(t+\tau)]\mathrm{d}t$$

$$=R_{\Delta x\Delta y}(\tau)+\mu_x\mu_y$$

因为 $x(t)$ 与 $y(t)$ 是统计独立的随机信号，所以 $R_{\Delta x\Delta y}(\tau)=0$，$R_{xy}(\tau)=\mu_x\mu_y$。当 $\mu_x=\mu_y=0$ 时，$R_{xy}(\tau)=0$。

（6）两个频率不同的周期信号的互相关函数为零。由于周期信号可以用谐波信号合成，因此取两个周期信号中两个频率不同的谐波成分 $x(t)=A_0\sin(\omega_1 t+\theta)$ 和 $y(t)=B_0\sin(\omega_2 t+\theta+\varphi)$ 进行相关分析，得

$$R_{xy}(\tau)=\lim_{T\to\infty}\frac{1}{T}\int_0^{T_0}x(t)y(t+\tau)\mathrm{d}t$$

$$=\frac{1}{T_0}\int_0^{T_0}A_0 B_0\sin(\omega_1 t+\theta)\sin[\omega_2(t+\tau)+\theta-\varphi]\mathrm{d}t$$

$$=\frac{A_0 B_0}{2T_0}\int_0^{T_0}\{\cos[(\omega_2-\omega_1)t+(\omega_2\tau-\varphi)]-\cos[(\omega_2+\omega_1)t+(\omega_2\tau+2\theta-\varphi)]\}\mathrm{d}t$$

$$=0$$

（7）两个频率不同的正余弦函数不相关。证明同上。

（8）周期信号与随机信号的互相关函数为零。由于随机信号 $y(t+\tau)$ 在时间 $t\to t+\tau$ 内无确定关系，它的取值与任何周期函数 $x(t)$ 无关，因此 $R_{xy}(\tau)=0$。

（9）两个频率相同的周期信号的互相关函数仍是频率相同的周期信号，而且保留了两个信号的相位信息。

【例 2.15】　求 $x(t)=x_0\sin(\omega t+\theta)$，$y(t)=y_0\sin(\omega t+\theta+\varphi)$ 的互相关函数 $R_{xy}(\tau)$。

解：

$$R_{xy}(\tau)=\lim_{T\to\infty}\frac{1}{T}\int_0^T x(t)y(t+\tau)\mathrm{d}t$$

$$=\frac{1}{T_0}\int_0^{T_0}x_0 y_0\sin(\omega t+\theta)\sin[\omega(t+\tau)+\theta-\varphi]\mathrm{d}t \qquad (2-129)$$

$$=\frac{x_0 y_0}{2}\cos(\omega\tau-\varphi)$$

由此可见，与自相关函数不同，两个频率相同的谐波信号的互相关函数不仅保留了两个信号的幅值信息 x_0 及 y_0、频率信息 ω，而且保留了两个信号的相位信息 φ。

3. 典型信号的互相关函数的曲线

对图 2.64 所示典型信号的互相关函数的结果进行观察和分析，可以得到以下结论。

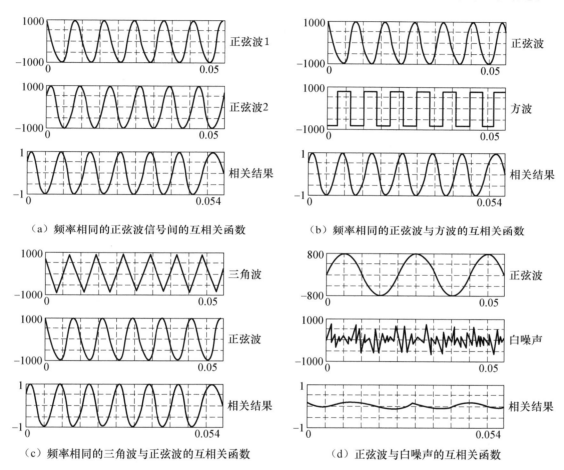

图 2.64　典型信号的互相关函数的结果

(1) 图 2.64(a)所示为频率相同的正弦波信号的互相关函数曲线。正弦波 1 的频率 $f_1=150\,\text{Hz}$，正弦波 2 的频率 $f_2=150\,\text{Hz}$，两者相位不同。相关后的函数频率 $f_{12}=150\,\text{Hz}$，表明频率相同的正弦波与正弦波相关，仍得到频率相同的正弦波，同时保留了相位差 φ。

(2) 图 2.64(b)所示为一个 $f_1=150\,\text{Hz}$ 的正弦波与基波频率为 $50\,\text{Hz}$ 的方波进行相关时，相关函数曲线仍是正弦波。通过傅里叶变换可知，方波由 1、3、5、…无穷次谐波叠加构成，当基波频率为 $50\,\text{Hz}$ 时，其 3 次谐波频率为 $150\,\text{Hz}$，因此可与正弦波相关。这也可以解释图 2.64(c)中三角波与正弦波相关后也是正弦波的现象。

(3) 图 2.64(d)所示为两个频率不同的信号的互相关函数的结果。随机函数白噪声与正弦波不相关，其互相关函数为零。

4. 互相关函数的应用

互相关函数的上述性质在工程中具有重要的应用价值。

（1）在混有周期成分的信号中提取特定的频率成分。

【例 2.16】 在噪声背景下提取有用信息。

图 2.65 所示为利用互相关分析仪消除噪声的机床主轴振动测试系统。对某线性系统（图 2.65 所示的机床）进行激振试验，所测得的振动响应信号中常有很强的噪声干扰。根据线性系统的频率保持特性，只有与激振频率相同的频率成分才可能是激振引起的响应，其他成分均是干扰。为了在噪声背景下提取有用信息，只需将激振信号和所测得的响应信号进行互相关分析，并根据互相关函数的性质，即可得到激振引起的响应的幅值和相位差，消除噪声干扰的影响。如果改变激振频率，就可以求得相应的信号传输通道构成的系统的频率响应函数。

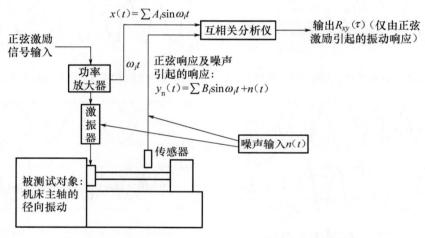

图 2.65 利用互相关分析仪消除噪声的机床主轴振动测试系统

【例 2.17】 利用互相关分析法分析复杂信号的频谱。

图 2.66 所示为利用互相关分析法分析复杂信号频谱的工作原理。

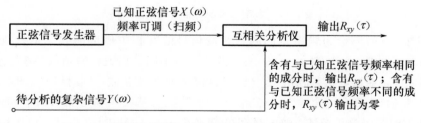

图 2.66 利用互相关分析法分析复杂信号频谱的工作原理

根据测试系统的频谱定义 $H(\omega)=\dfrac{Y(\omega)}{X(\omega)}=\dfrac{Y_0\,\mathrm{e}^{\mathrm{j}(\omega t+\varphi)}}{Z_0\,\mathrm{e}^{\mathrm{j}\omega t}}$ 可知，当改变送入测试系统（互相关分析仪）的已知正弦信号 $X(\omega)$ 的频率（由低频到高频扫描）时，其相关函数输出表征被分析信号包含的频率成分及所对应的幅值，即获得了被分析信号的频谱。

（2）线性定位和相关测速。

【例 2.18】 利用互相关分析法确定深埋地下的输油管裂损位置，以便开挖维修。

如图 2.67 所示，漏损处 K 可视为向两侧传播声音的声源，在两侧管道上分别放置传感器 1 和传感器 2。因为放置传感器的两点相距漏损处距离不相等，所以漏损处的声响传至两个传感器的时间有差异，在互相关函数图上 $\tau = \tau_m$ 处有最大值，τ_m 就是时差。设 s 为两个传感器的安装中心线与漏损处的距离，v 为声音在管道中的传播速度，则

$$s = \frac{1}{2} v \tau_m$$

τ_m 用来确定漏损处的位置，即解决线性定位问题，其定位误差为几十厘米。该方法也可用于弯曲的管道。

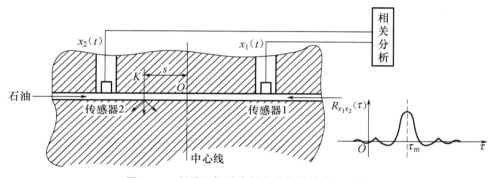

图 2.67　利用互相关分析法进行线性定位实例

【例 2.19】 利用互相关分析法在线测量热轧钢带运动速度。

图 2.68 所示为利用互相关分析法在线测量热轧钢带运动速度的实例。在沿热轧钢带运动的方向上相距 L 处的下方，安装两块凸透镜和两个光电池。当热轧钢带以速度 v 移动时，热轧钢带表面反射光经透镜分别聚焦在相距 L 的两个光电池上。反射光强弱的波动通过光电池转换为电信号，这两个电信号进行互相关分析，通过可调延时器测得互相关函数出现最大值的时间 τ_m。由于热轧钢带上任一截面 P 经过 A 点和 B 点时产生的信号 $x(t)$ 和

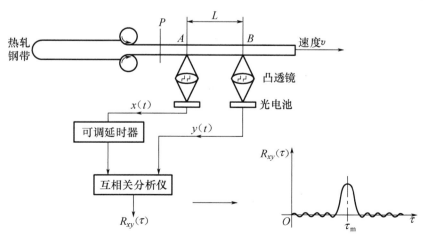

图 2.68　利用互相关分析法在线测量热轧钢带运动速度的实例

$y(t)$是完全相关的，可以在$x(t)$与$y(t)$的互相关函数曲线上产生最大值，因此热轧钢带的运动速度为

$$v = \frac{1}{\tau_m}$$

【例 2.20】　利用互相关分析法进行汽车的不解体故障诊断。

若要检查一辆汽车驾驶人座位的振动是发动机引起的还是后桥引起的，可在发动机、驾驶人座位及后桥上布置加速度传感器，如图 2.69 所示，然后将输出信号放大并进行互相关分析。可以看到，发动机与驾驶人座位的相关性较差，而后桥与驾驶人座位的互相关较大，因此，可以认为驾驶人座位的振动主要是后桥引起的。

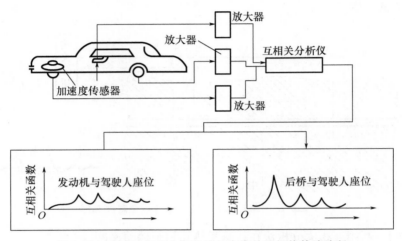

图 2.69　利用互相关分析法进行汽车的不解体故障诊断

2.7　功率谱分析

功率谱分析及应用

在第 2.2 节及第 2.3 节讨论了周期信号和瞬态信号的时域波形与频域的幅频谱及相频谱之间的对应关系，并了解到频域描述可反映信号频率结构组成。然而对于随机信号，由于其样本曲线的波形具有随机性，而且是时域无限信号，不满足傅里叶变换条件，因此从理论上讲，不能直接对随机信号进行傅里叶变换作幅频谱和相频谱分析，而是应用具有统计特征的功率谱密度函数在频域内对随机信号作频谱分析，这是研究平稳随机过程的重要方法。功率谱密度函数分为自谱和互谱两种形式。

2.7.1　帕塞瓦尔定理

帕塞瓦尔(Parseval)定理指出，在时域中计算的信号总能量等于在频域中计算的信号总能量，即

$$\int_{-\infty}^{\infty} x^2(t)\mathrm{d}t = \int_{-\infty}^{\infty} |X(f)|^2 \mathrm{d}f \tag{2-130}$$

该定理可以用傅里叶变换的卷积证明。

证明：设有傅里叶变换对

$$x_1(t) \Leftrightarrow X_1(f)$$
$$x_2(t) \Leftrightarrow X_2(f)$$

根据频域卷积定理有

$$\int_{-\infty}^{\infty} x_1(t) x_2(t) \mathrm{e}^{-2\pi f_0 t} \mathrm{d}t = \int_{-\infty}^{\infty} X_1(f) X_2(f_0 - f) \mathrm{d}f$$

令 $f_0 = 0$，$x_1(t) = x_2(t) = x(t)$，则

$$\int_{-\infty}^{\infty} x^2(t) \mathrm{d}t = \int_{-\infty}^{\infty} X(f) X(-f) \mathrm{d}f$$

式中：$x(t)$ 是实函数。

因为 $X(-f) = X*(f)$，所以

$$\int_{-\infty}^{\infty} x^2(t) \mathrm{d}t = \int_{-\infty}^{\infty} X(f) X*(f) \mathrm{d}f = \int_{-\infty}^{\infty} |X(f)|^2 \mathrm{d}f$$

式中：$|X(f)|^2$ 为能谱，即沿频率轴的能量分布密度。

2.7.2 相干函数

相干函数是评价测试系统的输入信号与输出信号之间的因果关系的函数，即通过相干函数判断系统中输出信号的功率谱中有多少是所测输入信号引起的响应，其定义为

$$\gamma_{xy}^2(f) = \frac{|S_{xy}(f)|^2}{S_x(f) S_y(f)} \qquad 0 \leqslant \gamma_{xy}^2(f) \leqslant 1 \tag{2-131}$$

若 $\gamma_{xy}^2(f) = 0$，则表示输出信号与输入信号不相干。若 $\gamma_{xy}^2(f) = 1$，则表示输出信号与输入信号完全相干。若 $0 < \gamma_{xy}^2(f) < 1$，则可能有三种情况：①测试系统有外界噪声干扰；②输出 $y(t)$ 是输入 $x(t)$ 与其他输入的综合输出；③联系 $x(t)$ 和 $y(t)$ 的线性系统是非线性的。

若系统为线性系统，则

$$\gamma_{xy}^2(f) = \frac{|S_{xy}(f)|^2}{S_x(f) S_y(f)} = \frac{|H(f) S_x(f)|^2}{S_x(f) S_y(f)} = \frac{S_y(f) S_x(f)}{S_x(f) S_y(f)} \tag{2-132}$$

式（2-132）表明，对于线性系统，输出完全是输入引起的响应。

【例2.21】 船用柴油电动机润滑油泵压油管振动和压力脉动间的相干分析。图2.70所示为船用柴油电动机润滑油泵压油管振动 $x(t)$ 和压力脉动 $y(t)$ 间的相干分析结果。其中，润滑油泵转速 $n = 781 \mathrm{r/min}$，油泵齿轮的齿数 $z = 14$，测得压油管压力脉动信号 $y(t)$ 和压油管振动信号 $x(t)$，压油管压力脉动的基频为

$$f_0 = \frac{nz}{60} \approx 182.23 \mathrm{Hz}$$

由图2.70可以看到，当 $f = f_0 = 182.23 \mathrm{Hz}$ 时，$\gamma_{xy}^2(f) \approx 0.9$；当 $f \approx 2f_0 \approx 361.12 \mathrm{Hz}$ 时，$\gamma_{xy}^2(f) \approx 0.37$；当 $f \approx 3f_0 \approx 546.54 \mathrm{Hz}$ 时，$\gamma_{xy}^2(f) \approx 0.8$；当 $f \approx 4f_0 \approx 722.24 \mathrm{Hz}$ 时，$\gamma_{xy}^2(f) \approx 0.75$；……齿轮引起的各次谐频对应的相干函数值都很大，而其他频率对应的相干函数值都很小，由此可见，油泵压油管的振动主要是油泵压油管压力脉动引起的。从 $x(t)$ 和 $y(t)$ 的自谱图也明显可见油泵压油管压力脉动的影响。

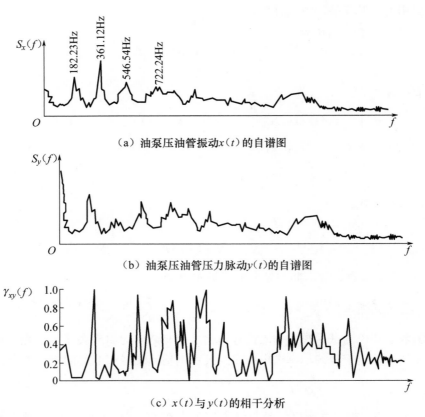

（a）油泵压油管振动$x(t)$的自谱图

（b）油泵压油管压力脉动$y(t)$的自谱图

（c）$x(t)$与$y(t)$的相干分析

图 2.70　船用柴油电动机润滑油泵压油管振动 $x(t)$ 和压力脉动 $y(t)$ 间的相干分析结果

2.8　现代信号处理工具

2.8.1　MATLAB

1. 概述

MATLAB 是美国 MathWorks 公司开发的大型工程计算和分析软件，在数据分析、无线通信、信号处理、机器人，控制系统，图形处理和计算机视觉等领域得到广泛应用。MATLAB 是 matrix&laboratory 两个英文单词的组合，意为"矩阵实验室"，其通过工具箱的模式将数值分析、矩阵计算、建模和仿真以及科学数据可视化等强大功能集成在一个视窗环境中，为科学研究和工程设计领域提供一种全面的解决方案。

为了让用户更方便地对信号进行分析和处理，MATLAB 提供一款可视化交互式的信号分析器工具，可以在时域、频域和时频域中可视化、测量、分析和比较信号。使用该 App 可同时和在同一视图中处理不同持续时间的许多信号。从 MATLAB 软件工具条上的 Apps 选项卡中选择该 App，将其启动；也可以通过在 MATLAB 命令提示符下输入 signalAnalyzer 来启动该 App。

2. 信号处理函数

MATLAB 编程语言是一种高级的、解释型的编程语言，广泛用于科学、工程和数学领域，是一种专门用于数值计算和数据可视化的语言。MATLAB 的语法简单、灵活，可以处理矩阵和向量运算，具有很强的数据处理和分析能力。MATLAB 提供众多函数和工具箱，使得信号的分析、处理、仿真变得简单、高效。

MATLAB 在信号处理中常用如下函数。

（1）信号的读写：在 MATLAB 中，用于读取和写入信号的函数有 audioread 和 audiowrite。这两个函数能够处理常见的音频文件格式，如 WAV 、MP3 等。

（2）时域分析与频域分析：MATLAB 提供丰富的时域分析和频域分析函数，用于深入研究信号的特性。MATLAB 的 plot 函数和 stem 函数可以用于显示时域信号；fft 函数和 spectrogram 函数可以用于频域分析；spectrogram 函数可以绘制短时傅里叶变换谱图，用于观察信号频谱随时间的变化。

（3）信号的显示与绘图：MATLAB 提供 plot、stem、subplot 等绘图函数，用于显示和分析信号。

（4）随机信号生成：在信号处理过程中，经常需要生成随机信号来模拟实际环境中的噪声或干扰。MATLAB 的 rand 函数和 randn 函数可以生成随机信号。

（5）信号变换与滤波：MATLAB 提供多种信号变换和滤波函数，用于改变信号的频率、相位、幅度等特性。MATLAB 中的 fft 函数用于实现快速傅里叶变换，ifft 函数用于实现快速傅里叶逆变换（。MATLAB 提供 butter、cheby1、cheby2、ellip 等滤波器设计函数，用于设计不同类型的滤波器。这些函数接收滤波器的阶数、截止频率等参数，并返回滤波器的系数。在 MATLAB 中，可以使用 filter 函数将滤波器应用于信号。该函数接收滤波器系数和输入信号，并将其作为参数，返回滤波后的信号。

3. 信号处理实例

（1）生成模拟信号。

例如，产生一个振幅为 2V、频率为 5Hz 的正弦波电压信号，并绘制波形的 MATLAB 代码如下。

```
clc;clear;close all;
%% 参数初始化
A= 2;% 振幅
f= 5;% 频率
v= 0;% 初始相位
k= 0;% 噪声电平
fs= 100;% 采样频率
% 画出波形
t = 0:1/fs:2;
x = A* sin(2* pi* f* t+ v)+ k;% 弧度为单位
plot(t,x,'LineWidth',1)
grid on
```

```
xlabel('时间/s','FontSize',13);% 设置 x 轴标签
ylabel('电压值/V','FontSize',13);% 设置 y 轴标签
```

在 MATLAB 中运行上述代码，绘制的波形如图 2.71 所示。

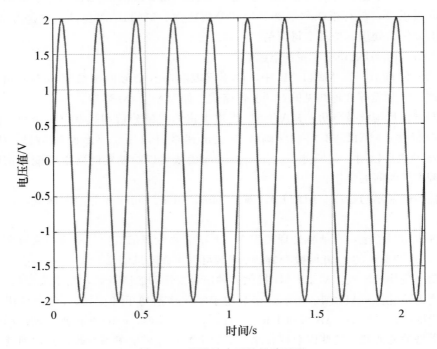

图 2.71　正弦波电压信号波形图

（2）使用 signalAnalyzer 工具通过调节窗泄漏来解析音调。

可以在信号分析器中调节分析窗的频谱泄漏来解析正弦波，生成一个以 100Hz 的频率进行 2s 采样的双通道信号。第一个通道由一个 20Hz 的音调和一个 21Hz 的音调组成，两个音调的振幅均为单位振幅。第二个通道也有两个音调，一个音调的振幅为单位振幅，频率为 20Hz；另一个音调的振幅为 1/100 的振幅，频率为 30Hz。生成代码如下。

```
fs =  100;
t =  (0:1/fs:2- 1/fs)';
x = sin(2* pi* [20 20].* t)+ [1 1/100].* sin(2* pi* [21 30].* t);
```

将信号嵌入白噪声，指定信噪比为 40dB，代码如下。

```
x =  x + randn(size(x)).* std(x)/db2mag(40);
```

打开信号分析器并绘制信号。在"分析器"选项卡下选择信号表中的信号，单击时间值并选择 Sample Rate and Start Time。将采样频率指定为 fs Hz，并将开始时间指定为 0s。在"显示"选项卡下单击频谱，以将频谱图添加到显示画面中，如图 2.72 所示。

在"频谱"选项卡下可以控制频谱泄漏的滑块位于中间位置，对应于约 1.28Hz 的分辨率带宽。第一个通道中的两个音调未得到解析。第二个通道中的 30Hz 音调可见，尽管比另一个音调弱得多。将滑块移至最大值，分辨率带宽约为 0.5Hz，第一个通道中的两个音调得

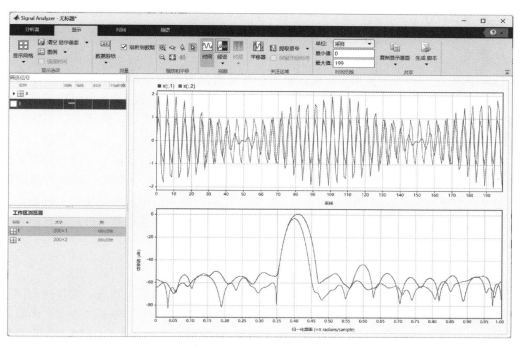

图 2.72　调节窗泄漏前的频谱图

到解析。第二个通道中的弱音调被大窗旁瓣掩盖。如图 2.73 所示。单击"显示"选项卡，使用水平缩放放大频率轴，向显示画面添加两个游标，并拖动频域游标来估计音调的频率。

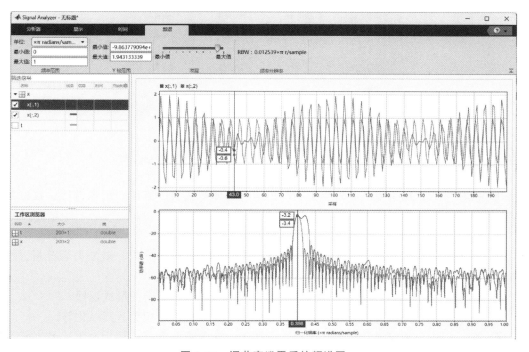

图 2.73　调节窗泄露后的频谱图

2.8.2　LabVIEW

1. 概述

LabVIEW 是一种图形化编程环境，使用一种可视化图形编程语言，通过工程术语、图标等图形化符号构建程序逻辑，形成简单、直观、易学的图形编程。其基本程序单位是虚拟仪器。使用 LabVIEW，通过图形化编程的方法建立一系列虚拟仪器，搭建测试系统，从而完成测试任务。

LabVIEW 的所有虚拟仪器都由前面板、框图流程程序及图标/连接器三部分组成。前面板即仪器面板，它是用户进行测试工作时的输入/输出界面。界面上有用户输入和显示输出两类对象，包括开关、旋钮、图形及其他控件和指示器部件等。用户可以使用多种输入控件和指示器部件构建前面板。输入控件用来接收用户的输入数据。指示器部件用于显示程序产生的输出。

2. 信号处理 VI 库

用户可以根据测试方案，通过函数模板的选项选择不同的图形化节点，连接这些图形化节点便构成处理程序。函数模板提供 13 个子模板，每个子模板都含有多个选项。函数选项不仅包含一般语言的基本要素，还包含大量文件输入/输出、数据采集、GPIB 及与串口控制有关的专用程序块。信号处理节点都集中"信号处理"面板下，如图 2.74 所示。

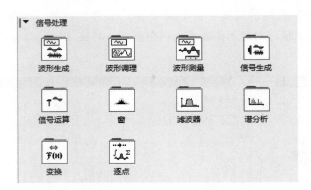

图 2.74　"信号处理"面板

"信号处理"面板的各选项功能如下。

（1）波形生成：用于生成各种类型的波形信号，如正弦波、方波、三角波等。这些波形可以用于模拟实际信号或者测试信号处理算法。

（2）波形调理：用于实现数字滤波、加窗等功能。

（3）波形测量：用于信号的时域和频域处理，如 FFT 频谱分析、谐波失真分析、平均值和均方根计算等。

（4）信号生成：可以产生指定模式的信号，且信号以一维数组的形式返回。

（5）信号运算：对信号进行各种运算，如卷积、自相关、互相关、归一化等。

（6）窗：提供各种窗函数，如汉宁窗、汉明窗、布莱克曼窗等，使用截取函数对信号进行截断，在频谱分析中减少频谱泄漏。

（7）滤波器：提供各种滤波器，如 FIR 滤波器、IIR 滤波器等。

（8）谱分析：对信号进行频谱分析，如自功率谱、互功率谱等。

（9）变换：对信号进行变换处理，如 FFT、反 FFT、小波变换、离散余弦变换等。

（10）逐点：提供对信号逐点操作的工具，如逐点运算、逐点滤波等，实现复杂的信号处理算法。

3. 信号处理实例

使用 LabVIEW 设计多类型信号发生器并进行频谱分析，可以修改信号的幅值、频率、相位、占空比、偏移量等参数。图 2.75 所示为多类型信号发生器的前面板布局和运行结果。图 2.76 所示为多类型信号发生器的程序设计框图。

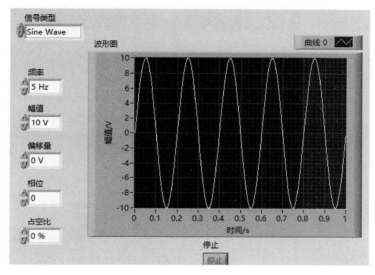

图 2.75　多类型信号发生器的前面板布局和运行结果

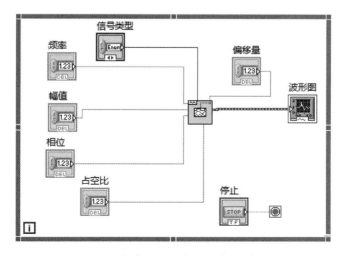

图 2.76　多类型信号发生器的程序框图

加入频谱测量控件，输出 FFT—均方根图谱。图 2.77 所示为正弦信号频谱分析的前面板布局和运行结果。图 2.78 所示为正弦信号频谱分析的程序框图。

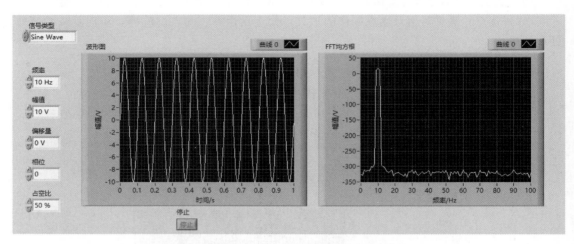

图 2.77　正弦信号频谱分析的前面板布局和运行结果

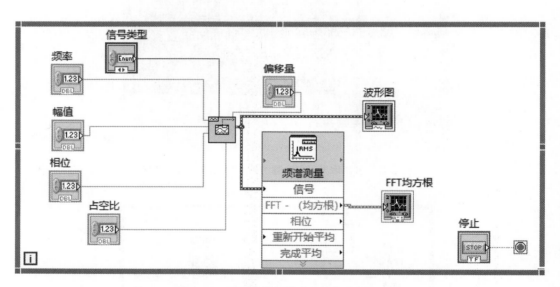

图 2.78　正弦信号频谱分析的程序框图

 案例讨论

信号处理在中国"天眼"上的应用

被人们誉为"天眼之父"的南仁东潜心科学研究，坚持自主创新，主导提出了以喀斯特洼地为 500m 直径球面射电望远镜台址的建议，并带领团队攻克一系列难题。"天眼"从概念提出到落实启用历时 22 年，实现了我国拥有世界一流射电望远镜的梦想。

"天眼"通过抛物面采集信号，并将信号发射到馈源舱，馈源舱内部部署了数字信号处理器，对采样信号进行数模转换处理，这就是信号处理技术在"天眼"上的应用。

小　结

根据信号的不同特征，信号有不同的分类方法。采用信号"域"的描述方法可以突出信号的不同特征。信号的时域描述以时间为独立变量，其强调信号的幅值随时间变化的特征；信号的频域描述以角频率或频率为独立变量，其强调信号的幅值和相位随频率变化的特征。

周期信号一般可以利用傅里叶级数展开，包括三角函数展开和复指数展开。利用周期信号的傅里叶级数展开可以获得离散频谱。常见周期信号的频谱具有离散性、谐波性和收敛性。

把非周期信号看作周期趋于无穷大的周期信号，有助于理解非周期信号的频谱。利用傅里叶变换可以获得非周期信号的连续频谱，掌握并灵活运用频谱函数的含义、傅里叶变换的主要性质和典型信号的频谱具有重要意义。

对于周期信号，同样可以利用傅里叶变换获得离散频谱，该频谱与利用傅里叶级数的复指数展开的方法获得的频谱相同。

模拟信号可通过时域采样、量化和编码获得数字信号。离散傅里叶变换的图解过程包括时域采样、时域截断和频域采样。在时域采样中，采样频率只有满足采样定理才能保证信号不产生频率混叠。时域截断是对模拟信号加窗的过程，信号的截断是将无限长的信号乘以有限宽的窗函数。由于窗函数是无限带宽信号，因此信号的截断不可避免引起频率混叠，产生频谱能量泄漏，增大窗长度能够减少能量泄漏。频域采样就是将截断信号的周期性连续频谱乘以周期序列脉冲函数，从而获得一个周期的频谱。模拟信号幅值量化时存在量化误差，量化电平越大，量化误差越大。不同的窗函数具有不同的频谱特性，应根据被分析信号的特点和要求选择。

幅值域分析、相关分析和功率谱分析是随机信号分析处理的重要手段，主要包括：随机信号的基本概念及其主要特征参数，随机信号的幅值域分析方法；自相关的概念及性质，自相关函数；互相关的概念及性质，互相关函数；随机信号的功率谱分析，自谱和互谱的概念和应用；相干函数的定义及其取值含义。

习　题

2-1　某时间函数 $f(t)$ 的时域波形及其频谱如图 2.79 所示，已知函数 $x(t)=f(t)\cos\omega_0 t$，设 $\omega_0>\omega_m$ [ω_m 为 $f(t)$ 中最高频率分量的角频率]，试作出 $x(t)$ 和 $x(t)$ 的双边幅频谱 $X(j\omega)$ 的示意图形。当 $\omega_0<\omega_m$ 时，$X(j\omega)$ 的图形会出现什么情况？

2-2　图 2.80 所示为周期三角波，其一个周期的数学表达式为

$$x(t)=\begin{cases} A+\dfrac{4A}{T}t & \left(-\dfrac{T}{2}<t<0\right) \\[2mm] A-\dfrac{4A}{T}t & \left(0<t<\dfrac{T}{2}\right) \end{cases}$$

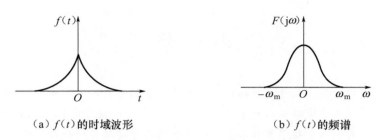

（a）$f(t)$的时域波形　　　　　　　　（b）$f(t)$的频谱

图2.79　某时间函数 $f(t)$ 的时域波形及其频谱

求傅里叶级数的三角函数展开式并作出单边频谱图。

2-3　图2.81所示为某信号的自相关函数示意图，试确定该信号的类型，并在图中表示 ψ_x^2 和 μ_x 的值。

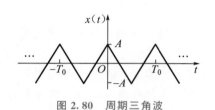

图2.80　周期三角波

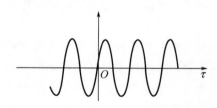

图2.81　某信号的自相关函数示意图

2-4　某信号的相关函数示意图如图2.82所示，试问：

（1）图2.82所示图形是 $R_x(\tau)$ 图形还是 $R_{xy}(\tau)$ 图形？说明理由。

（2）从图中可以获得该信号的哪些信息？

图2.82　某信号的相关函数示意图

2-5　求自相关函数 $R_x(\tau)=\mathrm{e}^{-2a\tau}\cos 2\pi f_0\tau\,(a>0)$ 的自谱密度函数，并作出其图形。

第2章
在线答题

第2章
课后作业

第3章
测试系统的基本特性

教学提示

研究测试系统的基本特性是为了使测试系统尽可能真实地反映被测物理量，实现不失真测试，以及客观评价已有测试系统的性能。

本章重点讲解能满足不失真要求的测试系统应具备的基本特性。要求学生掌握测试系统的传递函数、频响函数和权函数三种描述方法及其之间的关系，其中频响函数的描述方法是学习重点；正确理解和应用测试系统的不失真条件；掌握一阶系统和二阶系统动态特性参数测试的方法。

教学要求

掌握测试系统的基本特性及描述方法。

了解测试系统的静态特性和动态特性的基本描述参数。

掌握测试系统不失真的条件。

熟练掌握典型一阶系统和二阶系统动态特性参数的测试方法。

了解组成测试系统应考虑的因素。

课程资源

价值目标：讲授时，引导学生以系统观看待事物，培养其严谨求实的科学态度与诚实守信、遵纪守法的做人做事准则。

导入案例

汽车后视镜振动（抖动）的原因

在汽车行驶过程中，路面激励、发动机和传动系统的振动都会引起车身振动，可能造成后视镜不同程度的抖动。严重的抖动会造成后方视野不清晰，导致因驾驶人判断失误而引发交通事故。根据数据统计，由后视镜的设计和制造缺陷导致的交通事故约占交通事故总量的 30%。

如何对测量和分析汽车后视镜抖动呢？通常利用频率响应函数测试仪测试，频率响应函数测试仪是测量机械结构（如汽车的后视镜、转向柱、排气管、刹车盘等）频率响应函数曲线的一种测试设备，分析绘制的频率响应函数曲线，从而找到汽车抖动的原因，改进结构后可以达到抑制抖动的效果。

主要内容：

➢ 系统理论和系统观。

➢ 测试系统灵敏度与线性度——遵纪守法。

➢ "航天之父"钱学森的科学家奉献精神和爱国情怀。

➢ 组成测试系统应考虑的因素——产品质量和社会责任。

案例讨论：分析汽车的系统组成和测试要求。

模拟驾驶汽车测试系统

【第3章课程资源主要内容】

课程引导

党的二十大报告指出，必须坚持人民至上，必须坚持自信自立，必须坚持守正创新，必须坚持问题导向，必须坚持系统观念，必须坚持胸怀天下。回答并指导解决问题是理论的根本任务。进行科学研究时必须坚持系统观念。万事万物都是相互联系、相互依存的。只有用普遍联系的、全面系统的、发展变化的观点观察事物，才能把握事物的发展规律。飞机试飞测量系统由参数或图像的测取、信号调节、信号传输、数据采集、记录、显示、处理、监控和发送等设备组成，它是飞行试验中获取试验数据的整套设备。设计飞机试飞测量系统时，要采用系统的观点，分析内部参数和外部参数；同时，需要对飞机试飞测量系统的传感器选型以及对动静态特性展开研究，防止设计的系统失真。

测试物理量时，需要将被测物理量经检测传感、信号调理、信号处理、显示记录及存储后提供给观测者。整个测试过程中用到的装置和仪器组成图 1.10 所示的非电量电测法的一般测试系统。

测试的内容、目的和要求不同，测试系统有很大差别。例如，简单的温度测试只需一个液柱式温度计；而对于模拟驾驶汽车测试系统及机床动刚度的测试系统，不仅需要图 1.10 所示的装置和仪器，而且每个装置都由多种仪器组合，结构非常复杂。另外，本章所说的测试系统既可指较复杂的测试系统，又可指测试系统中的各环节（如一个传感器、一个记录仪或某个仪器中的一个简单的 RC 滤波电路单元等）。为了正确地描述或反映被测物理量，使输出信号和输入信号之间差别最小（输出信号能够反映输入信号的绝大部分特征信息），获取测试系统的特性尤为重要。

3.1　测试系统的输入/输出关系与特性

　　系统是指相互依赖、相互作用的若干相互关联的单元组成的具有特定功能的有机整体，如人体系统由消化系统、神经系统、呼吸系统、血液循环系统、运动系统、内分泌系统、泌尿系统、生殖系统八大系统组成，电力系统由发电、输电、变电、配电、用电等部分组成，测试系统由测试装置、标定装置和激励装置等组成。

　　通常，测试系统是指为完成某种物理量的测量而由具有一种或多种变换特性的物理装置构成的总体。在测试系统中，被测物理量称为输入量 $x(t)$，而经测试系统传输或变换后的物理量称为输出量 $y(t)$。由于构成测试系统的物理装置的物理性质和特性不同，因此功能相同的装置具有不同的使用特性。例如，使用弹簧秤对静止物体进行测量时，弹簧秤就是一种比例装置，它将物体质量转换成与之成比例的线性位移，如图 3.1（a）所示，即输入（物体质量）、输出（弹簧位移）和弹簧特性 k 之间满足以下关系：

$$y(t) = kx(t)$$

式中：k 为弹簧刚度系数。

系统的输入/输出及测试系统

用弹簧秤测量力

　　弹簧秤不能称变化快速的物理量，而同样具有比例放大功能的由电子放大器构成的测试系统可以检测变化快速的物理量。为什么会产生这种使用上的差异？简单地说，这是由于构成两种测试系统的物理装置的物理结构的性质不同。弹簧秤是一种机械装置，电子放大器是一种电子装置，这种由测试装置自身物理结构决定的测试系统对信号传递变换的影响特性称为测试系统的传递特性，简称系统的传递特性或系统的特性。

　　测试系统与输入/输出的关系可以用图 3.1（b）表示，并可用数学方法描述三者之间的关系，从而定量地研究系统特性。

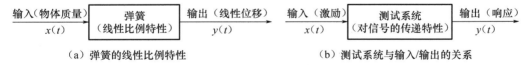

（a）弹簧的线性比例特性　　　　　（b）测试系统与输入/输出的关系

图 3.1　测试系统的输入/输出关系与系统特性

测试系统特性分析通常可以应用于以下三个领域。

（1）**系统辨识**：由测量得到的输入量与输出量推断测试系统特性。

（2）**系统反求**：由已知的测试系统特性和测得的输出量推断导致该输出量对应的输入量。

（3）**系统预测**：由已知的测试系统特性和测得的输入量推断输出量。

　　从测量的角度来看，输入 $x(t)$ 是要测的未知量，测试人员通过分析可供观测的输出量 $y(t)$ 来判断输入量。但输入 $x(t)$ 经过测试系统时，受测试系统传递特性的影响和外界干扰而产生不同程度的失真，即输出 $y(t)$ 是输入 $x(t)$ 在经过测试系统传递和外界干扰双重影响下的一种结果。

外界干扰一般是随机干扰，与输出 $y(t)$ 没有必然的逻辑关系。而由测试装置自身物理结构决定的测试系统特性对输入 $x(t)$ 的影响及造成的 $x(t)$ 失真是可以认知、掌控的，因此，输入 $x(t)$ 和输出 $y(t)$ 与测试系统特性有着本质的逻辑关系。只要掌握测试系统特性，就能找出正确的使用方法，将失真控制在允许的范围之内，并对失真作出定量分析。或者说，只有掌握测试系统特性，才能根据测试要求合理选用测试仪器设备。

本章讨论测试系统的输入、特性和输出之间的关系，测试系统静态特性、动态特性的评价和特性参数的测定方法，以及正确选用仪器设备组成合理测试系统的方法。

3.1.1　理想的测试系统——线性时不变系统

对于测试系统来说，希望最终观测到的输出信号能确切地反映被测物理量。也就是说，理想的测试系统应是每个输入量都有一个相应的输出量，而且输出与输入之间呈线性关系，即具有单值的、确定的输入/输出关系。

测试系统的输入 $x(t)$ 和输出 $y(t)$ 之间的关系可以用下列常系数线性微分方程描述：

$$a_n \frac{\mathrm{d}^n y(t)}{\mathrm{d}t^n} + a_{n-1} \frac{\mathrm{d}^{n-1} y(t)}{\mathrm{d}t^{n-1}} + \cdots + a_1 \frac{\mathrm{d}y(t)}{\mathrm{d}t} + a_0 y(t)$$
$$= b_m \frac{\mathrm{d}^m x(t)}{\mathrm{d}t^m} + b_{m-1} \frac{\mathrm{d}^{m-1} x(t)}{\mathrm{d}t^{m-1}} + \cdots + b_1 \frac{\mathrm{d}x(t)}{\mathrm{d}t} + b_0 x(t) \tag{3-1}$$

若该方程的系数 $a_n, a_{n-1}, \cdots, a_1, a_0$ 和 $b_m, b_{m-1}, \cdots, b_1, b_0$ 均为常数，则被描述的系统是线性时不变系统（定常系统），这种测试系统能满足上述要求，也是理想的测试系统。当 $n=1$ 时，该系统称为一阶系统；当 $n=2$ 时，该系统称为二阶系统。一阶系统和二阶系统是常见的测试系统。

线性时不变系统具有如下性质。

（1）叠加特性。若 $x_1(t) \rightarrow y_1(t)$，$x_2(t) \rightarrow y_2(t)$，则

$$[x_1(t) \pm x_2(t)] \rightarrow [y_1(t) \pm y_2(t)] \tag{3-2}$$

叠加特性表明同时作用于线性时不变系统的多个输入量引起的特性，其等于各输入量单独作用时引起的输出量之和，也表明线性时不变系统的各输入量所产生的响应过程互不影响。因此，可以将求线性时不变系统在复杂输入情况下的输出转化为把复杂输入分成许多简单输入分量，分别求出各简单输入分量对应的输出量，然后求这些输出量之和。

（2）比例特性（均匀性或齐次性）。若 $x(t) \rightarrow y(t)$，则对于任意常数 a，有

$$ax(t) \rightarrow ay(t) \tag{3-3}$$

比例特性表明当输入量增大时，其输出量也以输入量增大的比例增大。

（3）微分特性。若 $x(t) \rightarrow y(t)$，则

$$\frac{\mathrm{d}x(t)}{\mathrm{d}t} \rightarrow \frac{\mathrm{d}y(t)}{\mathrm{d}t} \tag{3-4}$$

微分特性表明，线性时不变系统对输入微分的响应等同于对原始信号输出的微分。

（4）积分特性。若 $x(t) \rightarrow y(t)$，则

$$\int_0^t x(t)\mathrm{d}t \rightarrow \int_0^t y(t)\mathrm{d}t \tag{3-5}$$

积分特性表明，如果线性时不变系统的初始状态为零，则其对输入积分的响应等同于原始输入响应的积分。

（5）频率不变性（频率保持性）。频率不变性表明，若线性时不变系统的输入为某频率的简谐（正弦或余弦）信号 $x(t)=X_0 e^{j\omega t}$，则输出有且只有与该信号频率相同的信号 $y(t)=Y_0 e^{j(\omega t+\varphi_0)}$。

线性时不变系统的频率不变性在动态测试中有重要作用。例如，已知测试系统是线性的，也已知其输入信号的频率，那么，在测得的输出信号中只有与输入信号频率相同的成分才可能是由输入引起的响应，其他频率成分应是噪声干扰。利用这一特性，可以采用相应的滤波技术提取有用信息。

3.1.2　实际测试系统线性近似

可用常系数线性微分方程描述的线性时不变系统是一种理想的测试系统，而实际上，大多数物理测试系统都很难达到理想化。实际测试系统与理想测试系统有如下差异。

（1）实际测试系统通常不可能在较大的工作范围内完全保持线性，而只能在一定的工作范围内和一定的误差允许范围内近似地作线性处理。

（2）严格来说，常系数线性微分方程中的系数 $a_n, a_{n-1}, \cdots, a_1, a_0$ 和 $b_m, b_{m-1}, \cdots, b_1, b_0$ 在许多实际测试系统中都是随时间缓慢变化的微变量。例如，材料的弹性模量及电子元件的电阻、电容等都会受温度的影响而随时间产生微量变化。但在工程上，在满足一定的精度条件下，认为多数常见的物理系统中的系数 $a_n, a_{n-1}, \cdots, a_1, a_0$ 和 $b_m, b_{m-1}, \cdots, b_1, b_0$ 是不随时间变化的常量，即把时微变系统当作线性时不变系统。

（3）对于常见的实际物理系统，在描述其输入/输出关系的微分方程中，一般认为各项系数中的 m 和 n 的关系为 $m<n$，并且通常其输入只有 $b_0 x(t)$ 一项。

3.2　测试系统的静态特性

如何确定一个测试系统的静态指标呢？可以看一下托盘秤上的刻度是如何确定的。电子秤上没有刻度，直接显示物体质量，它是依据什么转换的呢？

测试系统的静态特性

可以采用静态标定的实验过程标定刻度，其原理是在只改变测量装置的一个输入量，而其他所有可能输入量保持不变的情况下，测量对应的输出量，从而得到测量装置的输入与输出的关系。采用电子秤标定实验可以获得电子秤的静态特性指标（灵敏度、线性度、回程误差、重复性误差、分辨力、漂移等）。

近年来，对很多企业的废水、废气排放都进行了数据采集和上传，环保部门对数据进行监测，防止对环境造成破坏。但是一些企业为了降低成本，在环保监测数据方面造假，在采集数据的传感器的探头上面添加滤纸，或者人为降低探头的灵敏度，使监测数据满足要求，这种做法违反了法规和职业道德，一旦被发现就会受到严惩。

测试系统的静态特性是指在静态测量情况下描述实际测量系统与线性时不变系统的接近程度。此时，测试系统的输入 $x(t)$ 和输出 $y(t)$ 都是不随时间变化的常量（或变化极慢，在观察时间间隔内可忽略其变化而视作常量），因此可知式（3-1）中输入和输出的各微

分项均为零，那么式（3-1）可改写为

$$y = \frac{b_0}{a_0}x = Sx \tag{3-6}$$

式（3-6）表明，理想的静态测量的测试系统的输出与输入呈单调、线性比例关系，即斜率 S 是常数。

但实际上，测试系统并非理想的线性时不变系统，二者之间存在差别，所以常用灵敏度、非线性度和回程误差等定量指标来表征实际测试系统的静态特性。

3.2.1　灵敏度

灵敏度表征测试系统对输入信号变化的一种反应能力。一般情况下，当系统的输入 x 有一个微小增量 Δx 时，系统的输出 y 也发生相应的微量变化 Δy，定义该系统的灵敏度 $S = \frac{\Delta y}{\Delta x}$。对于静态测量，若系统的输入、输出呈线性关系，则有

$$S = \frac{\Delta y}{\Delta x} = \frac{y}{x} = \frac{b_0}{a_0} = 常数 \tag{3-7}$$

可见，静态测量时，测试系统的静态灵敏度（又称绝对灵敏度）等于拟合直线的斜率。而对于非线性测试系统，其灵敏度就是该系统特性曲线的斜率，用 $S = \lim\limits_{\Delta x \to 0} \frac{\Delta y}{\Delta x} = \frac{\mathrm{d}y}{\mathrm{d}x}$ 表示灵敏度。灵敏度的量纲取决于输入、输出的量纲。

当测试系统的输入、输出具有不同的量纲时，灵敏度有单位。例如，某位移传感器在位移变化 1mm 时，输出电压变化 200mV，则该传感器的灵敏度 $S = 200\text{mV/mm}$。有些仪器的灵敏度与定义相反，它描述在给定指示量的变化下被测量的变化情况。例如，某笔式记录仪的灵敏度 $S = 0.05\text{V/cm}$，其表示位移变化 1cm 时，被测量变化 0.05V。

当测试系统的输入、输出具有相同量纲时，常用"放大倍数"替代"灵敏度"。例如，一个最小刻度值为 0.001mm 的千分表，若其刻度间隔为 1mm，则放大倍数为 1mm/0.001mm，即 1000 倍。

以上仅在被测量变化时考虑灵敏度的变化。实际上，在被测量不变的情况下，外界环境条件等因素的变化也可能引起系统输出的变化，最后表现为灵敏度的变化。其根源往往是这些因素的变化导致式（3-7）中系数 a_0、b_0 发生了变化（时变）。例如，温度引起电测量仪器中电子元件参数（如电阻值）的变化等。由此引起的系统灵敏度的变化称为"灵敏度漂移"，通常以输入不变的情况下每小时输出的变化量衡量。性能良好的测试系统的灵敏度漂移应是极小的。

因为系统的灵敏度和系统的量程及固有频率相互制约，所以选择测试系统的灵敏度时，要充分考虑其合理性。一般来说，系统的灵敏度越高，其测量范围越小、稳定性越差。

3.2.2　非线性度

非线性度是指系统的输入、输出保持线性关系的一种度量指标。在静态测量中，通常用实验的方法获取系统的输入、输出关系曲线，称为标定曲线。由标定曲线采用拟合方法得到的输入、输出的线性关系曲线，称为拟合直线。非线性度就是标定曲线偏离拟合直线

的程度，如图 3.2 所示。作为静态特性参数，非线性度是采用在测试系统的标称输出范围（全量程）A 内，标定曲线与拟合直线的最大偏差 B_{max} 与 A 的比值，即

$$非线性度=\frac{B_{max}}{A}\times100\%\qquad(3-8)$$

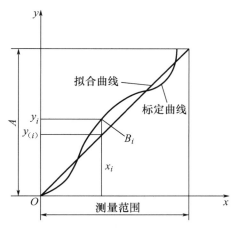

图 3.2　非线性度

拟合直线常用的拟合原则：拟合直线一般应通过（0，0）点，并要求其与标定曲线间的最大偏差 B_{max} 最小。根据上述原则，往往采用最小二乘法进行拟合，即令 $\sum_i B_i^2$ 最小。有时，在比较简单且要求不高的情况下，也可以采用平均法进行拟合，即以偏差 $|B_i|$ 的平均值表示拟合直线与标定曲线的接近程度。

3.2.3　回程误差

回程误差也称滞差或滞后量，表征测试系统在测量范围内，输入量递增变化（由小到大）中的定度曲线和递减变化（由大到小）中的标定曲线静态特性不一致的程度。它是判别实际测试系统与理想测试系统特性差别的指标参数。如图 3.3 所示，理想测试系统对于某个输入量应当只输出单值；然而对于实际测试系统，当输入信号由小到大，然后又由大

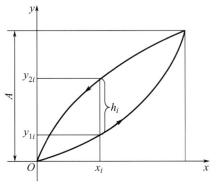

图 3.3　回程误差

精密压力表
的回程误差
校验

到小时，对应于同一个输入量有时会出现数值不同的输出量。在测试系统的测量范围 A 内，不同输出量中的最大差值（$h_{\max} = y_{2i} - y_{1i}$）与测量范围 A 之比称为系统的回程误差，即

$$回程误差 = \frac{h_{\max}}{A} \times 100\% \tag{3-9}$$

回程误差主要由摩擦、间隙、材料的受力变形或磁滞等引起，也可能反映仪器存在不工作区（死区）。不工作区是指输入变化对输出无影响的区域。

3.3 测试系统动态特性的数学描述及其物理意义

测试系统的
动态特性

测试系统的动态特性是指输入随时间快速变化时，输出随输入的变化而变化的关系。在输入变化时，人们观察到的输出不仅受到研究对象动态特性的影响，还受到测试系统动态特性的影响。

例如，人们都知道在测量体温时，只有将体温计放在腋下保持足够的时间，才能把体温计的读数看成人体的温度；否则，若将体温计刚接触腋下就拿出来读数，其结果必然与人体实际温度有很大差异。其原因是体温计本身的特性造成输出滞后于输入，说明测量结果的正确与否与人们是否了解测量装置（这里指体温计）的动态特性有很大关系。又如，之所以不用千分表指针的最大偏摆量作为振动位移幅值的量度，是因为千分表由质量–弹簧系统构成的机构动态特性太差。虽然磁电式速度传感器和加速度传感器的机械部分也是质量–弹簧系统，但经过适当的设计可以测量规定频率范围的振动位移、速度、加速度，呈现出良好的动态特性。

可见，必须对动态测量的测试系统的动态特性有清楚的了解，否则无法根据输出确定输入。一般来说，当测试系统的输入是随时间变化的动态信号 $x(t)$ 时，其相应的输出 $y(t)$ 总是与 $x(t)$ 不一致，两者的差异即动态误差。研究测试系统的动态特性有利于了解动态输出与输入的差异及其影响因素，以便减小动态误差。

一般来说，在测量范围内，由于实际测试系统总是被处理为线性时不变系统，因此可以用式（3-1）所示的常系数线性微分方程描述系统与输入/输出的关系。但为了研究和运算方便，常通过拉普拉斯变换在复数域 S 中建立相应的传递函数，并在频域中采用传递函数的特殊形式——频率响应，在时域中采用传递函数的拉普拉斯逆变换——权函数，以更简便地描述测试系统的动态特性。

3.3.1 传递函数

若线性系统的初始条件为零，即在考察时刻以前，输入量、输出量及各阶导数均为零，并且测试系统的输入 $x(t)$ 和输出 $y(t)$ 在 $t > 0$ 时均满足狄利克雷条件，则定义输出 $y(t)$ 的拉普拉斯变换 $Y(s)$ 与输入 $x(t)$ 的拉普拉斯变换 $X(s)$ 之比为系统的传递函数，记为 $H(s)$，即

$$H(s) = \frac{Y(s)}{X(s)} = \frac{\int_0^\infty y(t)\mathrm{e}^{-st}\,\mathrm{d}t}{\int_0^\infty x(t)\mathrm{e}^{-st}\,\mathrm{d}t} \tag{3-10}$$

式中：s 为拉普拉斯算子，它是复变数，即 $s = a + \mathrm{j}b$，且 $a \geqslant 0$。通过拉普拉斯变换的性质可以推导出线性系统的传递函数表达式。

根据拉普拉斯变换的微分性质

$$\begin{cases} L[y(t)] = Y(s) \\ L[y'(t)] = s \cdot Y(s) \\ \qquad\vdots \\ L[y^n(t)] = s^n \cdot Y(s) \end{cases} \tag{3-11}$$

在初始值为零的条件下，对式（3-1）进行拉普拉斯变换，得

$$(a_n \cdot s^n + a_{n-1} \cdot s^{n-1} + \cdots + a_1 \cdot s + a_0)Y(s)$$
$$= (b_m \cdot s^m + b_{m-1} \cdot s^{m-1} + \cdots + b_1 \cdot s + b_0)X(s)$$

所以

$$H(s) = \frac{Y(s)}{X(s)} = \frac{b_m \cdot s^m + b_{m-1} \cdot s^{m-1} + \cdots + b_1 \cdot s + b_0}{a_n \cdot s^n + a_{n-1} \cdot s^{n-1} + \cdots + a_1 \cdot s + a_0} \tag{3-12}$$

式中：s 为拉普拉斯算子；$a_n, a_{n-1}, \cdots, a_1, a_0$ 和 $b_m, b_{m-1}, \cdots, b_1, b_0$ 是由测试系统的物理参数决定的常系数。

由式（3-12）可知，传递函数以代数式的形式表征系统对输入信号的传输、转换特性，它包含瞬态和稳态时间响应的全部信息。而式（3-1）以微分方程的形式表征系统对输入/输出信号的关系。由于 m 总是小于 n，因此分母中 s 的幂次 n 代表系统微分方程的阶数。当 $n = 1$ 时，$H(s)$ 为一阶系统的传递函数；当 $n = 2$ 时，$H(s)$ 为二阶系统的传递函数。

传递函数具有如下主要特点。

（1）$H(s)$ 中的分母完全由系统的结构决定。由于传递函数中的极点取决于分母的根，因此系统的本征特性（如固有频率、阻尼率等）只取决于系统的结构，而与输入/输出无关。

（2）$H(s)$ 中的分子只与输入（激励）点的位置、激励方式、被测变量及测点的布置情况有关，反映系统与外界之间的关系。

（3）$H(s)$ 以代数式的形式表示，只反映系统对输入的响应特性，而与具体的物理结构无关。例如，简单的弹簧-质量-阻尼系统和 RLC 振荡电路是完全不同的两个物理系统，但都属于二阶系统，可以用相同形式的传递函数描述，并且具有相似的响应特性。

（4）虽然 $H(s)$ 与输入无关，但其描述的系统对任一个确定的输入 $x(t)$ 都有相应的输出 $y(t)$。

3.3.2　频率响应与频响曲线

1. 频率响应

传递函数在复数域中描述和考察系统的特性。在已知传递函数 $H(s)$ 的情况下，令 $H(s)$ 中拉普拉斯算子 s 的实部为零，即取 $a = 0$，$b = \omega$，则拉普拉斯算子变为 $s = \mathrm{j}\omega$，传递函数式（3-12）可改写为

$$H(j\omega) = \frac{Y(j\omega)}{X(j\omega)} = \frac{b_m \cdot (j\omega)^m + b_{m-1} \cdot (j\omega)^{m-1} + \cdots + b_1 \cdot (j\omega) + b_0}{a_n \cdot (j\omega)^n + a_{n-1} \cdot (j\omega)^{n-1} + \cdots + a_1 \cdot (j\omega) + a_0} \tag{3-13}$$

这种特殊形式的传递函数 $H(j\omega)$ 通常称为系统的频率响应，用于在频域中描述和考察系统特性。频率响应 $H(j\omega)$ 是在系统初始值为零的情况下，输出 $y(t)$ 的傅里叶变换与输入 $x(t)$ 的傅里叶变换之比。

2. 频率响应的物理意义

若式（3-1）描述的线性系统的输入是频率为 ω 的正弦信号 $x(t) = X_0 \cdot e^{j\omega t}$，则在稳定状态下，根据线性系统的频率保持特性，该系统的输出仍是一个频率为 ω 的正弦信号，只是其幅值和相位与输入不同，因而其输出可写为

$$y(t) = Y_0 \cdot e^{j(\omega t + \varphi)}$$

式中：Y_0 和 φ 为未知量。

输入和输出及其各阶导数分列如下。

$$x(t) = X_0 \cdot e^{j\omega t}$$

$$\frac{dx(t)}{dt} = (j\omega) \cdot X_0 \cdot e^{j\omega t}$$

$$\frac{d^2 x(t)}{dt^2} = (j\omega)^2 \cdot X_0 \cdot e^{j\omega t}$$

$$\vdots$$

$$\frac{d^n x(t)}{dt^n} = (j\omega)^n \cdot X_0 \cdot e^{j\omega t}$$

$$y(t) = Y_0 \cdot e^{j(\omega t + \varphi)}$$

$$\frac{dy(t)}{dt} = (j\omega) \cdot Y_0 \cdot e^{j(\omega t + \varphi)}$$

$$\frac{d^2 y(t)}{dt^2} = (j\omega)^2 \cdot Y_0 \cdot e^{j(\omega t + \varphi)}$$

$$\vdots$$

$$\frac{d^n y(t)}{dt^n} = (j\omega)^n \cdot Y_0 \cdot e^{j(\omega t + \varphi)}$$

将各阶导数的表达式代入式（3-1），得

$$[a_n \cdot (j\omega)^n + a_{n-1} \cdot (j\omega)^{n-1} + \cdots + a_1 \cdot (j\omega) + a_0] \cdot Y_0 \cdot e^{j(\omega t + \varphi)}$$
$$= [b_m \cdot (j\omega)^m + b_{m-1} \cdot (j\omega)^{m-1} + \cdots + b_1 \cdot (j\omega) + b_0] \cdot X_0 \cdot e^{j\omega t}$$

于是有

$$\frac{b_m \cdot (j\omega)^m + b_{m-1} \cdot (j\omega)^{m-1} + \cdots + b_1 \cdot (j\omega) + b_0}{a_n \cdot (j\omega)^n + a_{n-1} \cdot (j\omega)^{n-1} + \cdots + a_1 \cdot (j\omega) + a_0} = \frac{Y_0 \cdot e^{j(\omega t + \varphi)}}{X_0 \cdot e^{j\omega t}} = \frac{y(t)}{x(t)} \tag{3-14}$$

式（3-14）的等号左边与式（3-13）的等号右边完全一样，说明式（3-14）也是系统的频率响应，它表征系统的动态特性。而从式（3-14）的等号右边来看，频率响应就是以频率为 ω 的正弦信号作为某线性系统的激励（输入）时，该系统在稳定状态下的输出与输入之比（不需要进行拉普拉斯变换）。因此，频率响应可以视为测试系统对简谐信号的传输特性。

频率响应的这种物理意义给研究测试系统的动态特性带来了方便，即不必先列出系统的微分方程再利用拉普拉斯变换求一般化的传递函数 $H(s)$，也不必对微分方程用傅里叶变换来求特殊形式的传递函数 $H(j\omega)$——频率响应，而可以通过谐波激励实验求取研究对象的动态特性。即以不同频率的已知正弦信号为研究对象的激励信号，只要测得系统的响应 $y(t)$，就可以获得该系统的频率响应 $H(j\omega)$。虽然用对微分方程进行拉普拉斯变换的方式求传递函数非常简单，但是在很多实际工程系统中很难完整地列出微分方程，通常只能通过实验方法确定系统的动态特性，所以频率响应具有实用价值。由于频率响应描述的是系统简谐信号的输入与其稳态输出的关系，因此，在测量系统频率响应时，必须在系统响

应达到稳态时测量。

3. 频响曲线

频率响应 $H(j\omega)$ 是复数，可以用复指数形式表达，也可以写成实部与虚部之和，即

$$H(j\omega) = A(\omega)e^{j\varphi(\omega)} = \mathrm{Re}(\omega) + j\mathrm{Im}(\omega) \tag{3-15}$$

式中：$\mathrm{Re}(\omega)$ 为复数 $H(j\omega)$ 的实部，$\mathrm{Im}(\omega)$ 为复数 $H(j\omega)$ 的虚部，它们都是频率 ω 的实函数。

$\mathrm{Re}(\omega)-\omega$ 图形和 $\mathrm{Im}(\omega)-\omega$ 图形分别称为系统的实频特性曲线和虚频特性曲线。$A(\omega)$ 是频率响应 $H(j\omega)$ 的模，即

$$A(\omega) = |H(j\omega)| = \sqrt{[\mathrm{Re}(\omega)]^2 + [\mathrm{Im}(\omega)]^2} = \frac{Y_0(\omega)}{X_0(\omega)} \tag{3-16}$$

频率响应 $H(j\omega)$ 的模 $A(\omega)$ 表达了系统的输出对输入的幅值比随频率变化的关系，称为幅频特性。$A(\omega)-\omega$ 图形称为幅频特性曲线。

$\varphi(\omega)$ 是频率响应 $H(j\omega)$ 的幅角，即

$$\varphi(\omega) = \angle|H(j\omega)| = \arctan\frac{\mathrm{Im}(\omega)}{\mathrm{Re}(\omega)}$$

$\varphi(\omega)$ 表达了系统的输出对输入的相位差随频率的变化关系，称为相频特性。$\varphi(\omega)-\omega$ 图形称为相频特性曲线。

实际作图时，常以自变量 ω（或 f）取对数标尺，而因变量取分贝（dB）数，即作 $20\lg A(\omega)-\lg\omega$ 图和 $\varphi(\omega)-\lg\omega$ 图，分别称为对数幅频曲线和对数相频曲线，两者统称伯德图（Bode plot）。

在复平面内作一矢量，其长度为 $H(j\omega)$ 的模 $A(\omega)$，矢量与实轴正向的夹角为 $H(j\omega)$ 的幅角 $\varphi(\omega)$〔以逆时针方向为 $\varphi(\omega)$ 角的正向〕。当 ω 在 $[0,\infty)$ 区间变化时，矢量端点的轨迹称为测试系统的幅相频率曲线，又称奈奎斯特图（Nyquist plot）。图 3.4 所示为系统频率响应 $H(j\omega) = \dfrac{1}{1+j\omega\tau}$（$\tau$ 为常数）时的幅相频率曲线实例，也就是一阶系统的奈奎斯特图。

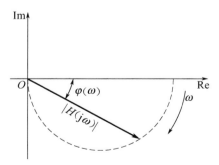

图 3.4　系统频率响应 $H(j\omega) = \dfrac{1}{1+j\omega\tau}$（$\tau$ 为常数）时的幅相频率曲线

上述不同形式的图形统称系统的频率响应曲线（简称频响曲线）。幅频特性和相频特性这一组曲线、实频和虚频这一组曲线或奈奎斯特图都可以全面地表达系统的动态特性。一般情况下，幅频曲线和相频曲线是常用的频响曲线。

【**例 3.1**】 已知某测试系统的传递函数 $H(s)=\dfrac{1}{1+0.5s}$，当输入信号分别为 $x_1=\sin\pi t$、$x_2=\sin4\pi t$ 时，试分别求系统的稳态输出，并比较它们的幅值和相位变化。

解：令 $s=\mathrm{j}2\pi f$，求得测试系统的频率响应为

$$H(\mathrm{j}2\pi f)=\frac{1}{1+\mathrm{j}\times0.5\times2\pi f}=\frac{1-\mathrm{j}\pi f}{1+(\pi f)^2}$$

$$A(f)=\frac{1}{\sqrt{1+\pi^2 f^2}}$$

$$\varphi(f)=-\arctan\pi f$$

输入信号 x_1：

$$f_1=0.5\,\mathrm{Hz}; \quad A(f_1)\approx0.537; \quad \varphi(f_1)\approx-57.52°$$

输入信号 x_2：

$$f_2=2\,\mathrm{Hz}; \quad A(f_2)\approx0.157; \quad \varphi(f_2)\approx-80.96°$$

有

$$y_1(t)=0.537\sin(\pi t-57.52°)$$

$$y_2(t)=0.157\sin(4\pi t-80.96°)$$

讨论：该测试系统是一阶系统，其幅频特性如下，$f_1=0.5\,\mathrm{Hz}$ 时对信号的幅值的衰减率为 0.537，$f_2=2\,\mathrm{Hz}$ 时对信号的幅值的衰减率为 0.157。所以，频率为 0.5Hz 的信号 x_1 经过该测试系统后，幅值由 1 衰减为 0.537；信号 x_2 经过该测试系统后，幅值由 1 衰减为 0.157。同理，可分析测试信号的频率对信号相位的影响。此例表明，可以通过输入、系统的动态特性（幅频特性和相频特性）及输出之间的关系分析测试系统的动态特性（幅频特性和相频特性）对输入信号的幅值和相位的影响。

3.3.3 权函数

由系统的传递函数 $H(s)=\dfrac{Y(s)}{X(s)}$ 得

$$Y(s)=H(s)\cdot X(s) \tag{3-17}$$

若以 $h(t)$ 表示传递函数 $H(s)$ 的拉普拉斯逆变换，并称其为权函数，即

$$h(t)=L^{-1}[H(s)] \tag{3-18}$$

权函数

则对式（3-17）进行拉普拉斯逆变换，并根据拉普拉斯变换的卷积特性得

$$y(t)=h(t)*x(t) \tag{3-19}$$

式（3-19）表明，系统的响应（输出）等于权函数 $h(t)$ 与激励（输入）$x(t)$ 的卷积。可见，权函数 $h(t)$ 与传递函数 $H(s)$［或频率响应 $H(\mathrm{j}\omega)$］相同，也反映系统的输入/输出关系，因而也可以用来表征系统的动态特性。

从纯数学的角度来看，$h(t)$ 是 $H(s)$ 的拉普拉斯逆变换；从物理意义的角度来看，如果某线性系统的输入为单位脉冲函数 $\delta(t)$，则根据式（3-19），该线性系统的输出 $y(t)=h(t)*\delta(t)$。根据第 2 章所述 δ 函数与其他函数卷积的性质，可知卷积的结果是简单地将其他函数的图形搬移到脉冲函数的坐标位置上，因而有 $y_0(t)=h(t)*\delta(t)=h(t)$。由于权函数 $h(t)$ 等于系统的输入为单位脉冲函数 $\delta(t)$ 时的响应函数 $y_0(t)$，因此，权函数 $h(t)$ 也称单位脉冲响应函数。

思考题：为什么还可以用单位阶跃响应函数或单位斜坡函数来表征系统的动态特性？

权函数的物理意义及脉冲函数、阶跃函数和斜坡函数之间的关系为系统动态特性的研究提供了除用稳态正弦试验法求取系统动态特性函数（频率响应）外的新途径，即仍采用试验方法对系统进行脉冲、阶跃或斜坡等瞬态信号激励。只要测得系统对这些瞬态信号的响应，就可以获得系统的动态特性。尤其是对于阶跃响应，由于阶跃信号比较容易产生，因此测试系统特性时较常用。

权函数 $h(t)$（或阶跃响应函数和斜坡响应函数）在时域中通过瞬态响应过程描述系统的动态特性；频率响应 $H(\mathrm{j}\omega)$ 在频域中通过对不同频率的正弦激励，以在稳定状态下的系统响应特性描述系统的动态特性（它不能反映响应的过渡过程）；传递函数 $H(s)$ 描述系统的特性具有普遍意义，它既反映系统响应的稳态过程，又反映系统响应的过渡过程。由于测试工作总是力求在系统的响应达到稳态阶段时进行（以期获得较好的测试结果），因此，在测试技术中，常用频率响应描述系统的动态特性。

3.3.4 测试系统中环节的串联与并联

实际测试系统通常都是由若干环节组成的，测试系统的传递函数与各环节传递函数之间的关系取决于各环节的连接形式。如图 3.5 所示，若系统由多个环节串联而成，且后一环节对前一环节没有影响，各环节本身的传递函数为 $H_i(s)$，则系统的总传递函数为

$$H(s) = \prod_{i=1}^{n} H_i(s)$$

相应地，系统的频率响应为

$$\left.\begin{array}{l} H(\mathrm{j}\omega) = H_1(\mathrm{j}\omega) \cdot H_2(\mathrm{j}\omega) \cdots H_n(\mathrm{j}\omega) \\ A(\omega) = A_1(\omega) \cdot A_2(\omega) \cdots A_n(\omega) \\ \varphi(\omega) = \varphi_1(\omega) + \varphi_2(\omega) + \cdots + \varphi_n(\omega) \end{array}\right\} \qquad (3-20)$$

若系统由多个环节并联而成，如图 3.6 所示，则有

$$H(s) = \sum_{i=1}^{n} H_i(s)$$

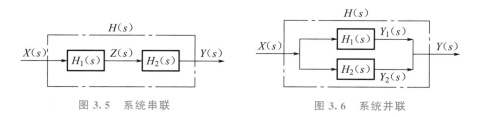

图 3.5 系统串联   图 3.6 系统并联

当系统的传递函数分母中 s 的幂次 $n > 2$ 时，该系统称为高阶系统。因一般测试系统总是稳定的，且 s 的极点具有负实数，也就是说，式（3-12）描述的传递函数的分母总可以分解为 s 的一次实系数因式和二次实系数因式，即

$$a_n \cdot s^n + a_{n-1} \cdot s^{n-1} + \cdots + a_1 \cdot s + a_n = a_n \prod_{i=1}^{r} (s+p_i) \cdot \prod_{i=1}^{(n-r)/2} (s^2 + Q_i s + K_i)$$

$$(3-21)$$

故式（3-15）可改写为

$$H(s) = \sum_{i=1}^{r} \frac{a_i}{s+p_i} + \sum_{i=1}^{(n-r)/2} \frac{\beta_i s + r_i}{s^2 + Q_i s + K_i} \qquad (3-22)$$

式（3-22）表明，总可以把高阶系统看作由若干一阶系统和二阶系统并联而成。所以，研究一阶系统和二阶系统的动态特性具有非常普遍的意义。

【例 3.2】 利用图 3.7 所示测试系统测量某物理系统的相频特性，试从 A、B、C 三路信号中选择两个接入相位计，并说明原因（假设两电荷放大器型号相同，具有一致的相频特性）。

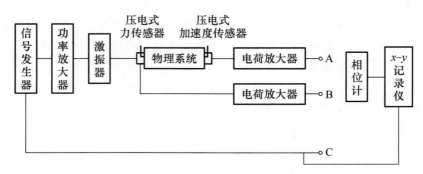

图 3.7 某物理系统相频特性的测试系统

分析：图 3.7 所示测试系统要求相位计测出的物理系统相频特性不受其他装置的影响。因此，选择接入相位计的二路信号得到的相位差应只是被测物理系统的相移。图中各路信号的输出可看作由若干装置串联而成的信号传输通道产生的结果，该信号传输通道就是一个测试系统。根据串联装置的相移特性，可得到正确答案。

解：串联系统的相移为各环节相移之和。各路信号的相移为

$$\varphi_A = \varphi_S + \varphi_N + \varphi_I + \varphi_F + \varphi_P + \varphi_a + \varphi_q$$

$$\varphi_B = \varphi_S + \varphi_N + \varphi_I + \varphi_F + \varphi_q$$

$$\varphi_C = \varphi_S$$

则 $\varphi_A - \varphi_B = \varphi_P + \varphi_a$。因为 $\varphi_a \approx 0$，所以 $\varphi_A - \varphi_B = \varphi_P$。故应选择 A、B 两路信号接入相位计。各下角标含义：S—信号发生器，N—功率放大器，I—激振器，F—压电式力传感器，P—物理系统，a—压电式加速度传感器，q—电荷放大器。

测试装置动态特性主要围绕系统的时域响应和频域特性展开，与自动控制理论紧密相关。自动控制理论领域的代表人物是"中国航天之父"钱学森，他首次将控制理论应用于我国航天领域，对推动我国航天事业的发展作出极大贡献，并出版了英文版《工程控制论》，这本著作对我国控制理论的发展以及科技的发展意义深远。

3.4 系统实现动态测试不失真的条件

测试的目的是应用测试系统精确地获取被测特征量或参数的原始信息，然而并不是所有测试系统都能毫无条件地做到这一点。要求测试系统的输出信号真实、准确地反映被测对象的信息。这种测试称为不失真测试。

测试系统在什么条件下能保证测量的准确性呢？观察图 3.8 中的输入信号 $x(t)$，测试系统的输出 $y(t)$ 可能出现以下三种情况。

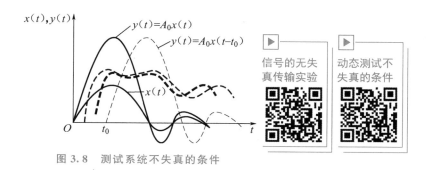

图 3.8　测试系统不失真的条件

（1）最理想的情况。输出波形与输入波形完全一致，只有幅值按比例常数 A_0 放大，即输出与输入之间满足

$$y(t)=A_0 x(t) \tag{3-23}$$

（2）输出波形与输入波形相似的情况。输出不但按比例常数 A_0 对输入放大，而且相对于输入滞后了时间 t_0，即满足

$$y(t)=A_0 x(t-t_0) \tag{3-24}$$

（3）失真情况。输出与输入完全不同，产生了波形畸变，这是不希望出现的情况。

测试系统具有什么动态特性不会产生测试失真？ 对系统进行动态测试时，理想状态是满足第一种情况，一般也应满足第二种情况，可求得测试系统的幅频特性和相频特性在满足不失真要求时应具有的条件。分别对式（3-23）和式（3-24）进行傅里叶变换，得

$$Y(j\omega)=A_0 X(j\omega)$$

$$Y(j\omega)=A_0 e^{jt_0\omega} X(j\omega)$$

要满足第一种不失真测试情况，系统的频率响应为

$$H(j\omega)=\frac{Y(j\omega)}{X(j\omega)}=A_0=A_0 e^{j \cdot 0} \tag{3-25}$$

而要满足第二种不失真测试情况，系统的频率响应为

$$H(j\omega)=\frac{Y(j\omega)}{X(j\omega)}=A_0 e^{j \cdot (-t_0\omega)} \tag{3-26}$$

从式（3-25）和式（3-26）可以看出，系统要实现动态测试不失真，其幅频特性和相频特性应满足下列条件：

$$A(\omega)=A_0 \quad (A_0\text{ 为常数}) \tag{3-27}$$

$$\varphi(\omega)=0 \quad (\text{理想条件}) \tag{3-28}$$

或

$$\varphi(\omega)=-t_0\omega \quad (t_0\text{ 为常数}) \tag{3-29}$$

式（3-27）表明，测试系统实现动态测试不失真的幅频特性曲线应是一条平行于 ω 轴的直线。式（3-28）和式（3-29）分别表明，系统实现动态测试不失真的相频特性曲线应是一条与心轴重合的直线（理想条件）或通过坐标原点的斜直线，如图 3.9 所示。

任一个测试系统都不可能在无限大的频带范围内满足不失真的测试条件，通常将由 $A(\omega)$

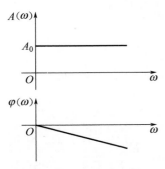

图 3.9　动态测试不失真条件

不等于常数引起的失真称为幅值失真，由 $\varphi(\omega)$ 与 ω 之间的非线性关系引起的失真称为相位失真。在测试过程中，要根据不同的测试目的，合理地利用测试系统不失真的条件，否则会得到相反的结果。例如，将测试结果作为反馈控制信号，输出对输入的时间滞后可能破坏系统的稳定性，因此输出信号的幅值和相位经适当的处理之后可用作反馈信号。

上述动态测试不失真条件是针对系统的输入为多频率成分构成的复杂信号而言的。对于单一成分的正弦型信号的测量，虽然系统因幅频特性曲线不是水平直线或相频特性曲线与 ω 不呈线性而使不同频率的正弦信号作为输入时，其输出的幅值误差和相位差会有所不同，但是只要知道系统的幅频特性和相频特性，就可以求得输入某个具体频率的正弦信号时系统输出与输入的幅值比和相位差，从而精确地获得输入信号的波形。对于简单周期信号的测量，从理论上讲，可以不对上述动态测试不失真条件作严格要求。尽管系统的输入在理论上也许只有简单周期信号，但实际上可能有不可预见的随机干扰，这些干扰会引起响应失真。一般来说，为了实现动态测试不失真，要求系统满足 $A(\omega)=A_0$ 和 $\varphi(\omega)=0$ 或 $\varphi(\omega)=-t_0\omega$ 的条件。

由于测试系统通常是由若干测试环节组成的，因此只有保证每个测试环节都满足不失真条件，才能使输出信号不失真。

【例 3.3】　图 3.10 所示为某测试装置的幅频特性曲线和相频特性曲线。当输入信号为 $x_1(t)=A_1\sin\omega_1 t+A_2\sin\omega_2 t$ 时，输出信号不失真；当输入信号为 $x_2(t)=A_1\sin\omega_1 t+A_4\sin\omega_4 t$ 时，输出信号失真。试分析上述说法是否正确。

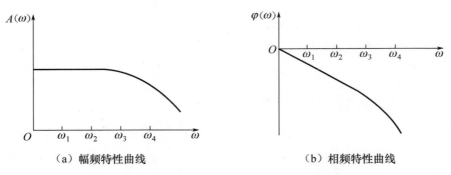

（a）幅频特性曲线　　　　　　　　　（b）相频特性曲线

图 3.10　某测试装置的幅频特性曲线和相频特性曲线

解： 根据动态测试不失真的条件，若要求输出波形与输入波形一致而不失真，则测试装置的幅频特性、相频特性应分别满足

$$A(\omega)=A_0 \qquad \varphi(\omega)=-t_0\omega$$

由图 3.10 可以看出，当输入信号的频率 $\omega\leqslant\omega_2$ 时，测试装置的幅频特性 $A(\omega)=A_0$（A_0 为常数），且相频特性曲线呈线性；当 $\omega\geqslant\omega_3$ 时，幅频特性曲线下跌且相频特性曲线呈非线性。因此，当输入信号的频率 $\omega\leqslant\omega_2$ 时，输出信号不失真。因为在 $x_2(t)$ 中，有 $\omega=\omega_4$，所以题干中的说法是正确的。

3.5 常见测试系统的频率响应特性

由于比较常见的测试系统是一阶系统和二阶系统，而高阶系统由若干一阶系统和二阶系统并联而成，因此本节主要讨论一阶系统和二阶系统的频率响应特性。

3.5.1 一阶系统

图 3.11 所示为液柱式温度计。液柱式温度计是典型的一阶系统，其以 $T_i(t)$ 表示温度计的输入信号（被测温度），以 $T_o(t)$ 表示温度计的输出信号（示值温度），输入信号与输出信号的关系为

$$RC\frac{\mathrm{d}T_o(t)}{\mathrm{d}t}+T_o(t)=T_i(t) \qquad (3-30)$$

式中：R 为传导介质的热阻；C 为液柱式温度计的热容量。

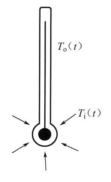

一阶系统

用温度计测量液体的温度

图 3.11 液柱式温度计

式（3-30）表明，液柱式温度计的系统微分方程是一阶微分方程，可认为该温度计是一阶系统。

对式（3-30）两边做拉普拉斯变换，并令 $\tau=RC$（τ 为液柱式温度计的时间常数），则有

$$\tau sT_o(s)+T_o(s)=T_i(s)$$

整理得液柱式温度计系统的传递函数为

$$H(s)=\frac{T_o(s)}{T_i(s)}=\frac{1}{1+\tau s}$$

用 $j\omega$ 替换 s，可得到液柱式温度计系统的频率响应为

$$H(j\omega)=\frac{1}{1+j\omega\tau}$$

可见，液柱式温度计的传递特性具有一阶系统特性。

下面从一般意义上分析一阶系统的频率响应特性。一阶系统的微分方程通式为

$$a_1\frac{\mathrm{d}y(t)}{\mathrm{d}t}+a_0y(t)=b_0x(t) \qquad (3-31)$$

各项除以 a_0，得

$$\frac{a_1}{a_0}\frac{\mathrm{d}y(t)}{\mathrm{d}t}+y(t)=\frac{b_0}{a_0}x(t)$$

式中：$\frac{a_1}{a_0}$ 具有时间量纲，称为时间常数，常用符号 τ 表示；$\frac{b_0}{a_0}$ 是系统的静态灵敏度 S[见式（3-7）]。

在线性系统中，S 为常数，由于 S 值仅表示输出信号与输入信号（输入信号为静态量时）的放大比例关系，而不影响对系统动态特性的研究，因此，为了方便分析，通常采用灵敏度归一处理方法，即令 $S=\frac{b_0}{a_0}=1$。

经灵敏度归一处理后，一阶系统的微分方程为

$$\tau\frac{\mathrm{d}y(t)}{\mathrm{d}t}+y(t)=x(t) \tag{3-32}$$

对式（3-32）进行拉普拉斯变换，得

$$\tau sY(s)+Y(s)=X(s) \tag{3-33}$$

则一阶系统的传递函数为

$$H(s)=\frac{Y(s)}{X(s)}=\frac{1}{\tau s+1} \tag{3-34}$$

其频率响应为

幅频特性
曲线实验

$$\begin{cases} H(\mathrm{j}\omega)=\dfrac{1}{\mathrm{j}\omega\tau+1}=\dfrac{1}{1+(\omega\tau)^2}-\mathrm{j}\dfrac{\omega\tau}{1+(\omega\tau)^2} \\[3mm] A(\omega)=\sqrt{[\mathrm{Re}(\omega)]^2+[\mathrm{Im}(\omega)]^2}=\dfrac{1}{\sqrt{1+(\omega\tau)^2}} \\[3mm] \varphi(\omega)=\arctan\dfrac{\mathrm{Im}(\omega)}{\mathrm{Re}(\omega)}=-\arctan(\omega\tau) \end{cases} \tag{3-35}$$

式中：$\varphi(\omega)$ 为负值，表示系统输出信号的相位滞后于输入信号的相位。

一阶系统的幅频特性曲线和相频特性曲线如图 3.12 所示。

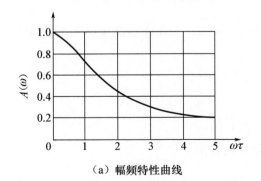
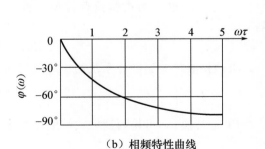

（a）幅频特性曲线　　　　　　　　　　（b）相频特性曲线

图 3.12　一阶系统的幅频特性曲线和相频特性曲线

与动态测试不失真条件对比，在整个范围内，一阶系统的幅频特性曲线不满足 $A(\omega)$ 为水平直线的要求。

对于实际测试系统，要完全满足理论上的动态测试不失真条件几乎是不可能的，只能要求在接近不失真的测试条件的某频段范围内，幅值误差不超过某限值。一般在没有特别

指明精度要求的情况下，测试系统只要在幅值误差不超过 5%（经灵敏度归一处理后，$A(\omega)$ 值不大于 1.05 且不小于 0.95）的频段范围内工作，就认为其满足动态测试不失真条件。

对于一阶系统，当 $\omega = 1/\tau$ 时，$A(\omega) = 0.707(-3\mathrm{dB})$，相位滞后 45°，通常称 $\omega = 1/\tau$ 为一阶系统的转折频率。只有当 $\omega \ll 1/\tau$ 时，幅频特性才接近 1，可以不同程度地满足动态测试要求。在幅值误差一定的情况下，τ 越小，系统的工作频率范围越大。或者说，在被测信号的最高频率成分 ω 一定的情况下，τ 越小，系统输出的幅值误差越小。

从一阶系统的相频特性曲线来看，只有当 $\omega \ll 1/\tau$ 时，相频特性曲线接近一条过零点的斜直线，可以不同程度地满足动态测试不失真条件，并且 τ 越小，系统工作频率范围越大。

综合上述分析，可以得出结论：反映一阶系统动态性能的指标参数是时间常数 τ，原则上 τ 越小越好。

一阶系统在测量装置中比较常见，如用于测量温度的热电偶、图 3.13(a) 所示 RC 低通滤波器、图 3.13(b) 所示弹簧阻尼机械系统。

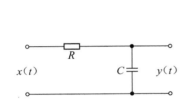

（a）RC 低通滤波器（电气一阶系统）　　（b）弹簧阻尼机械系统（机械一阶系统）

图 3.13　一阶系统

【例 3.4】　对一个一阶系统进行 100Hz 正弦信号测试。(1)如果要求限制幅值误差小于或等于 5%，则时间常数 τ 是多少？(2)若用具有该时间常数的同一系统进行 50Hz 正弦信号测试，则幅值误差和相角差各是多少？

分析：测试系统测量某信号后的幅值误差应为

$$\delta = \left| \frac{A_1 - A_0}{A_1} \right| = |1 - A(\omega)|$$

其相角差（相位移）为 φ，对一阶系统，若设 $S = 1$，则其幅频特性和相频特性分别为

$$A(\omega) = \frac{1}{\sqrt{(\omega\tau)^2 + 1}}$$

$$\varphi(\omega) = \arctan(-\omega\tau)$$

解：（1）因为 $\delta = |1 - A(\omega)|$，所以当 $|\delta| \leqslant 0.05$ 时，要求 $1 - A(\omega) \leqslant 0.05$，即 $1 - \dfrac{1}{\sqrt{(\omega\tau)^2 + 1}} \leqslant 0.05$，化简得

$$(\omega\tau)^2 \leqslant \frac{1}{0.95^2} - 1 \approx 0.108$$

则

二阶系统

$$\tau \leqslant \sqrt{0.108} \cdot \frac{1}{2\pi f} = \sqrt{0.108} \cdot \frac{1}{2\pi \times 100}s \approx 5.23 \times 10^{-4}s$$

（2）当进行50Hz正弦信号测试时，有

$$\delta = 1 - \frac{1}{\sqrt{(\omega\tau)^2 + 1}} = 1 - \frac{1}{\sqrt{(2\pi f\tau)^2 + 1}}$$

$$= 1 - \frac{1}{\sqrt{(2\pi \times 50 \times 5.23 \times 10^{-4})^2 + 1}} \approx 1 - 0.9868 = 1.32\%$$

$$\varphi = \arctan(-\omega\tau) = \arctan(-2\pi f\tau) = \arctan(-2\pi \times 50 \times 5.23 \times 10^{-4}) \approx -9°19'50''$$

思考： 试进一步分析该一阶系统的动特性参数 τ 和工作频率 f 对测量误差的影响。

3.5.2　二阶系统

图3.14所示动圈式显示仪振子是一个典型二阶系统。在笔式记录仪和光线示波器等动圈式显示仪振子中，通电线圈在永久磁场中受到电磁转矩 $k_i i(t)$ 的作用而产生指针偏转运动时，偏转的转动惯量会受到扭转阻尼转矩 $C\dfrac{\mathrm{d}\theta}{\mathrm{d}t}$ 和弹性回复转矩 $k_\theta\theta(t)$ 的作用，根据牛顿第二定律，该系统的输入/输出关系可以用二阶微分方程描述，即

$$J\frac{\mathrm{d}^2\theta(t)}{\mathrm{d}t^2} + C\frac{\mathrm{d}\theta(t)}{\mathrm{d}t} + k_\theta\theta(t) = k_i i(t) \tag{3-36}$$

式中：J 为振子转动部分的转动惯量；$\theta(t)$ 为振子（动圈）的角位移输出信号；C 为阻尼系数，包括空气阻尼、电磁阻尼、油阻尼等；k_θ 为游丝的扭转刚度；k_i 为电磁转矩系数，与动圈绕组在气隙中的有效面积、匝数和磁感应强度等有关；$i(t)$ 为输入动圈的电流信号。

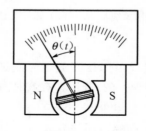

图3.14　动圈式显示仪振子的工作原理

对式（3-36）进行拉普拉斯变换，整理后得对应振子系统的传递函数，即

$$H(s) = \frac{\theta(s)}{I(s)} = \frac{\dfrac{k_i}{J}}{s^2 + \dfrac{C}{J}s + \dfrac{k_\theta}{J}} = S\frac{\omega_n^2}{s^2 + 2\xi\omega_n s + \omega_n^2}$$

式中：ω_n 为系统的固有频率，$\omega_n = \sqrt{k_\theta/J}$；$\xi$ 为系统的阻尼率，$\xi = C/2\sqrt{k_\theta J}$；$S$ 为系统的灵敏度，$S = k_i/k_\theta$。

下面分析典型二阶系统的频率响应特性。

一般二阶系统的微分方程通式为

$$a_2\frac{\mathrm{d}^2 y(t)}{\mathrm{d}t^2} + a_1\frac{\mathrm{d}y(t)}{\mathrm{d}t} + a_0 y(t) = b_0 x(t) \tag{3-37}$$

经灵敏度归一处理后，式（3-37）可写成

$$\frac{a_2}{a_0}\frac{\mathrm{d}^2 y(t)}{\mathrm{d}t^2}+\frac{a_1}{a_0}\frac{\mathrm{d}y(t)}{\mathrm{d}t}+y(t)=x(t)$$

若令系统的固有频率 $\omega_n=\sqrt{\dfrac{a_0}{a_2}}$，系统的阻尼率 $\xi=\dfrac{a_1}{2\sqrt{a_0 a_2}}$，则

$$\frac{a_2}{a_0}=\frac{1}{\omega_n^2},\ \frac{a_1}{a_0}=\frac{2\xi}{\omega_n}$$

式（3-37）经灵敏度归一处理后，可改写为

$$\frac{1}{\omega_n^2}\frac{\mathrm{d}^2 y(t)}{\mathrm{d}t^2}+\frac{2\xi}{\omega_n}\frac{\mathrm{d}y(t)}{\mathrm{d}t}+y(t)=x(t)$$

对上式等号两边进行拉普拉斯变换，得

$$\frac{1}{\omega_n^2}s^2 Y(s)+\frac{2\xi}{\omega_n}s Y(s)+Y(s)=X(s)$$

故二阶系统的传递函数为

$$H(s)=\frac{1}{\dfrac{1}{\omega_n^2}s^2+\dfrac{2\xi}{\omega_n}s+1}=\frac{\omega_n^2}{s^2+2\xi\omega_n s+\omega_n^2} \tag{3-38}$$

二阶系统的频率响应为

$$\begin{cases} H(\mathrm{j}\omega)=\dfrac{1}{1-\left(\dfrac{\omega}{\omega_n}\right)^2+\mathrm{j}2\xi\left(\dfrac{\omega}{\omega_n}\right)} \\[4mm] A(\omega)=\dfrac{1}{\sqrt{\left[1-\left(\dfrac{\omega}{\omega_n}\right)^2\right]^2+\left[2\xi\left(\dfrac{\omega}{\omega_n}\right)\right]^2}} \\[4mm] \varphi(\omega)=-\arctan\dfrac{2\xi\left(\dfrac{\omega}{\omega_n}\right)}{1-\left(\dfrac{\omega}{\omega_n}\right)^2} \end{cases} \tag{3-39}$$

二阶系统的幅频特性曲线和相频特性曲线如图 3.15 所示。图 3.15 是经灵敏度归一处理后的曲线，由于实际测试系统的灵敏度 S 往往不是 1，因而幅频特性表达式 $A(\omega)$ 的分子应为 S。

从二阶系统的幅频特性曲线和相频特性曲线来看，影响系统特性的主要参数是频率比 $\dfrac{\omega}{\omega_n}$ 和系统的阻尼率 ξ。只有在 $\dfrac{\omega}{\omega_n}<1$ 并靠近坐标原点的一段，$A(\omega)$ 才比较接近水平直线，$\varphi(\omega)$ 也近似与 ω 呈线性关系，可以做动态不失真测试。若系统的固有频率 ω_n 较高，相应地，$A(\omega)$ 的水平直线段也较长，则系统的工作频率范围大一些。另外，当系统的阻尼率 $\xi=0.7$ 时，$A(\omega)$ 的水平直线段也会相应地长一些，$\varphi(\omega)$ 与 ω 之间在较大频率范围内更接近线性。当 $\xi=0.6\sim0.8$ 时，可获得较合适的综合特性。

计算表明，当 $\xi=0.7$ 时，$\dfrac{\omega}{\omega_n}=0\sim0.58$，$A(\omega)$ 的变化不超过 5%，同时 $\varphi(\omega)$ 近似为过坐标原点的斜直线。可见，二阶系统的主要动态性能指标参数是系统的固有频率 ω_n 和系统的阻尼率 ξ。

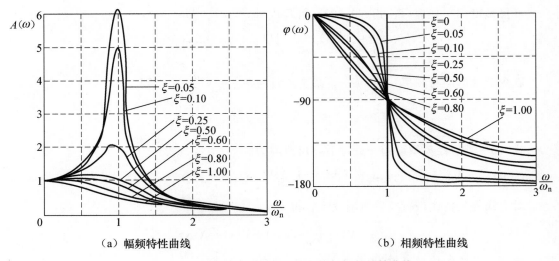

（a）幅频特性曲线　　　　　　　　　（b）相频特性曲线

图 3.15　二阶系统的幅频特性曲线与相频特性曲线

弹簧减振

对于二阶系统，当 $\dfrac{\omega}{\omega_\mathrm{n}}=1$ 时，$A(\omega)=\dfrac{1}{2\xi}$，若系统的阻尼率很小，则输出

幅值急剧增大，故 $\dfrac{\omega}{\omega_\mathrm{n}}=1$ 时系统发生共振。共振时，振幅增大的情况与系统

的阻尼率 ξ 成反比，且无论系统的阻尼率多大，系统输出的相位都滞后输入

$90°$。另外，$\dfrac{\omega}{\omega_\mathrm{n}}>2.5$ 以后，$\varphi(\omega)$ 接近 $180°$，$A(\omega)$ 也近似为一条水平直线

（但输出比输入小）。若在信号处理中采用移相器（能够对波的相位进行调整的一种装置）或减去固定相位差的方法，则有望在某频段范围内实现动态测试不失真。

在常见测量装置中，压电式加速度传感器、光线示波器振子、RLC 电路（图 3.16）和质量-弹簧-阻尼系统（图 3.17）等都属于二阶系统。

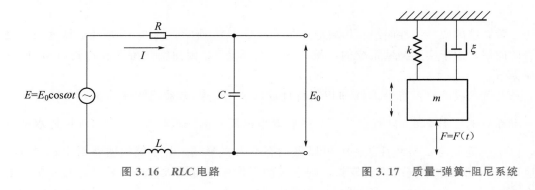

图 3.16　RLC 电路　　　　　　　　图 3.17　质量-弹簧-阻尼系统

3.6　测试系统动态特性的测试

对于测试系统，在使用前或者使用一段时间后需要验证其测量的可靠性，即需要通过

试验确定系统的输入/输出关系，这个过程称为标定。要使测量结果精确、可靠，经过校准的"标准"输入量的误差应是系统测量结果要求误差的 $1/5 \sim 1/3$ 或更小。定期校准就是要测定系统的特性参数。

3.6.1 稳态响应法

稳态响应法就是对系统施以频率不同但幅值不变的已知正弦激励，对于各频率的正弦激励，在系统的输出达到稳态后，测量输出与输入的幅值比和相位差，当激励频率 ω 由低到高改变时，可获得系统的幅频特性曲线和相频特性曲线。

1. 测定一阶系统的动态特性参数

对于一阶系统，测出幅频特性曲线和相频特性曲线（图 3.12）后，可以通过式（3-40）直接求出动态特性参数（时间常数 τ）。

测试系统动态特性的测试

$$\begin{cases} A(\omega) = \dfrac{1}{\sqrt{1+(\omega\tau)^2}} \\ \varphi(\omega) = -\arctan\omega\tau \end{cases} \qquad (3-40)$$

2. 测定二阶系统的动态特性参数

对于二阶系统，测出幅频特性曲线（图 3.18）和相频特性曲线后，从理论上讲，可以很方便地用相频特性曲线测定动态特性参数 ω_n 和 ξ。因为在 $\omega = \omega_n$ 处，输出的相位总是滞后输入 $90°$，该点的斜率直接反映 ξ 值。由于要准确地测量相角比较困难，因此通常通过幅频特性曲线估计动态特性参数 ω_n 和 ξ。对于 $\xi < 1$ 的二阶系统，在最大响应幅值处的频率 ω_r（图 3.18）与系统的固有频率 ω_n 存在如下关系：

$$\omega_r = \omega_n \sqrt{1-2\xi^2} \qquad (3-41)$$

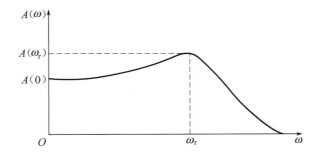

图 3.18　利用幅频特性曲线测定二阶系统的动态特性参数

确定系统的 ξ 后有

$$\omega_n = \frac{\omega_r}{\sqrt{1-2\xi^2}} \qquad (3-42)$$

只要测出幅频特性曲线的峰值 $A(\omega_r)$ 和频率为零时的幅频特性值 $A(0)$，就可根据式（3-43）确定 ξ。

$$\frac{A(\omega_r)}{A(0)} = \frac{1}{2\xi\sqrt{1-\xi^2}} \qquad (3-43)$$

3.6.2 脉冲响应法

如果二阶系统是机械装置，则可采用脉冲响应法测定动态特性参数：最简单的测定方法是用一个大小适当的锤子敲击装置，同时记录下响应信号，因为锤子的敲击相当于给系统输入一个脉冲信号。图 3.19 所示为用脉冲响应法测定二阶系统的动态特性参数。当 $\xi < 1$ 时，二阶系统的脉冲响应为

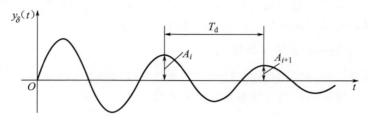

图 3.19　用脉冲响应法测定二阶系统的动态特性参数

$$y_\delta(t) = \frac{\omega_n}{\sqrt{1-\xi^2}} e^{-\xi\omega_n t} \sin(\sqrt{1-\xi^2}\,\omega_n t) \tag{3-44}$$

式（3-44）描述的是一个幅值按指数形式衰减的正弦振荡，其振幅为

$$A = \frac{\omega_n}{\sqrt{1-\xi^2}} e^{-\xi\omega_n t} \tag{3-45}$$

振荡频率为

$$\omega_d = \omega_n \sqrt{1-\xi^2} \tag{3-46}$$

振荡周期为

$$T_d = \frac{2\pi}{\omega_d} = \frac{2\pi}{\omega_n \sqrt{1-\xi^2}} \tag{3-47}$$

从响应曲线中测得相邻两振幅 A_i 和 A_{i+1}，并令对数衰减率为

$$\delta = \ln \frac{A_i}{A_{i+1}}$$

由于

$$\frac{A_i}{A_{i+1}} = \frac{\dfrac{\omega_n}{\sqrt{1-\xi^2}} e^{-\xi\omega_n t_i}}{\dfrac{\omega_n}{\sqrt{1-\xi^2}} e^{-\xi\omega_n(t_i+T_d)}} = e^{\xi\omega_n T_d}$$

因此

$$\delta = \ln \frac{A_i}{A_{i+1}} = \xi\omega_n T_d = \xi\omega_n \frac{2\pi}{\omega_n \sqrt{1-\xi^2}} = \frac{2\pi\xi}{\sqrt{1-\xi^2}} \tag{3-48}$$

整理得

$$\xi = \frac{\delta}{\sqrt{4\pi^2 + \delta^2}} \tag{3-49}$$

在对实际测试系统进行测定时，由于系统的阻尼率 ξ 较小，相邻两个振幅峰值的变化不明显，因此往往测出相隔 n 个振幅峰值之间的对数衰减率

$$\delta_n = \ln \frac{A_i}{A_{i+n}} = n\delta \tag{3-50}$$

故有

$$\xi = \frac{\dfrac{\delta_n}{n}}{\sqrt{4\pi^2 + \left(\dfrac{\delta_n}{n}\right)^2}} \tag{3-51}$$

确定系统的阻尼率 ξ 后，根据频率响应曲线上的振荡周期求出系统的振荡频率 ω_d，然后利用 $\omega_d = \omega_n \sqrt{1-\xi^2}$ 求得系统的固有频率。

3.6.3 阶跃响应法

阶跃响应法是较常用的一种测定系统动态特性参数的方法。

1. 测定一阶系统的动态特性参数

一阶系统的阶跃响应函数为

$$y_u(t) = 1 - e^{-\frac{t}{\tau}} \tag{3-52}$$

测出单位阶跃响应曲线（图 3.20）后，可以取输出值为稳态值的 63% 所对应的时间或取输出值为稳态值的 95% 所对应时间的 1/3 作为系统的时间常数 τ。由于这种求取方法得到的 τ 值未涉及响应的全过程（只取决于某些个别的瞬时值），因此结果的可靠性较差。为了获得更可靠的结果，可以采用下述方法确定时间常数 τ。

将一阶系统的阶跃响应函数改写为 $1 - y_u(t) = e^{-\frac{t}{\tau}}$，两边同时取对数，有

$$\ln[1 - y_u(t)] = -\frac{t}{\tau} \tag{3-53}$$

式（3-53）表明，$\ln[1 - y_u(t)]$ 与时间 t 呈线性关系。测出 $y_u(t)$ 曲线后，作出 $\ln[1 - y_u(t)]$ 与 t 的关系曲线（图 3.21），即可以求出时间常数

$$\tau = \frac{\Delta t}{\Delta \ln[1 - y_u(t)]} \tag{3-54}$$

另外，根据 $\ln[1 - y_u(t)] - t$ 曲线与直线的吻合程度，还可以判断系统与一阶系统的符合程度。

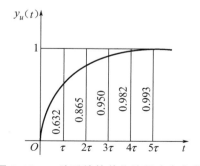

图 3.20 一阶系统的单位阶跃响应曲线

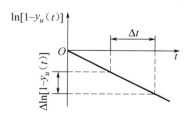

图 3.21 $\ln[1 - y_u(t)]$ 与 t 的关系曲线

2. 测定二阶系统的动态特征参数

对于二阶系统，其阶跃响应函数为

$$y_u(t) = 1 - \frac{1}{\sqrt{1-\xi^2}} e^{-\xi\omega_n t} \sin(\sqrt{1-\xi^2}\,\omega_n t + \varphi) \tag{3-55}$$

式中，

$$\varphi = \arctan\sqrt{\frac{1-\xi^2}{\xi^2}}$$

可见，典型的二阶欠阻尼系统的阶跃响应（图 3.22）是在稳态值 1 的基础上加一个以 $\omega_n\sqrt{1-\xi^2}$ 为角频率的衰减振荡。确定系统的阻尼率与固有频率的方法有以下两种。

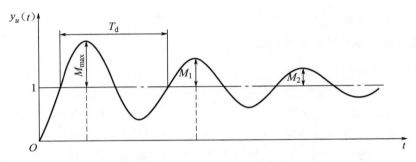

图 3.22 典型的二阶欠阻尼系统的阶跃响应

（1）利用阶跃响应的最大超调量 M_{max} 估计。从理论上讲，按照求极值的方法，可根据式（3-55）求出最大超调量 M_{max} 所对应的时间 $t = \pi/\omega_d$，将其代入式（3-55），便可得 M_{max} 与系统的阻尼率 ξ 的关系为

$$M_{max} = e^{-\frac{\pi\xi}{\sqrt{1-\xi^2}}} \tag{3-56}$$

整理得

$$\xi = \sqrt{\frac{1}{\left(\frac{\pi}{\ln M_{max}}\right)^2 + 1}} \tag{3-57}$$

求得系统的阻尼率后，可利用系统的响应振荡频率 $\omega_d = \omega_n\sqrt{1-\xi^2}$ 求得系统的固有频率。

式（3-57）是在经灵敏度归一处理后的情况下求得的关系式，而实际上未对灵敏度进行归一处理，应将实测的最大超调量值 M_{max} 除以灵敏度 S 作为 M_{max}，并代入式（3-57）计算系统的阻尼率。

（2）与利用脉冲响应法求二阶系统动态特性参数的方法相同，根据 n 个相隔超调量的值求出对数衰减率 $\delta_n = \ln\dfrac{M_i}{M_{i+n}}$，然后代入式 $\xi = \dfrac{\delta_n/n}{\sqrt{4\pi^2 + \left(\dfrac{\delta_n}{n}\right)^2}}$ 和 $\omega_d = \omega_n\sqrt{1-\xi^2}$，求得系统的阻尼率 ξ 和固有频率 ω_n。

【例 3.5】 对一个典型二阶系统输入一个脉冲信号，从响应的记录曲线上测得振荡周期为 4ms，第 3 个振荡和第 11 个振荡的单峰幅值分别为 12mm 和 4mm，试求该系统的阻

尼率 ξ 和固有频率 ω_n。

解：输出波形的对数衰减率为

$$\frac{\delta_n}{n} = \frac{\ln(12/4)}{8} \approx 0.1373265$$

振荡频率为

$$\omega_d = \frac{2\pi}{T_d} = \frac{2\pi}{4 \times 10^{-3}} \mathrm{rad/s} \approx 1570.796 \mathrm{rad/s}$$

系统的阻尼率为

$$\xi = \frac{\delta_n/n}{\sqrt{4\pi^2 + (\delta_n/n)^2}} = \frac{0.1373265}{\sqrt{4\pi^2 + 0.1373265^2}} \approx 0.02185$$

系统的固有频率为

$$\omega_n = \frac{\omega_d}{\sqrt{1-\xi^2}} = \frac{1570.796}{\sqrt{1-0.02185^2}} \mathrm{rad/s} \approx 1571.171 \mathrm{rad/s}$$

3.7　组成测试系统应考虑的因素

对构建的测试系统进行产品测试不仅为了发现问题和缺陷，更重要的是保证产品质量。产品质量不仅涉及技术问题，还涉及产品对社会的影响。在这个方面，引导学生思考测试的社会责任，并通过案例分析等方式加深学生的理解。注意测试中的道德规范、团队合作和互助精神以及创新精神和探索精神。

产品测试需要不断的创新和探索，不断挑战自己并尝试新的方法。教师可以引导学生改变看待问题的角度和方式，提高学生的创新思维和探索精神，使学生在实践中不断地提升自己。

综上，构建测试系统时，要求考虑合理选择测试仪器设备组成测试系统，满足测试的目的和要求，不仅要考虑技术性能指标、经济指标和使用的环境条件，还要在思想和人文层面进行提升和拓展。

选择测试仪器设备组成测试系统，其根本出发点是满足测试的目的和要求。但要做到技术上合理、经济上节约，必须考虑一系列因素的影响。其中主要因素有技术性能指标、经济指标、使用的环境条件，以及环节互联的负载效应与适配条件。

1. 技术性能指标

测试系统的技术性能指标是指在限定的使用条件下，描述系统特性、保证测试精度要求的技术数据。一般测试仪器的技术性能指标用多项术语在技术说明书上描述，所描述的多数技术性能可在静态特性或动态特性中体现。常用的技术性能指标主要有以下几项。

（1）精度、精密度和准确度。精度是指由测试系统的输出反映的测量结果和被测真值的符合程度，通常用某种误差表示。例如，

$$绝对误差 = 测量结果 - 被测真值$$

$$相对误差 = \frac{绝对误差}{被测真值} \times 100\%$$

$$引用误差＝\frac{绝对误差}{测量范围的上限值（满量程值）}×100\%$$

严格地说，虽然被测真值客观存在，但无法确知，因此通常以经过标定的精度高一级的仪器对同一输入量的输出值替代被测真值，称为约定真值。

一般用测试仪器的最大引用误差标称仪器的精度等级。例如，精度为 1 级、读数为 0～100mA 的电流表，就是指在全量程 100mA 内绝对误差不超过 100mA×1％＝1mA。若用该表测 10mA 以内的电流，则其相对误差可能超过 10％；而若用该表测 90mA 的电流，则其相对误差只有 1.1％（1/90）。可见，使用以引用误差表征精度等级的仪器时，应当避免在小于 1/3 全量程（对某个使用量程而言）下工作，以免产生较大的相对误差。

研究测量误差时，还经常用到精密度和准确度的概念。精密度是精度的一个组成部分，测试仪器的精密度也称示值的重复性，它反映测量结果中随机误差的程度，即反映在相同条件下多次重复测量中测量结果相互接近、相互密集的程度，通常用误差限表示，可用或然误差（±0.6745σ）、标准差±σ 或±3σ 表示，分别意味着当重复测量次数 $n→∞$时，50％、68.3％ 和 99.7％的测定值落在$\overline{x}$±0.6745σ、$\overline{x}$±σ 和$\overline{x}$±3σ（σ 为标准差，$\overline{x}$为被测值的平均值）中。准确度是指测量结果中的系统误差的程度，以偏度误差表示。

精度综合反映系统误差和随机误差。当精密度高、准确度低时，精度不会高；当准确度高、精密度低时，精度也不会高。只有在经过标定和校准，确认可以大大减小甚至接近消除系统误差的情况下，精度和精密度才可能统一。

（2）分辨力和分辨率。分辨力是指仪器可能检测到的输入信号的最小变化能力。分辨率是指用分辨力除以仪器测量范围的上限值（仪器的满量程），用百分数表示。

（3）测量范围。测量范围是指正常工作的被测量的量值范围。静态测量只要求有幅值范围；动态测量不仅要求仪器的幅值范围，还要求仪器的频率范围。测量范围增大往往会导致灵敏度下降，必须在工作中注意该现象。

（4）示值稳定性。示值稳定性包括温漂和零漂。温漂是指仪器在允许使用温度范围内示值随温度变化的量。零漂是指仪器开机一段时间后零点的变化情况。减小零漂影响的有效措施是按照仪器使用说明书的规定，开机预热一定时间段后对仪器进行调零和测量。

差分放大器克服零点漂移(温漂)的原理

2. 经济指标

从经济角度考虑测试系统，首先以达到测试要求为准则，不应盲目采用超过要求精度的仪器。因为若仪器的精度提高一个等级，则仪器的成本急剧上升。另外，当需要用多台仪器组成测试系统时，所有仪器的精度应相同。误差理论分析表明，由若干台仪器组成的系统，其测量结果的精度取决于精度最低的仪器。

然而，有时为了保证一些特别重要的测试的可靠性，往往采用两套测量装置同时工作，虽然增加了仪器费用的开支，似乎是不经济的做法，但从整体来看可能是一种经济的做法。

3. 使用的环境条件

选择仪器设备组成测试系统时，还必须考虑使用的环境条件，主要从温度、振动和介质三方面考虑环境对仪器的影响。例如，温度变化会产生热胀冷缩效应，使仪器的结构受到热应力甚至改变元件的特性，许多仪器的输出都会发生变化，过低或过高的温度还可能使仪器或其元件变质、失效甚至受到损坏等。又如，过大的加速度将使仪器受到不应有的惯性力作用，导致输出变化甚至仪器损坏。在带腐蚀性的介质或原子辐射的环境中工作的仪器也容易受到损坏。因此，必须针对不同的使用环境选用合适的仪器，并考虑采取必要的措施对其加以保护。

4. 环节互联的负载效应与适配条件

实际测试系统通常都是由各环节串联（有时也出现并联）而成的。例如，首先可以认为是被测对象与测量装置的串联，而测量装置又由传感器、信号调理电路、显示与记录仪器等串联而成。当一个环节连接到另一个环节上并发生能量交换时，连接点的物理参量会发生变化，且两个环节都不再简单地保留原传递函数，而是共同形成一个整体系统的新传递函数，系统会保留其组成环节的主要特征。例如，若在一个简单的单自由度振动系统的质量块 m 上安装一个质量为 m_c 的传感器，则单自由度振动系统的固有频率会下降。虽然附加质量 m_c 不是耗能负载，但它参与振动，改变了系统中的动能与势能的转换，因而改变了系统的固有频率，这种现象通常称为负载效应。

选择测量装置组成测试系统时，必须考虑各环节互联时所产生的负载效应，分析接入测量仪器对研究对象的影响及各仪器之间的相互影响，尽可能让各环节适配。

两个一阶系统互联的适配条件是 $\tau_2 \ll \tau_1$。一般地，应选用 $\tau_2 \ll 0.3\tau_1$。若用二阶系统测量时间常数为 τ 的一阶系统，除二阶系统的阻尼率 ξ 应选为 $0.6 \sim 0.8$ 外，其固有频率也应选用高于研究对象的转折频率$(1/\tau)5$ 倍，以较好地满足适配条件。在二阶系统的互联与适配尽量做到近似的情况下，选择测量装置时要尽量根据被测对象的特征慎重考虑。只要认真地考虑各环节间的互联和适配条件，再根据动态测试不失真条件综合考虑测试系统的特性要求，就不难获得工程上所要求的测试结果。

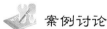 **案例讨论**

分析乘用汽车的系统组成和测试要求

乘用汽车由发动机、底盘、车身和电气设备四部分组成。其中，电气设备包括电器系统和电控系统两个组成部分，每个组成部分又包括若干子系统。学习本章内容后，学生通过查阅文献资料，学习乘用汽车各组成部分的测试要求，并讨论建立某组成部分的测试系统实现动态不失真测试的方法，以及建立该测试系统应考虑的因素。

小　结

测试用于准确地了解被测物理量。被测物理量经过测试系统的各变换环节传递获得的观测输出量真实地反映被测物理量与测试系统的特性有着密切关系。本章重点讨论了测试系统的基本特性。

理想测试系统的特点包括叠加性、比例特性、微分特性、积分特性和频率保持性等。

测试系统的静态特性指标有灵敏度、非线性度和回程误差。

测试系统动态特性的描述有传递函数、频响函数和权函数及三者之间的关系。重点是理解和掌握频率响应、幅频特性曲线、相频特性曲线的物理意义和应用场景。

测试系统动态不失真测试的频率响应特性：$A(\omega) = A_0$ 和 $\varphi(\omega) = 0$ 或 $\varphi(\omega) = -t_0\omega$ 的条件。

常见一阶系统、二阶系统的频率响应特性及满足动态测试不失真的特征参数条件。

测试系统动态特性参数的方法有稳态响应法、脉冲响应法和阶跃响应法。

习　题

1. 问答题

3-1　某装置对单位阶跃的响应如图 3.23 所示。试问：

（1）该系统可能是什么系统？

（2）如何根据该曲线识别该系统的动态特性

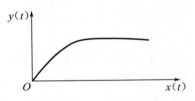

图 3.23　某装置对单位阶跃的响应

参数？

3-2　在结构及工艺允许的条件下，为什么希望将二阶系统的阻尼率 ξ 设定在 0.7 附近？

3-3　二阶系统可直接用相频特性 $\varphi(\omega) = 90°$ 所对应的频率 ω 作为系统固有频率 ω_n 的估计，该估计值与二阶系统的阻尼率 ξ 是否有关？为什么？

2. 计算题

3-4　若压电式力传感器的灵敏度为 90pC/MPa，电荷放大器的灵敏度为 0.05V/pC，压力变化为 25MPa，为使记录笔在记录纸上的位移不大于 50mm，则笔式记录仪的灵敏度应为多大？

3-5　用时间常数为 2s 的一阶系统测量烤箱内的温度，箱内温度近似地按周期 160s 做正弦规律变化，且温度在 500～1000℃ 内变化。试求该系统指示的最大值和最小值。

3-6　已知某测试系统的传递函数 $H(s) = \dfrac{1}{1+0.5s}$，当输入信号分别为 $x_1 = \sin\pi t$，$x_2 = \sin 4\pi t$ 时，试分别求测试系统的稳态输出，并比较它们的幅值变化和相位变化。

第3章
在线答题

第4章
常用传感器

教学提示

传感器是测试系统中的第一级，也是感知和拾取被测信号的元器件，用来采集环境数据。传感器的性能直接影响测试系统的测量精度。

本章主要讲述常用传感器的分类、工作原理和输入/输出特性等，并介绍传感器的应用场合和实例。

教学要求

了解传感器的类型，熟练掌握电阻传感器、电容传感器、电感传感器、磁电传感器、压电传感器、磁敏传感器、光纤光栅传感器的工作原理和输入/输出特性。

通过学习各种传感器工作原理和应用实例，学生能够掌握传感器对信号的敏感及变换的机制，以及工作原理不同的传感器的使用要求和使用场合。

课程资源

价值目标：培养学生的爱国情怀和科技创新精神，使学生体会自力更生、艰苦奋斗的重要性。

导入案例

数控机床应用的传感器及其工作原理

数控机床除了有机械和电气结构，还有温度传感器、限位开关、行程开关、接近传感器、速度传感器、压力传感器等，它们用于检测机床的运行状态，确保机床稳定运行，以达到工件的加工精度要求。温度传感器的工作原理是通过检测温度进行相应的过热保护和温度补偿。限位开关属于接触式位置传感器，用于控制机床的工作范围，限制工件或刀具的移动范围。行程开关的工作原理是通电时电流通过内部机械触头，使行程开关闭合；断开电路时机械触头松开，使行程开关断开。接近传感器利用电磁感应、霍尔效应或光电效应等原理，当加工零件与接近开关相隔预定距离时发出报警信号。速度传感器是把速度转换成电信号的传感器，在数控机床中主要用于对数控系统伺服单元进行速度检测。压力传感器将压力转换为电信号，可以检测工件的夹紧情况，当设定值大于夹紧力时工件松动，发出报警信号并停止工作。此外，压力传感器还可以检测车刀切削力的变化情况。

数控机床的这些传感器需要具有高精度、高灵敏度、高分辨率和强抗干扰能力等性能，以确保精确控制加工过程，加工出高质量产品。

主要内容：

➢ 我国传感器技术水平。

➢ 我国传感器发展现状。

➢ 应变测试的重要性。

案例讨论：我国航天飞机使用的传感器。

【第4章课程资源主要内容】

课程引导

党的二十大报告指出，基础研究和原始创新不断加强，一些关键核心技术实现突破，战略性新兴产业发展壮大，载人航天、探月探火、深海深地探测、超级计算机、卫星导航、量子信息、核电技术、新能源技术、大飞机制造、生物医药等取得重大成果，进入创新型国家行列。传感器是国民经济发展的核心仪器，在航天飞机、国产 C919 大飞机、高铁、数控机床、手机等产品上都得到了广泛应用。传感器技术对自动化产业乃至整个国家的工业建设都至关重要。

4.1 概　　述

传感器是测试系统的第一级，也是一种检测装置，能够感知和拾取被测信号。在现代生活、生产及科学试验中，传感器得到了广泛应用。例如，在图 4.1 中，智能电视的光敏

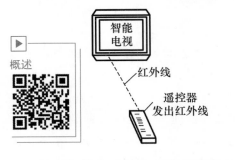

（a）智能电视用光敏二极管检测红外线

（b）使用传声器得到放大器输入端的声音信号（电压）

图 4.1　日常生活中常见的传感器

二极管检测遥控器发出的红外线并将其转换为电信号，以控制相应元器件的通断；音响设备的传声器（俗称话筒、麦克风）将声音这种物理量转换为相应的电信号（电压），它们是日常生活中常见的传感器。

红外遥控
控制原理

4.1.1 传感器的定义

《传感器通用术语》（GB/T 7665—2005）对传感器的定义："能感受被测量并按照一定的规律转换成可用输出信号的器件或装置，通常由敏感元件和转换元件组成。"敏感元件指传感器中能直接感受或响应被测量的部分；转换元件指传感器中能将敏感元件感受或响应的被测量转换成适于传输或测量的电信号部分。由于电信号是易传输、检测和处理的物理量，因此过去通常将非电量转换为电量的器件或装置称为传感器。

获得传感器信号（电压或电流的变化）的方法有两种：一是开关传感器直接将转轴的转速转换为开关量电信号的变化，如图 4.2(a)所示；二是将水位、压力、流量等物理量转

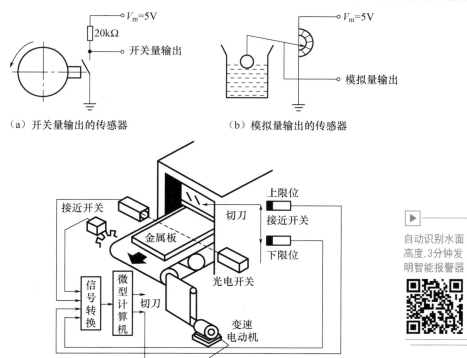

（a）开关量输出的传感器　　　　　（b）模拟量输出的传感器

自动识别水面
高度,3分钟发
明智能报警器

（c）传感器在一个微型计算机测控系统中的应用

图 4.2　传感器信号

换为模拟量电信号的变化，如图 4.2(b)所示。图 4.2(c)所示为传感器在一个微型计算机测控系统中的应用。可见，传感器在非电量电测系统中有两个作用：一是敏感作用，即感受并拾取被测对象的信号；二是转换作用，即将被测对象的信号（一般是非电量）转换为易检测和处理的电信号，以便后接仪器的接收和处理。

综上所述，在工程测试中，传感器是测试系统的第一级，它把温度、压力、流量、应变、位移、速度、加速度等信号转换为电信号（如电流、电压等）或电参数信号（如电阻、电容、电感等），然后通过转换和传输进行显示或记录。因此，传感器的性能（如动态特性、灵敏度等）直接影响整个测试过程的精度。

传感器不但在测试系统中应用广泛，而且在现代信息工程、自动控制、仪器仪表和自动化系统等领域应用广泛。自动化程度越高，系统越依赖传感器。由于传感器对系统的功能起决定性作用，因此国内外都将传感器技术列为尖端技术。

传感器主要依赖构成传感器的敏感元件的物理效应（如光电效应、压电效应、热电效应等）和物理原理（如电感原理、电容原理和电阻原理等）转换信息并具有不同的功能。随着传感材料的开发和物理效应的发现，具有不同结构、功能、特性和用途的传感器应运而生。

4.1.2　传感器的分类及性能要求

1. 传感器的分类

传感器有以下 3 种分类方法。

（1）按被测量分类。

传感器按被测量可以分为温度传感器、流量传感器、位移传感器、速度传感器等，见表 4-1。

表 4-1　传感器按被测量分类

被测量类别	被测量
热工量	温度、热量、比热容；压力、压差、真空度；流量、流速、风速
机械量	位移（线位移、角位移）、尺寸、形状；力、力矩、应力；质量；转速、线速度；振动幅值、频率、加速度、噪声
物理性质、化学性质和成分量	气体化学成分、液体化学成分；酸碱度（pH）、盐度、浓度、黏度、密度、相对密度
状态量	颜色、透明度、磨损量、材料内部裂纹或缺陷、气体泄漏、表面质量

（2）按传感器元件的作用机理分类。

传感器主要基于物理、化学及生物现象或效应获取信息。传感器按传感器元件的作用机理可以分为电阻传感器、电感传感器、电容传感器、磁电传感器、热电传感器、压电传感器、光电传感器等。传感器元件的作用机理见表 4-2。

表 4-2 传感器元件的作用机理

序号	作用机理	序号	作用机理
1	电阻	8	谐振
2	电感	9	霍尔
3	电容	10	超声
4	磁电	11	同位素
5	热电	12	电化学
6	压电	13	微波
7	光电（包括红外、光导纤维）	—	—

采用这种分类方法研究一种敏感元件的敏感原理，可以制造出多种用途的传感器。例如，利用电阻传感器元件的敏感原理可以制造出电阻式位移传感器、电阻式压力传感器、电阻式温度传感器等。这种分类方法类别少，每类传感器都具有相同的敏感元件，其后面的变换电路和测量电路也基本相同，便于研究和学习。

（3）按能量传递方式分类。

如前所述，传感器是一种转换和传递能量的器件。传感器按能量传递方式的不同可以分为能量控制型传感器、能量转换型传感器及能量传递型传感器。

① 能量控制型传感器。能量控制型传感器感受到被测量后，只改变自身电参数（如电阻、电感、电容等），虽然本身不起换能作用，但是对传感器提供的能量起控制作用。使用这种传感器时，必须借助外部辅助电源，以完成将上述电参数转换为电量（如电压、电流）的过程。例如，电阻传感器可将被测量（如位移等）转换为自身电阻的变化，如果将电阻传感器接入电桥，电阻电参数的变化就可以控制电桥中供桥电压幅值的变化，从而完成被测量到电量的转换过程。

② 能量转换型传感器。能量转换型传感器具有换能功能，可将被测量（如速度、加速度等）直接转换为电量（如电流、电压）输出，而不需要借助外加辅助电源。因这种传感器犹如发电机，故有时将其称为发电型传感器。磁电式传感器、压电式传感器、热电式传感器等均属于能量转换型传感器。

③ 能量传递型传感器。能量传递型传感器是在某种能量发生器与能量接收器进行能量传递的过程中实现敏感检测功能的传感器，如超声波换能器必须有超声发生器和超声接收器。核辐射检测器、激光器等都属于能量传递型传感器。实际上，它们也是一种间接传感器。

2. 传感器的性能要求

传感器作为检测系统的首要环节，通常具有快速、准确、可靠、经济地实现信号转换的性能，具体如下。

（1）测量范围（量程）应足够大，具有一定的过载能力。

（2）与检测系统的匹配性好，转换灵敏度高：要求输出信号与输入信号呈确定关系，且比值要大。

（3）精度适当且稳定性高：静态特性与动态特性的准确度能满足要求，并长期稳定。

（4）反应速度和工作可靠性高。

（5）适应性和适用性强：动作能量小，对被检测对象的状态影响小，内部噪声小，不易受外界干扰，使用安全，易维修和校准，使用寿命长，成本低。

在实际应用中，传感器往往很难同时满足以上性能要求，选用传感器时应根据使用目的、使用环境、被测对象状况、精度要求和信号处理等综合考虑。

4.2　电阻传感器

电阻传感器是一种将被测非电物理量转换为电阻变化的传感器。导体的电阻 R 与电阻率 ρ 及长度 l 成正比、与截面面积 A 成反比，即

$$R = \rho \frac{l}{A} \tag{4-1}$$

电阻传感器的工作原理是由被测非电物理量（如压力、温度、流量等）引起式中 ρ、l、A 中任一个或多个量的变化而使电阻 R 发生变化。

4.2.1　电位器

电位器是将机械位移转换为与之呈一定关系的电阻输出的传感器，广泛应用于电气设备。图 4.3 所示为多圈式圆形电位器的工作原理。当滑块沿圆柱状电阻材料滑动时，输出电阻与滑块在电阻材料间的转动角度成正比。给电阻体施加一个固定电压，由滑块位置分压的输出电压可由电阻材料的总电阻与滑块至固定端的电阻之比求得

$$E_{\text{out}} = E_{\text{in}} \frac{R_0}{R_A} \tag{4-2}$$

式中：E_{out} 为输出电压（V）；E_{in} 为外加固定电压（V）；R_0 为固定端至滑块的电阻（Ω）；R_A 为材料的总电阻（Ω）。

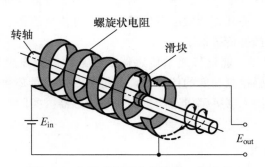

图 4.3　多圈式圆形电位器的工作原理

假设电位器的最大转动角度为 θ_{f}，滑块的当前角度（位移量）为 θ，则输出电压

$$E_{\text{out}} = E_{\text{in}} \frac{\theta}{\theta_{\text{f}}} \quad (0 \leqslant \theta \leqslant \theta_{\text{f}}) \tag{4-3}$$

电位器中电阻的材料可以为金属电阻丝、炭膜、导电塑料、陶瓷等。

由于电位器的阻值较大，因此在精度要求较高的检测电路中，需要采用高输入阻抗的差动放大器进行阻抗变换。

4.2.2 应变式电阻传感器

应变式电阻传感器是以电阻应变片为转换元件的电阻传感器，其由电阻应变片、补偿电阻和外壳等组成，根据具体测量要求有不同的结构。

1. 应变式电阻传感器的工作原理——应变效应

应变式电阻传感器的敏感元件是电阻应变片。电阻应变片是在用苯酚、环氧树脂等绝缘材料浸泡过的玻璃基板上黏接直径约为 0.025mm 的金属丝或金属箔制成的，如图 4.4 所示。

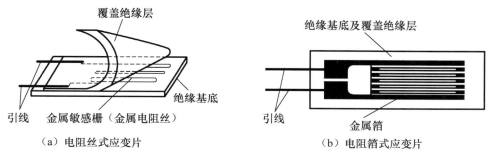

（a）电阻丝式应变片　　　　（b）电阻箔式应变片

图 4.4　电阻应变片

电阻应变片的敏感量是应变。金属受到拉伸作用时，在长度方向发生伸长变形的同时，在径向发生收缩变形。金属的伸长量与原来长度之比称为应变。利用金属应变与电阻变化量成正比的原理制成的器件称为金属电阻应变片。金属导体或半导体在外力作用下产生机械变形而引起导体或半导体的电阻值发生变化的物理现象称为应变效应。图 4.5 所示为电阻丝式应变片的应变效应。

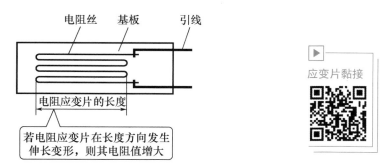

图 4.5　电阻丝式应变片的应变效应

电阻应变片变形时，从引线上测出的电阻值也会相应地变化。只要电阻应变片的材料选择得当，就可以使电阻应变片因变形产生的应变（应变片的输入）与电阻变化量（应变片的输出）呈线性关系。如果把电阻应变片黏接在弹性体上，当弹性体受外力作用而成比例地变形（在弹性范围内）时，电阻应变片也随之变形，可通过电阻应变片的电阻检测外力。

设电阻应变片在不受外力作用时的初始电阻

$$R = \rho \frac{l}{A} \tag{4-4}$$

轴向应变和横向应变的定义如图 4.6 所示。电阻应变片随弹性体受力变形后，电阻丝的长度 l 及截面面积 A 都发生变化，电阻率 ρ 也因晶格变化而变化。l、A、ρ 的变化必然导致电阻 R 的变化，设其变化量为 $\mathrm{d}R$，则有

$$\begin{aligned}\frac{\mathrm{d}R}{R} &= \varepsilon + 2\nu\varepsilon + \lambda E\varepsilon \\ &= (1 + 2\nu + \lambda E)\varepsilon\end{aligned} \tag{4-5}$$

式中：$\varepsilon = \dfrac{\mathrm{d}l}{l}$ 为导体轴向相对变形量，称为轴向应变；ν 为泊松系数；λ 为压阻系数，其值与材质有关；E 为导线材料的弹性模量。

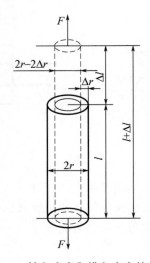

图 4.6　轴向应变和横向应变的定义

确定导体材料后，ν、λ 和 E 均为常数，则式（4-5）中的 $1 + 2\nu + \lambda E$ 也是常数，表明电阻应变片电阻的相对变化率 $\dfrac{\mathrm{d}R}{R}$ 与应变 ε 呈线性关系，电阻应变片的灵敏度

$$S = \frac{\mathrm{d}R/R}{\varepsilon} = 1 + 2\nu + \lambda E \tag{4-6}$$

因此，式（4-5）也可写为

$$\frac{\mathrm{d}R}{R} = S\varepsilon \tag{4-7}$$

对于金属电阻应变片，其电阻变化主要是由电阻丝的几何变形引起的。从式（4-6）可知，灵敏度 S 主要取决于 $(1 + 2\nu)$ 项，λE 项的值很小而可忽略。金属电阻应变片的灵敏度 $S = 1.7 \sim 4.6$。对于半导体应变片，由于其压阻系数 λ 及弹性模量 E 都比较大，因此其灵敏度主要取决于 λE 项的值，而其电阻丝几何变形引起的电阻变化很小，可忽略。半导体应变片的灵敏度 $S = 60 \sim 170$。

2. 应变片的种类和结构

应变片主要分为金属电阻应变片和半导体应变片两类。常用金属电阻应变片有金属丝式应变片、金属箔式应变片和金属薄膜式应变片三种。前两种为黏接式应变片，其由绝缘基底、覆盖绝缘层和具有高电阻率的金属敏感栅或金属箔、引线四部分组成。

金属薄膜式应变片是采用真空镀膜（如蒸发、沉积等）方式将金属材料在基底材料（如表面有绝缘层的金属、有机绝缘材料或玻璃、石英、云母等无机材料）上制成一层很薄（厚度小于 $0.1\mu m$）的敏感电阻膜的应变片。

半导体应变片利用半导体材料的压阻效应工作。压阻效应是指对某些半导体材料在某晶轴方向施加外力时电阻率 ρ 变化的现象。半导体应变片有体式半导体应变片、薄膜式半导体应变片和扩散式半导体应变片三种，如图 4.7 所示。

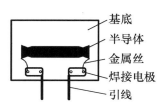

（a）体式半导体应变片

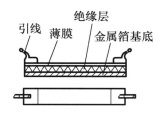

（b）薄膜式半导体应变片

（c）扩散式半导体应变片

图 4.7　半导体应变片

3. 应变式电阻传感器的应用

如图 4.8 所示，通常将金属电阻应变片接入测量电桥（对角线接有检流计 G），以便将电阻变化量转换为电压输出（详见第 5 章）。

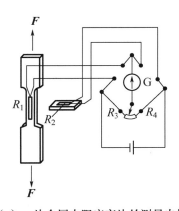

（a）一片金属电阻应变片的测量电桥

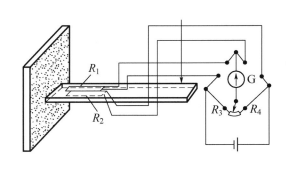

（b）两片金属电阻应变片的测量电桥

图 4.8　金属电阻应变片的测量电桥

由金属电阻应变片构成的这种测量电桥称为惠斯通电桥。利用金属电阻应变片的单臂电桥构成力学量传感器时，可以设计成电桥的一个桥臂为一片金属电阻应变片、其他桥臂为固定电阻[图 4.8(a)]；也可以设计成在电桥上用两片（或四片）金属电阻应变片组成桥路［图 4.8（b）］，以提高传感器的测量精度。采用两片金属电阻应变片组成检测电路时，由于两片金属电阻应变片产生应变，因此输出电压为单片金属电阻应变片检测电路输出电压的 2 倍。采用四片金属电阻应变片组成检测电路时，输出电压为单片金属电阻应变片检测电路输出电压的 4 倍。此外，有些检测还用具有温度补偿功能的金属电阻应变片代替固定电阻，以提高电路的测量精度。

应变式电阻传感器的应用主要有如下两个方面。

（1）直接测定结构的应力或应变。

为了研究机械、建筑、桥梁等结构的某些部位或所有部位在不同工作状态下的受力变形情况，往往将不同形状的应变片黏接在结构的预定部位，直接测得这些部位的拉应力、压应力及弯矩等，为结构设计、应力校核、构件破坏及机器设备的故障诊断提供实验数据或诊断信息。在图 4.9(a)中，立柱受力后产生应变，黏接在立柱上的应变片可检测这种应变；同理，图 4.9(b)中的应变片可以检测桥梁的应变。

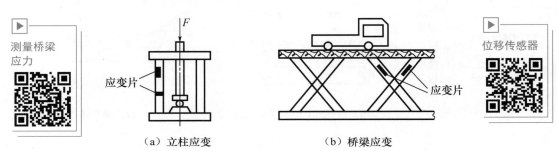

测量桥梁应力

位移传感器

（a）立柱应变　　　　　　　　（b）桥梁应变

图 4.9　检测构件应变

（2）其他应用。

将应变片黏接在弹性元件上而制成的传感器可测量使弹性元件产生应变的物理量，如压力、流量、位移、加速度等。这时被测物理量使弹性元件产生与之成正比的应变，应变片再将其转换为自身电阻的变化。根据应变效应可知，应变片电阻的相对变化量与应变片感受的应变成比例，从而通过电阻与应变、应变与被测物理量的关系测得被测物理量。图 4.10 所示为应变式电阻传感器的应用示例。

图 4.10(a)所示为位移传感器。位移 x 使板弹簧产生与之成比例的弹性变形，板弹簧上的应变片感受板弹簧的应变并将其转换成电阻变化量。

图 4.10(b)所示为加速度传感器。它由质量块 M、悬臂梁、基座、应变片等组成。当外壳与振动体一起振动时，质量块 M 的惯性力作用在悬臂梁上，悬臂梁的应变与振动体（外壳）的加速度在一定频率范围内成正比，黏接在悬臂梁上的应变片把应变转换为电阻变化量。

图 4.10(c)所示为质量传感器。质量引起金属盒的弹性变形，黏接在金属盒上的应变片也随之变形，从而引起电阻变化。

图 4.10(d)、图 4.10(e)所示为压力传感器。压力使膜片变形，应变片也相应变形而产生应变，使电阻发生变化。

图 4.10(f)所示为转矩传感器。转矩使旋转轴产生扭转变形，应变片也相应变形而产生应变，使电阻发生变化。

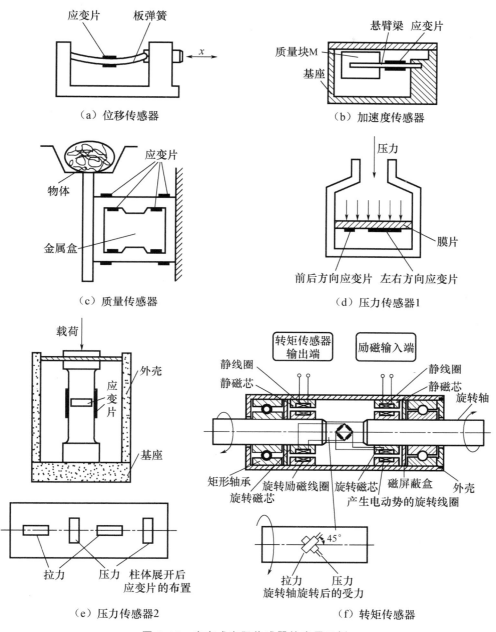

图 4.10　应变式电阻传感器的应用示例

1. 热电阻传感器

利用导电物体电阻率随本身温度变化而变化的温度电阻效应制成的传感器称为热电阻传感器。它用于检测温度或与温度有关的参数。

热电阻传感器根据传感元件的材料分为普通热电阻传感器铂电阻传感器、铜电阻传感器等，在工业上广泛用于−200～500℃的温度检测。图 4.11 所示为三种热电阻传感器的结构。

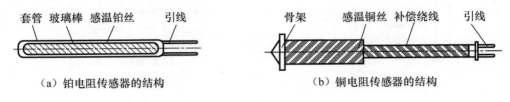

（a）铂电阻传感器的结构　　　　　　　（b）铜电阻传感器的结构

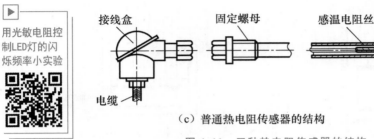

（c）普通热电阻传感器的结构

图 4.11　三种热电阻传感器的结构

用光敏电阻控制LED灯的闪烁频率小实验

热电阻传感器的传感元件采用不同材料的电阻丝，电阻丝将温度（热量）变化转变为电阻变化。因此，需将热电阻传感器接入信号转换调理电路，将电阻变化转换为电流或电压变化后进行测量。

2. 热敏电阻传感器

热敏电阻传感器的传感元件是热敏电阻。热敏电阻是一种温度变化时电阻值呈现敏感变化的元件，它由金属氧化物（如锰、镍、钴、铁、铜等的氧化物）按一定配方压制后经1000～1500℃高温烧结而成，其引线一般是银线。热敏电阻实物及其在电路中的图形符号如图 4.12 所示。

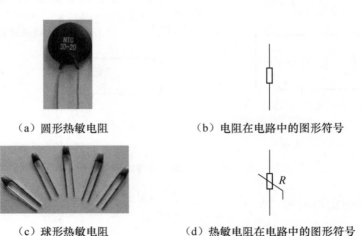

（a）圆形热敏电阻　　　　　　　（b）电阻在电路中的图形符号

（c）球形热敏电阻　　　　　　　（d）热敏电阻在电路中的图形符号

图 4.12　热敏电阻实物及其在电路中的图形符号

根据温度特性的不同，热敏电阻可分为以下三种类型。

（1）负温度系数（negative temperature coeffcient，NTC）热敏电阻，其阻抗随温度

升高而减小。

（2）正温度系数（positive temperature coeffcient，PTC）热敏电阻，温度超过某温度后，其阻抗急剧增大。

（3）临界温度热敏电阻（critical temperature resistor，CTR），温度超过某温度后，其阻抗急剧减小。

三种热敏电阻的温度特性曲线如图 4.13 所示。在温度测量方面，多采用负温度系数热敏电阻。热敏电阻是非线性元件，它的温度与电阻呈指数关系，通过热敏电阻的电流和热敏电阻两端的电压不遵循欧姆定律。

按形状的不同，热敏电阻可以分为球形热敏电阻、圆形热敏电阻、柱形热敏电阻三种，每种热敏电阻都有多种规格。

热敏电阻的连接方法如图 4.14 所示。在根据电阻值求解被测物体温度时，需要根据热敏电阻的温度特性曲线进行对数运算。对阻抗变化的电压变化信号进行 A/D 转换后，使用微型计算机处理数据可使温度的计算变得简单。热敏电阻测量温度的计算式为

$$\frac{1}{T} = \frac{1}{B} \ln \frac{R}{R_0} + \frac{1}{T_0} \tag{4-8}$$

式中：T 为被测温度（K）；B 为热敏常数；R 为被测温度下的电阻值（单位为 Ω）；R_0 为基准温度下的电阻值（单位为 Ω）；T_0 为基准温度（热力学温度，单位为 K）。

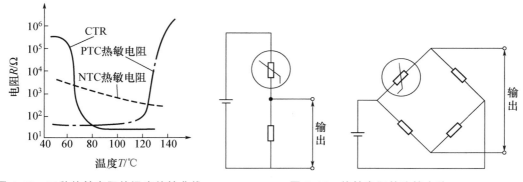

图 4.13　三种热敏电阻的温度特性曲线　　　　图 4.14　热敏电阻的连接方法

由热敏电阻组成的传感器可用于液体、气体、固体以及海洋、高空、冰川等领域的温度测量，测量温度为 $-10 \sim 400\,℃$，也可以达到 $-200 \sim 10\,℃$ 或 $400 \sim 1000\,℃$。热敏电阻因具有电阻温度系数大、体积小、质量轻、热惯性大、结构简单、价格低等优点而应用广泛。

3. 光敏电阻传感器

有些半导体材料（如硫化镉）在黑暗的环境下电阻值非常大，但受到光照射时电阻值显著减小。上述变化机理如下：当材料受到光线照射时，若光子能量大于半导体原子中的电子飞跃价带所需能量，则价带中的电子吸收一个光子后跃迁到导带，激发出电子-空穴对，从而增强导电性能，使电阻值减小，并且照射光强度越大，电阻值越小；停止光照后，自由电子与空穴逐渐复合，半导体材料又恢复原始电阻值。

光敏电阻的特点：具有很高的灵敏度、光谱响应的范围很大（可以从紫外线区到红外线区）、体积小、性能稳定、价格低。

光敏电阻的种类很多，由不同材料制成的光敏电阻的性能差异很大。由于光敏电阻的输入/输出特性的线性度很低，因此光敏电阻不宜用作测试元件，这是光敏电阻的主要缺点。光敏电阻的结构非常简单，在光敏半导体材料的两端装上电极即可。光敏电阻主要用作自动控制中的开关元件。如图 4.15 所示，将光敏电阻与电阻 R 串联后接上电源，光敏电阻不受光照时，其电阻值很大而不导通，电阻 R 两端没有电压输出；光敏电阻受光照后，其电阻值明显减小而导通，电阻 R 两端有电压输出，从而起到了"关"和"开"的作用。

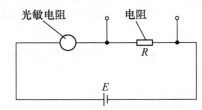

图 4.15　光敏电阻用作开关元件的工作原理

4. 湿敏电阻传感器

湿敏电阻传感器是一种检测空气湿度（水分）的传感器。它能将湿度的变化转换为电阻的变化。制作湿敏电阻的主要材料是金属氧化物（如氧化锂）。当空气湿度变化时，金属氧化物的电阻发生变化，其原因是金属氧化物能在水中电离。金属氧化物吸收水分后，其电离程度增大、导电性增强、电阻减小。氧化锂湿敏电阻传感器的结构如图 4.16 所示。

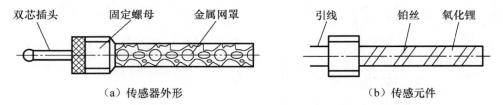

（a）传感器外形　　　　　　　　　　　　（b）传感元件

图 4.16　氧化锂湿敏电阻传感器的结构

采用绝缘材料制作湿敏电阻的骨架，在其上面绕两根平行的铂丝而组成一对引线。将氧化锂涂层涂在平行的铂丝之间，涂层的电阻由两根铂丝电极引出。当氧化锂涂层的水汽分压低于周围的水汽分压时，氧化锂涂层从空气中吸收水分而电阻减小；反之，当氧化锂涂层中的水汽分压高于周围空气的水汽分压时，氧化锂涂层向周围空气扩散水分而电阻增大，从而实现将空气湿度转换为电阻。

4.3　电容传感器

电容传感器是以电容器为传感元件，将被测物理量转换为电容量变化的传感器，其输出是电容变化量。

4.3.1　电容传感器的工作原理

电容传感器的工作原理可用图 4.17 所示平板电容器说明。平板电容器的电容

$$C=\frac{\varepsilon A}{\delta}=\frac{\varepsilon_0 \varepsilon_r A}{\delta} \tag{4-9}$$

式中：C 为电容；ε 为两极板间介质的介电常数；A 为极板的有效覆盖面积；δ 为极板间距；ε_0 为真空的介电常数，$\varepsilon_0 \approx 8.85 \times 10^{-12}$ F/m；ε_r 为两极板间介质的相对介电常数，对于空气介质 $\varepsilon_r \approx 1$。

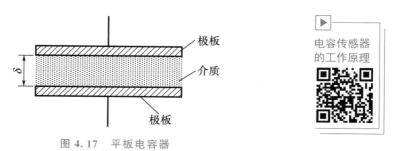

电容传感器
的工作原理

图 4.17　平板电容器

由式（4-9）可知，当被测物理量（如位移、压力等）使 ε、A、δ 变化时，平板电容器的电容变化，从而实现将被测物理量转换为电容变化量。在实际应用中，通常使 ε、A、δ 中的两个物理量保持不变，只改变一个物理量使平板电容器电容变化。电容传感器可分为极距变化型电容传感器、面积变化型电容传感器、介质变化型电容传感器。

1. 极距变化型电容传感器

极距变化型电容传感器的结构和特性曲线如图 4.18 所示。由图 4.18(a)可知，当两极板的重合面积及介质不变，而动板因受被测物理量控制移动时，两极板间距 δ 发生改变，引起电容的变化，达到将被测物理量转换为电容变化量的目的。若电容传感器的极板面积为 A，初始极板间距为 δ_0，极板间介质的介电常数为 ε，则电容传感器的初始电容

$$C_0=\frac{\varepsilon A}{\delta_0} \tag{4-10}$$

当初始极板间距 δ_0 减小 $\Delta\delta$ 时，电容增大 ΔC，此时电容

$$C=C_0+\Delta C=\frac{\varepsilon A}{\delta_0-\Delta\delta}=C_0\,\frac{1}{1-\dfrac{\Delta\delta}{\delta_0}}$$

当 $\dfrac{\Delta\delta}{\delta_0} \ll 1$ 时，可认为满足以下线性关系，即

$$\frac{\Delta C}{C_0}=\frac{\Delta\delta}{\delta_0}\qquad \left(\frac{\Delta\delta}{\delta_0}\ll 1\right) \tag{4-11}$$

但是从图 4.18(b)可知，$\Delta\delta$ 与 ΔC 呈非线性关系，要减小非线性误差，必须缩小测量范围 $\Delta\delta$。测量范围一般取 0.1 微米至数百微米。对于精密的电容传感器，$\dfrac{\Delta\delta}{\delta_0} \ll \dfrac{1}{100}$，其灵敏度近似为

$$S=\frac{\mathrm{d}(\Delta C)}{\mathrm{d}(\Delta\delta)}=\frac{C_0}{\delta_0}=\varepsilon A_0 \tag{4-12}$$

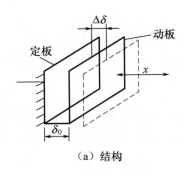

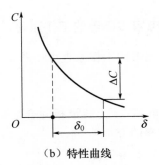

（a）结构　　　　　　　　　　（b）特性曲线

图 4.18　极距变化型电容传感器的结构和特性曲线

2. 面积变化型电容传感器

按极板相互覆盖的方式不同，面积变化型电容传感器分为直线位移型电容传感器和角位移型电容传感器两种。

（1）直线位移型电容传感器。

图 4.19（a）所示为平面线位移型电容传感器，当动板沿 x 方向移动时，覆盖面积变化，电容随之变化，其输出特性为

$$C = \frac{\varepsilon b x}{\delta} \tag{4-13}$$

式中：ε 为介电常数；b 为极板宽度；x 为位移；δ 为极板间距。

其灵敏度为

$$S = \frac{\mathrm{d}C}{\mathrm{d}x} = \frac{\varepsilon b}{\delta} = 常数 \tag{4-14}$$

图 4.19（b）所示为单边圆柱体线位移型电容传感器，动板（圆柱）与定板（圆筒）相互覆盖，其电容为

$$C = \frac{2\pi\varepsilon x}{\ln \dfrac{D}{d}} \tag{4-15}$$

式中：x 为覆盖长度；d 为圆柱外径；D 为圆筒孔径。

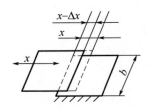

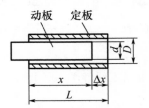

（a）平面线位移型电容传感器　　（b）单边圆柱体线位移型电容传感器　　（c）角位移型电容传感器

图 4.19　面积变化型电容传感器

当覆盖长度 x 变化时，电容 C 变化。其灵敏度为

$$S = \frac{\mathrm{d}C}{\mathrm{d}x} = \frac{2\pi\varepsilon}{\ln \dfrac{D}{d}} = 常数$$

可见，直线位移型电容传感器的输出（电容的变化 dC）与输入（电容传感器极板覆盖面积的变化）呈线性关系。

（2）角位移型电容传感器。

图 4.19(c)所示为角位移型电容传感器。当动板有一定转角时，动板与定板之间的覆盖面积变化，导致电容变化。由于覆盖面积为

$$A = \frac{\alpha r^2}{2}$$

式中：α 为覆盖面积对应的中心角；r 为极板半径。

因此电容为

$$C = \frac{\varepsilon \alpha r^2}{2\delta}$$

其灵敏度为

$$S = \frac{\mathrm{d}C}{\mathrm{d}\alpha} = \frac{\varepsilon r^2}{2\delta} = 常数$$

可见，角位移型电容传感器的输入（极板角位移的变化 dα）与输出（电容的变化 dC）呈线性关系。

图 4.20 所示为常见面积变化型电容传感器。

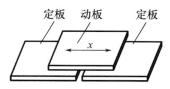
（a）差动平面线位移型电容传感器

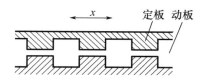
（b）齿形式面积变化型电容传感器

（c）差动角位移型电容传感器

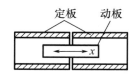
（d）差动圆柱体线位移型电容传感器

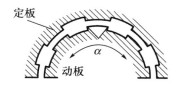
（e）齿形式角位移型电容传感器

图 4.20　常见面积变化型电容传感器

3. 介质变化型电容传感器

被测物理量使电容传感器的介电常数变化而导致电容量变化的传感器称为介质变化型电容传感器。这种传感器大多用来测量材料的厚度、液体的液面高度、容量、温度、湿度等使极板间介电常数变化的物理量。

如图 4.21(a)所示，传感器极板间在测量纸的厚度时，其介质为空气和纸。空气的介电常数是不变的，而被测物的厚度是变化的，其介电常数是变化的。因此，这种传感器可用来测量纸张等固体介质的厚度。如图 4.21(b)所示，传感器极板间介质本身的介电常数在温度、湿度或体积容量变化时发生变化，这种传感器可用于测量温度、湿度、容量。

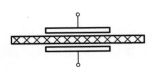

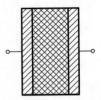

（a）介质厚度的变化导致介电常数变化　　（b）温度、湿度或体积容量的变化导致介电常数变化

图 4.21　介质变化型电容传感器

4.3.2　电容传感器的应用实例

图 4.22 所示为电容传感器应用实例——用极距变化型电容传感器测量振动位移或微小位移。测量金属导体表面振动位移的电容传感器只有一个电极，而把被测对象作为另一个电极。图 4.22(a)所示为测量振动体的振动；图 4.22(b)所示为测量转轴回转精度，利用垂直安装的两个电容式位移传感器（X 传感器和 Y 传感器）测出转轴轴心的动态偏摆情况。

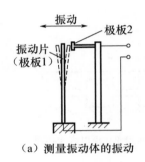

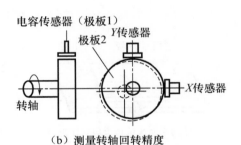

（a）测量振动体的振动　　　　　　（b）测量转轴回转精度

图 4.22　电容传感器应用实例

电容传感器结构简单、灵敏度高、动态特性好，在自动检测技术中占有重要地位。电容传感器易实现非接触测量，搭配适当的检测电路可以获得很高的灵敏度。例如，用电容传感器测量微小位移和振动时的灵敏度可达 $0.01\mu m$，这是其他机械量传感器无法比拟的。电容传感器的主要缺点是初始电容较小，受引线电容、寄生电容的影响较大。近年来，随着电子技术的发展，上述问题逐步得到解决。

4.4　电感传感器

电感传感器的敏感元件是电感线圈，其转换基于电磁感应原理。电容传感器把被测量的变化转换为线圈自感系数 L 或互感系数 M 的变化，从而实现被测量到电参量的转换。图 4.23 所示为简单自感式装置的工作原理。当一个简单的单线圈作为敏感元件时，机械位移输入会改变线圈产生的磁路磁阻，从而改变自感式装置的电感。电感的变化由合适的电路进行测量，就可从测量表上指示输入值。磁路的磁阻变化可以通过空气间隙的变化获得，也可以通过改变铁芯材料的数量或类型获得。

双线圈互感装置如图4.24所示。当一个激励源线圈的磁通量被耦合到另一个传感线圈上时，可从这个传感线圈得到输出信号。输入信息是衔铁位移的函数，它改变线圈间的耦合。可以通过改变线圈和衔铁的相对位置改变耦合。这种相对位置的改变可以是线位移，也可以是角位移。

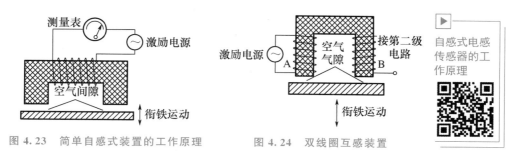

图4.23　简单自感式装置的工作原理　　　图4.24　双线圈互感装置

按照转换方式的不同，电感传感器可分为自感式电感传感器与互感式电感传感器。

4.4.1　可变磁阻式电感传感器

可变磁阻式电感传感器的典型结构如图4.25所示，主要包括电感线圈、铁芯和衔铁，铁芯与衔铁之间有空气气隙δ。

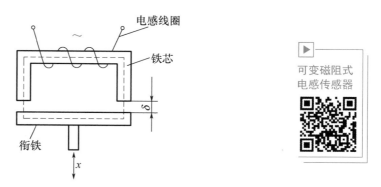

图4.25　可变磁阻式电感传感器的典型结构

向电感线圈通交变电流I，电感线圈的电感为

$$L = \frac{W\Phi}{I} \tag{4-16}$$

式中：W为电感线圈匝数；Φ为通过电感线圈的磁通量；I为电感线圈中通过的电流。

由磁路欧姆定律可知

$$\Phi = \frac{WI}{R_m} \tag{4-17}$$

式中：WI为磁路磁动势；R_m为磁路磁阻。

将式（4-17）代入式（4-16），得

$$L = \frac{W^2}{R_m} \tag{4-18}$$

由式（4-18）可知，当电感线圈匝数一定时，图 4.25 中的被测量 x 可以通过改变磁路磁阻 R_m 来改变自感系数，从而将被测量的变化转换为传感器自感系数的变化。因此，这类传感器称为可变磁阻式电感传感器。下面讨论磁路磁阻 R_m 的影响因素。

图 4.25 中的磁路磁阻由两部分组成：空气气隙的磁阻及衔铁和铁芯的磁阻，即

$$R_m = \frac{L_1}{\mu_1 A_1} + \frac{2\delta}{\mu_0 A_0} \tag{4-19}$$

式中：L_1 为磁路中软铁（铁芯和衔铁）的长度；μ_1 为软铁的磁导率；A_1 为铁芯导磁截面面积；μ_0 为空气的磁导率，$\mu_0 = 4\pi \times 10^{-7}$；$A_0$ 为空气气隙导磁截面面积。

因铁芯的磁阻远小于空气气隙的磁阻，故 $R_m \approx \dfrac{2\delta}{\mu_0 A_0}$，将其代入式（4-18）得

$$L = \frac{W^2 \mu_0 A_0}{2\delta} \tag{4-20}$$

式（4-20）为可变磁阻式电感传感器的工作原理表达式。它表明空气气隙的厚度和面积是改变磁路磁阻从而改变自感系数的主要因素。被测量只要能够改变空气气隙的厚度或面积，就能达到将被测量的变化转换为自感变化的目的，由此构成了间隙变化型可变磁阻或电感传感器和面积变化型可变磁阻式电感传感器。

图 4.26(a)所示为间隙变化型可变磁阻式电感传感器。W、μ_0 及 A_0 都不变，被测参数（工件直径）的变化(Δd)引起 δ 的变化($\Delta\delta$)，从而使传感器输出 ΔL，实现被测参数到电感变化 ΔL 的转换。由式（4-20）可知，L 与 δ 呈双曲线关系，即非线性关系[图 4.27(a)]。

其灵敏度为

$$S = \frac{dL}{d\delta} = -\frac{W^2 \mu_0 A_0}{2\delta^2} = -\frac{L}{\delta} \tag{4-21}$$

为保证线性度，限制非线性误差，间隙变化型可变磁阻式电感传感器多用于测量微小位移。在实际应用中，一般取 $\dfrac{\Delta\delta}{\delta_0} \leqslant 0.1$，在 $0.001 \sim 1\text{mm}$ 内测量位移。

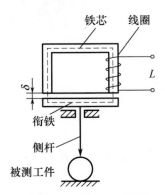
（a）间隙变化型可变磁阻式
电感传感器

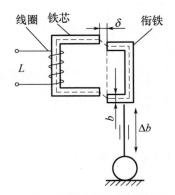
（b）面积变化型可变磁阻式
电感传感器

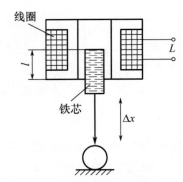
（c）螺线管型可变磁阻式
电感传感器

图 4.26 可变磁阻式电感传感器

图 4.26(b)所示为面积变化型可变磁阻式电感传感器。W、μ_0 及 δ 都不变，磁路截面面积 A 随着被测参数 Δb 的变化而变化。由于磁路截面面积 A 变为 $A + \Delta A$，因此传感器

的电感由 L 变为 $L+\Delta L$，从而输出 ΔL，实现被测参数到电参量 ΔL 的转换。由式（4-20）可知，L 和 A 呈线性关系[图 4.27(b)]。

其灵敏度为

$$S=\frac{\mathrm{d}L}{\mathrm{d}A}=\frac{W^2\mu_0}{2\delta_0}=常数 \qquad (4-22)$$

面积变化型可变磁阻式电感传感器的自由行程限制小、示值范围较大，若将衔铁做成转动式，则还可用来测量角位移。

图 4.26(c)所示为螺线管型可变磁阻式电感传感器。在螺线管中插入一个可移动的铁芯，铁芯在线圈中伸入长度 l 的变化 Δl 引起螺线管电感值的变化 ΔL，由于螺线管中磁场分布不均匀，因此 Δl 与 ΔL 呈非线性关系。螺线管型可变磁阻式电感传感器的灵敏度比较低，但由于螺线管可以做得较长，因此适合测量较大位移（可达数毫米）。

间隙变化型可变磁阻式电感传感器和面积变化型可变磁阻式电感传感器的输出特性曲线如图 4.27 所示。

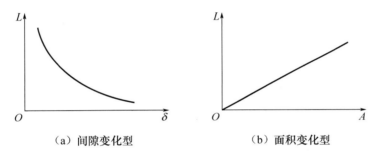

（a）间隙变化型　　　　　　　　（b）面积变化型

图 4.27　间隙变化型和面积变化型可变磁阻式电感传感器的输出特性曲线

在实际应用中，常将两个完全相同的电感线圈与一个共用的活动衔铁结合成差动式电感传感器。

图 4.28 所示为变气隙型差动式电感传感器的结构和输出特性曲线。

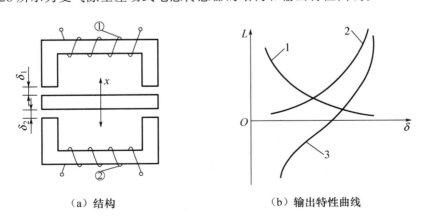

（a）结构　　　　　　　　（b）输出特性曲线

1—电感线圈①的输出特性曲线；2—电感线圈②的输出特性曲线；
3—传感器的输出特性曲线。

图 4.28　变气隙型差动式电感传感器的结构和输出特性曲线

当衔铁位于气隙的中间位置时，$\delta_1 = \delta_2$，两电感线圈的电感值相等，即 $L_1 = L_2 = L_0$，总的电感值 $L_1 - L_2 = 0$。当衔铁偏离中间位置时，一个电感线圈的电感值增大，即 $L_1 = L_0 + \Delta L$，另一个电感线圈的电感值减小，即 $L_2 = L_0 - \Delta L$，总的电感变化量

$$L_1 - L_2 = +\Delta L - (-\Delta L) = 2\Delta L$$

差动式电感传感器的灵敏度

$$S = \frac{\mathrm{d}L}{\mathrm{d}\delta} = -2\frac{L}{\delta} \tag{4-23}$$

面积变化型可变磁阻式电感传感器与螺线管型可变磁阻式电感传感器的结构也可以构成差动式电感传感器（图 4.29）。其中，W_1 和 W_2 是参数完全相同的两组电感线圈，将其对称地绕在骨架（如螺线管型差动式电感传感器的骨架是螺线管）上，衔铁的初始位置居中。

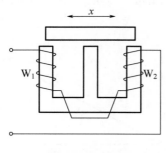
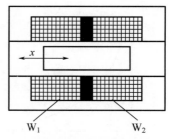

（a）面积变化型差动式电感传感器　　　（b）螺线管型差动式电感传感器

图 4.29　差动式电感传感器的结构

4.4.2　涡流传感器

涡流传感器的工作原理是金属板在交变磁场中的涡流效应。根据电磁感应定律，当一个通以交流电流的线圈靠近一块金属板时，交变电流 I_1 产生的交变磁通 Φ_1 通过金属导体，在金属导体内部产生感应电流 I_2，I_2 在金属板内自行闭合形成回路，称为涡流。涡流的产生必然要消耗磁场的能量，即涡流产生的磁通 Φ_2 总是与线圈磁通 Φ_1 方向相反，使线圈的阻抗发生变化。传感器线圈阻抗的变化与被测金属的性质（电阻率 ρ、磁导率 μ 等）、传感器线圈的几何参数、激励电流的大小与频率、被测金属板的厚度及线圈与被测金属板的距离等有关。因此，传感器线圈可作为传感器的敏感元件，通过其阻抗的变化测定导体的位移、振幅、厚度、转速、硬度和强度等物理量。

涡流传感器可分为高频反射式涡流传感器和低频透射式涡流传感器两种。

1. 蜗流传感器的种类

（1）高频反射式涡流传感器。

高频反射式涡流传感器的工作原理如图 4.30(a)所示。交流电通过导体时，感应作用使得导体截面上的电流分布不均匀，越接近导体表面，电流密度越大，这种现象称为集肤效应。集肤效应使导体的有效电阻增大。交流电的频率越高，集肤效应越显著。当金属板一侧的电感线圈中通以高频（兆赫以上）激励电流时，线圈产生高频磁场并作用于金属

板，由于集肤效应，高频磁场不能透过有一定厚度（h）的金属板，而是作用于其表面薄层并产生涡流。涡流 I_2 又会产生交变磁通 Φ_2，反过来作用于线圈，使得线圈的阻抗发生变化。涡流随线圈与金属板距离 x 的变化而变化，可以用高频反射式涡流传感器测量 x 的变化，并通过对高频反射式传感器的等效电路[图 4.30(b)]证实。

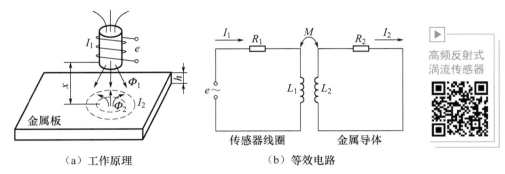

（a）工作原理　　　　　（b）等效电路

图 4.30　高频反射式涡流传感器

（2）低频透射式涡流传感器。

低频透射式涡流传感器是利用互感原理工作的，多用于测量材料的厚度。其工作原理如图 4.31(a)所示。发射线圈 W_1 和接收线圈 W_2 分别置于被测材料的两边；低频（1000Hz 左右）电压加到 W_1 两端后，W_1 产生一个交变磁场，并在金属板中产生涡流，这个涡流损耗部分磁场能量，使得贯穿 W_2 的磁力线减少，从而使 W_2 产生的感应电动势 e_2 减小。金属板的厚度 h 越大，涡流损耗的磁场能量越大，e_2 越小。因此，e_2 值可反映金属板厚度 h。低频透射式涡流传感器的输出特性曲线如图 4.31(b)所示。

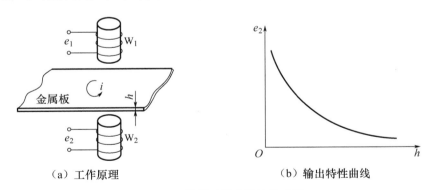

（a）工作原理　　　　　（b）输出特性曲线

图 4.31　低频透射式涡流传感器

2. 涡流传感器的应用

涡流传感器具有非接触测量、简单可靠、灵敏度高等优点，在机械、冶金等领域得到广泛应用。

（1）位移和振幅测量。

图 4.32 所示为涡流传感器在位移和振幅测量中的应用。图 4.32(a)所示为涡流传感器测量转轴的径向振动位移，检测位移为 $0.01 \sim 40$mm，分辨率可达满量程的 0.1%。图 4.32(b)所示为涡流传感器测量片状机件的振幅，振幅测量范围为几微米到几毫米。

图 4.32(c)所示为涡流传感器测量机件的振型。涡流传感器的频率为零到几十千赫时特性曲线都是平稳的，可进行静态位移测量，特别适合测量低频振动。

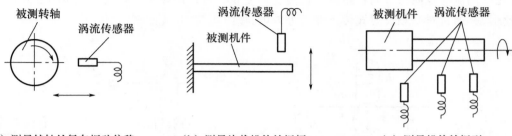

（a）测量转轴的径向振动位移　　　（b）测量片状机件的振幅　　　（c）测量机件的振型

图 4.32　涡流传感器在位移和振幅测量中的应用

（2）转速测量。

在旋转体上开一个或数个槽或固定一个凸块，如图 4.33 所示，将涡流传感器安装在旁边。当转轴转动时，涡流传感器与转轴的距离发生周期性变化，其输出也发生周期性变化，即输出周期性的脉冲信号。脉冲频率与转速之间有如下关系：

$$n = \frac{f}{z} \times 60 \qquad (4-24)$$

式中：n 为转轴转速（r/min）；f 为脉冲频率（Hz）；z 为转轴上的槽数或齿数。

轴心轨迹
测量

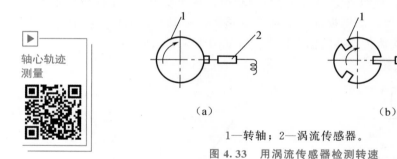

（a）　　　　　　　　　　（b）

1—转轴；2—涡流传感器。

图 4.33　用涡流传感器检测转速

（3）金属零件表面裂纹检查。

可用涡流传感器探测金属零件表面裂纹、热处理裂纹和焊接裂纹等。探测时，涡流传感器贴近零件表面，当遇到裂纹时，涡流传感器等效电路中的涡流反射电阻与涡流反射电感发生变化，使线圈阻抗改变，输出电压随之改变。

4.4.3　差动式电感传感器

差动式电感传感器是一种互感式电感传感器。它实际上是一个具有可动铁芯的变压器。变压器一次侧线圈中接入电源后，其二次侧线圈中感应出电压。当改变铁芯与一次侧线圈、二次侧线圈之间的位置时，改变一次侧线圈、二次侧线圈之间的互感量，而使二次侧线圈的输出电压变化，达到由互感量的变化引起电压的变化的目的。因为这种传感器一般都做成差动式结构，所以称为差动式电感传感器。实际应用中的差动式电感传感器大多是螺线管型的。

图 4.34 所示为螺线管型差动式电感传感器的结构。当一次侧线圈 W_1 中通入一定频率的交流激磁电压 e_i 时，由于互感作用，在两组二次侧线圈 W_2 中产生感应电动势 e_{ob} 和 e_{oa}。

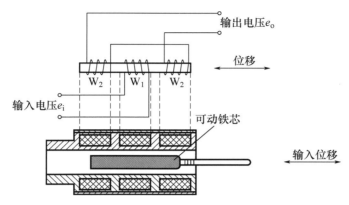

图 4.34　螺线管型差动式电感传感器的结构

线圈 W_2 的输出感应电动势 e_{ob} 和 e_{oa} 与铁芯位移的关系如图 4.35 所示。

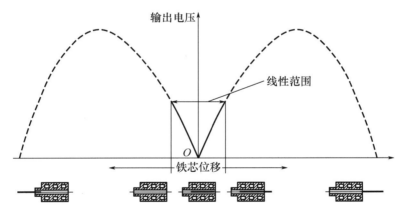

图 4.35　线圈 W_2 的输出感应电动势 e_{ob} 和 e_{oa} 与铁芯位移的关系

4.4.4　电感传感器的应用实例

电感传感器主要用于测量位移及其他可以转换为位移的物理量（如压力、加速度等）。

图 4.36 所示为差动式电感测力传感器的结构。图中支承铁芯的是两个圆片状弹性膜片，被测力 F 使差动式电感测力传感器铁芯产生上下位移，差动式电感测力传感器线圈就会产生输出电压。

图 4.37 所示为电感式纸张厚度测量仪的工作原理。E 形铁芯上绕有线圈，构成一个电感测量头，衔铁实际上是一块钢质平板。在工作过程中，板状衔铁是固定不动的，被测纸张置于 E 形铁芯与板状衔铁之间，磁力线从上部的 E 形铁芯通过纸张到达下部的衔铁。当被测纸张沿着板状衔铁移动时，压在纸张上的 E 形铁芯随着被测纸张的厚度变化而上下浮动，即改变了铁芯与衔铁之间的间隙，从而改变了磁路磁阻。交流毫伏表的读数与磁路

磁阻（纸张厚度）成比例。毫伏表通常按微米刻度，从而直接显示被测纸张的厚度。如果将这种传感器安装在一个机械扫描装置上，使电感测量头沿纸张横向扫描，则可用于自动记录仪表记录纸张横向厚度，并可利用此检测信号在造纸生产线上自动调节纸张厚度。

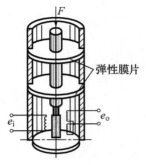

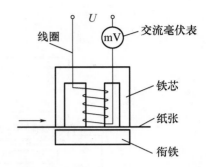

图 4.36　差动式电感测力传感器的结构　　　图 4.37　电感式纸张厚度测量仪的工作原理

4.5　磁电传感器

磁电传感器是一种将被测物理量转换为感应电动势的有源传感器，又称电动式传感器或感应式传感器。

根据电磁感应定律，一个匝数为 W 的运动线圈在磁场中切割磁力线时，穿过线圈的磁通 Φ 发生变化，线圈两端产生感应电动势，其表示为

$$e = -W \frac{\mathrm{d}\Phi}{\mathrm{d}t} \qquad (4-25)$$

式中：负号"一"表示感应电动势的方向与磁通变化的方向相反。

在线圈匝数 W 一定的情况下，线圈感应电动势与穿过该线圈的磁通变化率 $\frac{\mathrm{d}\Phi}{\mathrm{d}t}$ 成正比。确定传感器的线圈匝数和永久磁铁后，磁场强度就确定了。使穿过线圈的磁通发生变化通常有两种方法：一种是使线圈和磁力线做相对运动，即利用线圈切割磁力线而使线圈产生感应电动势；另一种是把线圈和磁铁都固定，靠衔铁运动来改变磁路磁阻，从而改变通过线圈的磁通。因此，磁电传感器可分为动圈式（动磁式）磁电传感器及磁阻式（可动衔铁式）磁电传感器。

4.5.1　动圈式磁电传感器

动圈式磁电传感器按结构不同可分为线速度型传感器与角速度型传感器。图 4.38（a）所示为线速度型传感器的工作原理。在永久磁铁产生的直流磁场内放置一个可动线圈，当线圈在磁场中随被测物体的运动做直线运动时因切割磁力线而产生感应电动势：

$$e = WBl \frac{\mathrm{d}x}{\mathrm{d}t} \sin\alpha \qquad (4-26)$$

式中：W 为线圈匝数；B 为磁感应强度；l 为线圈长度；$\frac{\mathrm{d}x}{\mathrm{d}t}$ 为线圈与磁场的相对运动速

度；α 为线圈运动方向与磁场方向的夹角。

设计时，若使 $\alpha = 90°$，则式（4-26）可写为

$$e = WBl \frac{\mathrm{d}x}{\mathrm{d}t} \qquad (4-27)$$

当线圈匝数 W、磁感应强度 B 及线圈长度 l 一定时，感应电动势与线圈和磁场的相对运动速度成正比。因此，这种传感器又称速度传感器。如果将图 4.38(a)中的线圈固定，让永久磁铁随被测物体运动，就构成动圈式磁电传感器。

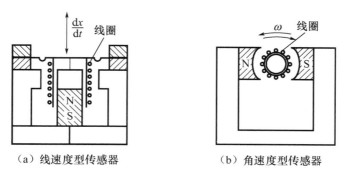

（a）线速度型传感器　　　　　　　　（b）角速度型传感器

图 4.38　动圈式磁电传感器的工作原理

图 4.38(b)所示为角速度型传感器的工作原理。线圈在磁场中转动时产生的感应电动势为

$$e = kWBA\omega \qquad (4-28)$$

式中：k 是与传感器结构有关的系数，通常 $k < 1$；W 为线圈匝数；B 为磁感应强度；A 为单匝线圈的截面面积；ω 为线圈转动的角速度。

式（4-28）表明，当角速度型传感器的结构一定，即 W、B、A 均为常数时，感应电动势 e 与线圈转动的角速度 ω 成正比。所以，这种传感器常用来测量转速。

图 4.39 所示为 CD-1 型绝对式速度传感器。工作线圈、阻尼器、芯棒和软弹簧片组成传感器的惯性运动部分。弹簧的另一端固定在壳体上，用铝架与壳体固定永久磁铁。使用时，将传感器的外壳与被测物体连接在一起，传感器外壳随被测物体运动。当壳体与被

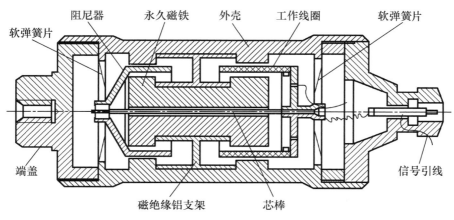

图 4.39　CD-1 型绝对式速度传感器

测物体一起振动时，由于芯棒组件质量很大，产生很大的惯性力，因此阻止芯棒组件随壳体一起运动。当振动频率高到一定程度时，可以认为芯棒组件基本不动，只是壳体随被测物体振动。此时，线圈以被测物体的振动速度切割磁力线而产生感应电动势，此感应电动势与被测物体的绝对振动速度成正比。

图 4.40 所示为 CD - 2 型相对式速度传感器。传感器活动部分由顶杆、弹簧和工作线圈组成，并通过弹簧连接在壳体上。磁通从永久磁铁的一极出发，通过工作线圈、空气气隙、壳体回到永久磁铁的另一极而构成闭合磁路。工作时，将传感器壳体与构件固定连接，顶杆顶在另一构件上，当此构件运动时，外壳与活动部分产生相对运动，工作线圈在磁场中运动而产生感应电动势，此感应电动势反映两构件的相对运动速度。

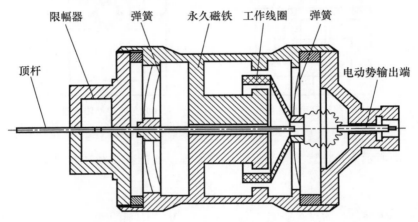

图 4.40　CD - 2 型相对式速度传感器

4.5.2　磁阻式磁电传感器

磁阻式磁电传感器由永久磁铁及缠绕其上的线圈组成。磁阻式磁电传感器工作时，线圈与永久磁铁都不动，运动的物体（导磁材料）改变磁路磁阻，使通过线圈的磁力线增强或减弱，从而使线圈产生变化的感应电动势。图 4.41 所示为磁阻式磁电传感器的应用。

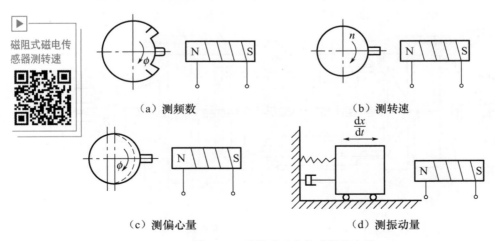

（a）测频数　　　　　　　　（b）测转速

（c）测偏心量　　　　　　　（d）测振动量

图 4.41　磁阻式磁电传感器的应用

4.6 压电传感器

压电传感器是一种典型的发电型传感器,其传感元件是压电材料。压电传感器以压电材料的压电效应为转换机理,实现由压力到电量的转换。

4.6.1 压电效应

自然界的石英、钛酸钡等物质受到外力作用时,不仅几何尺寸会发生变化,而且内部会发生极化,表面出现电荷,形成电场;去掉外力后,重新恢复到原始不带电状态,这种现象称为压电效应。

压电传感器

具有压电效应的材料称为压电材料。常见压电材料有两类:①压电单晶体,如石英晶体、酒石酸钾钠晶体等;②多晶压电陶瓷,如钛酸钡压电陶瓷、锆钛酸铅压电陶瓷等。下面以石英晶体为例,说明压电效应的机理。

石英晶体的基本形状为六角形晶柱。图 4.42 所示为石英晶体及其轴体。图 4.42(a)所示为两端对称的石英晶体。石英的晶体形态通常呈现为六棱柱。纵轴线 z-z 称为光轴,通过六角棱线垂直于光轴的轴线 x-x 称为电轴,垂直于棱面的轴线 y-y 称为机械轴,如图 4.42(b)所示。若从晶体中切下一个平行六面体,并使其晶面分别平行于光轴、电轴和机械轴,则这个晶片在正常状态下不呈现电性。当施加外力 F_x 时,晶片极化,并沿电轴方向形成电场,其电荷分布在垂直于电轴的平面上,如图 4.43(a)所示,这种现象称为纵向压电效应。当沿机械轴方向对晶片施加外力 F_y 时,晶片受力面的侧面产生电荷,如图 4.43(b)所示,这种现象称为横向压电效应。沿光轴对晶片施加外力 F_z 时,无论外力的大小和方向如何,晶片表面都不会极化。

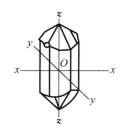

（a）两端对称的石英晶体

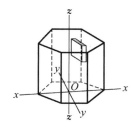

（b）光轴、电轴和机械轴

图 4.42 石英晶体及其轴体

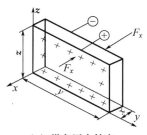

（a）纵向压电效应

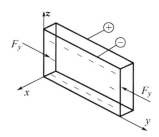

（b）横向压电效应

图 4.43 石英晶体受力后的极化现象

试验证明，在极板上积聚的电荷量 q 与晶片所受的作用力 F 成正比，即

$$q = DF$$

式中：q 为电荷量（C）；D 为压电常数，其值与材质及切片方向有关；F 为作用力（N）。

由上式可知，应用压电式传感器测得力 F 的问题实际上是测得电荷量 q 的问题。

4.6.2 压电传感器及其等效电路

压电传感器使用的压电元件是在两个工作面上蒸镀金属膜的压电晶片，金属膜构成两个电极，如图 4.44(a)所示。当压电晶片受到力的作用时，电荷聚集在两极上，一侧为正电荷，另一侧为等量的负电荷。这种现象与电容器相似，不同的是压电晶片表面上的电荷会随着时间的推移逐渐漏掉，虽然压电晶片材料的绝缘电阻（也称漏电阻）很大，但毕竟不是无穷大。从信号变换角度来看，压电晶片相当于一个电荷发生器；从结构上看，它又是一个电容器。因此，通常将压电晶片等效为一个电荷源与电容并联的电路，如图 4.44(b)所示，其中

$$e_a = \frac{q}{C_a} \tag{4-29}$$

式中：e_a 为压电晶片受力后所呈现的电压，也称极板的开路电压；q 为压电晶片表面的电荷量；C_a 为压电晶片的电容。

实际的压电传感器往往由两片或两片以上压电晶片并联或串联而成。压电晶片串联如图 4.44(c)所示，正电荷集中在上极板，负电荷集中在下极板，传感器本身电容小，输出电压大，适合以电压为输出信号的场合。压电晶片并联如图 4.44(d)所示，两压电晶片负极集中在中间极板上，正电极在两侧电极上，电容量大，输出电荷量大，时间常数大，适合测量缓变信号并以电荷量作为输出。

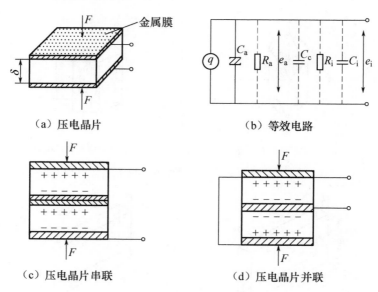

（a）压电晶片   （b）等效电路

（c）压电晶片串联   （d）压电晶片并联

图 4.44 压电晶片及其等效电路

压电传感器总是在有负载的情况下工作。设 C_a 为压电晶片的电容，C_i 为负载的等效

电容，C_c 为压电传感器与负载间连接电缆的分布电容，R_a 为传感器本身的绝缘电阻，R_i 为负载的输入电阻，则压电传感器接负载后等效电荷源电路中的等效电容为

$$C = C_a + C_i + C_c \tag{4-30}$$

等效电阻为

$$R_0 = \frac{R_a R_i}{R_a + R_i} \tag{4-31}$$

压电晶片在外力作用下产生的电荷 q 除给等效电容 C 充电外，还通过等效电阻 R_0 泄漏。根据电荷平衡建立方程式

$$q = C e_i + \int i \, \mathrm{d}t \tag{4-32}$$

式中：q 为压电晶片在外力作用下产生的电荷量，设 $q = DF = DF_0 \sin\omega t$（$\omega$ 为所受外力的圆频率）；C 为等效电荷源电路的等效电容；e_i 为接负载后压电晶片的输出电压，也就是等效电容 C 上的电压，$e_i = R_0 i$，R_0 为 R_a 和 R_i 的并联电阻值；i 为泄漏电流。

式（4-32）可写为

$$q = q_0 \sin\omega t = CR_0 i + \int i \, \mathrm{d}t \tag{4-33}$$

式中：q 为电荷量的幅值。

忽略过渡过程，其稳态解为

$$i = \frac{\omega q_0}{\sqrt{1 + (\omega CR_0)^2}} \sin(\omega t + \varphi) \tag{4-34}$$

$$\varphi = \arctan\frac{1}{\omega CR_0} \tag{4-35}$$

接负载后压电传感器的输出电压为

$$
\begin{aligned}
e_i = R_0 i &= \frac{q_0}{C} \frac{1}{\sqrt{1 + \left(\dfrac{1}{\omega CR_0}\right)^2}} \sin(\omega t + \varphi) \\
&= \frac{DF_0}{C} \frac{1}{\sqrt{1 + \left(\dfrac{1}{\omega CR_0}\right)^2}} \sin(\omega t + \varphi) \\
&= \frac{D}{C} \frac{1}{\sqrt{1 + \left(\dfrac{1}{\omega CR_0}\right)^2}} F_0 \sin(\omega t + \varphi)
\end{aligned} \tag{4-36}
$$

由以上分析可得出下列结论。

（1）通过测量压电传感器的输出电压 e_i 得到的被测力 $F_0 \sin\omega t$ 受因子及 C 中 C_c（C_c 值因电缆长度不同而不同）的影响。

$$\frac{1}{\sqrt{1 + \left(\dfrac{1}{\omega CR_0}\right)^2}}$$

（2）只有在外力的圆频率 ω 足够高的情况下，接负载后压电传感器输出电压 e_i 的幅值才与 ω 无关，从而实现不失真测试，即需要满足 $\omega CR_0 \gg 1$，或

$$\omega \gg \frac{1}{CR_0} \tag{4-37}$$

在此条件下，根据式（4-36）得到信号频率下限的表达式

$$e_i = \frac{DF_0}{C}\sin(\omega t + \varphi) \qquad (4-38)$$

式（4-38）表明，压电传感器实现不失真测试的条件与被测外力信号的频率 ω 及回路的时间常数 CR_0 有关。为使测量信号频率的下限范围扩大，压电式传感器的后接测量电路必须有高输入阻抗，即很高的负载输入阻抗 R_i（由于 R_i 值很大，因此在图 4.44 所示的压电晶片的等效电路中可将其视为断开），并在后接电路（后接放大器）的输入端并联一定的电容 C_i 以增大时间常数 CR_0。但并联电容 C_i 不能过大，否则根据式（4-38）可知压电传感器的输出电压 e_i 会降低很多，对测量不利。

（3）只有当被测信号频率 ω 足够高时，压电传感器的输出电压 e_i 才与 R_i 无关。测量静态信号或缓变信号时，为使压电晶片上的电荷不消耗或不泄漏，负载电阻必须非常大，否则将会因电荷泄漏而产生测量误差。但负载电阻不可能无限大，因此用压电传感器测量静态信号或缓变信号较难实现。用压电传感器测量动态信号时，受动态交变力的作用，可以不断补充压电晶片上的电荷，给测量电路一定的电流，使测量成为可能。

可见，压电传感器适用于动态信号的测量，但测量信号频率的下限受时间常数 CR_0 的影响，上限受压电传感器固有频率的限制。

理论上，压电传感器的输出应当是压电晶片表面的电荷 q。根据图 4.44(b) 可知，实际测试中往往取等效电容 C 上的电压作为压电传感器的输出。因此，压电传感器有电荷和电压两种输出形式。相应地，其灵敏度也有电荷灵敏度和电压灵敏度两种表示方法。两种灵敏度之间的关系为

$$S_e = \frac{S_q}{C} = \frac{S_q}{C_a + C_c + C_i} \qquad (4-39)$$

式中：S_e 为电压灵敏度；S_q 为电荷灵敏度。

确定压电传感器结构和材料后，即可确定电荷灵敏度。由于等效电容 C 受电缆电容 C_c 的影响，因此其电压灵敏度会因电缆长度的不同而不同。

压电传感器的输出信号很弱，必须进行放大后显示或记录。由前述分析知道，要求压电传感器后接的负载有高输入阻抗，因此压电传感器后面的放大器必须具有以下两个主要功能：①先将高输入阻抗转换为低阻抗输出，再接入通用的放大电路、检波电路及显示记录仪表；②放大传感器输出微弱信号。

4.6.3 前置放大器

压电传感器后接的以阻抗变换为第一功能的放大器称为前置放大器。压电传感器配接的前置放大器有两种结构形式：一种是带电阻反馈的电压放大器，其输出电压与输入电压（传感器的输出电压）成正比；另一种是带电容反馈的电荷放大器，其输出电压与输入电荷量成正比。

图 4.45 所示为压电传感器-电缆-电压前置放大器的等效电路。

电压放大器的输入电压为

$$e_i = \frac{q}{C_a + C_c + C_i} \qquad (4-40)$$

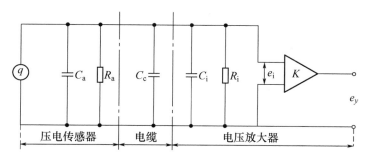

图 4.45　压电传感器-电缆-电压前置放大器的等效电路

电压放大器的输出电压为

$$e_y = K e_i = \frac{qK}{C_a + C_c + C_i} \tag{4-41}$$

式中：K 为电压放大器的放大倍数。

可见，测量系统的输出电压对电缆电容 C_c 敏感。当电缆长度变化时，C_c 变化，使得电压放大器的输出电压 e_y 变化，系统的电压灵敏度也发生变化，使测量更困难，这是电压放大器的主要缺点。

电荷放大器克服了电压放大器的上述缺点。它是一个高增益带电容反馈的运算放大器。图 4.46 所示为压电传感器-电缆-电荷放大器系统的等效电路。

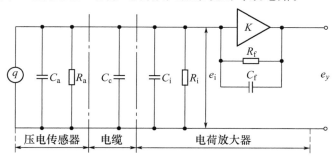

图 4.46　压电传感器-电缆-电荷放大器系统的等效电路

当忽略传感器的漏电阻 R_a 和电荷放大器的输入电阻 R_i 的影响时，有

$$\begin{aligned} q &\approx e_i(C_a + C_c + C_i) + (e_i - e_y)C_f \\ &= e_i C + (e_i - e_y)C_f \end{aligned} \tag{4-42}$$

式中：e_i 为电荷放大器的输入端电压；e_y 为电荷放大器的输出端电压，$e_y = -K e_i$，K 为电荷放大器开环放大倍数；C_f 为电荷放大器反馈电容。

将 e_y 代入式（4-42），得到电荷放大器输出端电压 e_y 与传感器电荷 q 的关系式

$$e_y = \frac{-Kq}{(C + C_f) + KC_f} \tag{4-43}$$

当电荷放大器的开环增益足够大时，有 $KC_f \gg C + C_f$，式（4-43）可以简化为

$$e_y \approx -\frac{q}{C_f} \tag{4-44}$$

式（4-43）和式（4-44）表明，在一定条件下，电荷放大器的输出电压与压电传感

器的电荷量成正比，而与电缆的分布电容无关，输出灵敏度取决于反馈电容 C_f。因此，电荷放大器的灵敏度调节都是通过切换运算放大器反馈电容 C_f 实现的。采用电荷放大器时，即使连接电缆长度超过 100m，其灵敏度也无明显变化，这是电荷放大器的主要优点。

4.6.4 压电传感器的应用

1. 压电式压力传感器

图 4.47 所示为压电式压力传感器及其特性曲线。当被测力 F（或压力 P）通过外壳上的传力上盖作用在压电晶片上时，压电晶片上下表面产生电荷，电荷量与被测力 F 成正比。电荷由导线引出而接入测量电路（电荷放大器或电压放大器）。

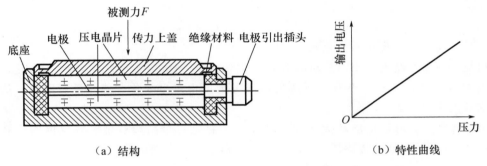

（a）结构　　　　　　　　　　　　　　　（b）特性曲线

图 4.47　压电式压力传感器及其特性曲线

2. 压电式加速度传感器

图 4.48 所示为常见压电式加速度传感器的结构。压电式加速度传感器实际上是一个

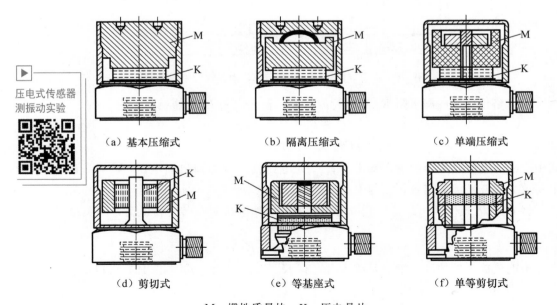

压电式传感器
测振动实验

（a）基本压缩式　　　　（b）隔离压缩式　　　　（c）单端压缩式

（d）剪切式　　　　（e）等基座式　　　　（f）单等剪切式

M—惯性质量块；K—压电晶片。

图 4.48　常见压电式加速度传感器的结构

惯性力传感器。在压电晶片 K 上放有惯性质量块 M。当壳体随被测振动体一起振动时，作用在压电晶体上的力 $F = ma$。当惯性质量块 M 的质量 m 一定时，压电晶片上产生的电荷与加速度 a 成正比。

3. 阻抗头

在对机械结构进行激振试验（激振试验的内容将在第 7 章讨论）时，为了测量机械结构每个部位的阻抗值（力与响应参数的比值），需要在结构的同一点上激振并测定它的响应。阻抗头就是专门用来传递激振力和测定激振点的受力及加速度响应的特殊传感器，其结构如图 4.49(a)所示。使用时，阻抗头的安装面与被测机械紧固，力激振器的激振力输出顶杆与阻抗头的激振平台紧固。力激振器通过阻抗头将激振力传递并作用于被测结构上，如图 4.49(b)所示。激振力使阻抗头中检测激振力的压电晶片受压力作用产生电荷，并从激振力信号输出口输出。机械受激振力作用后产生受迫振动，其振动加速度通过阻抗头中的惯性质量块产生惯性力，使检测加速度的压电晶片受压力作用产生电荷，并从加速度信号输出端口输出。

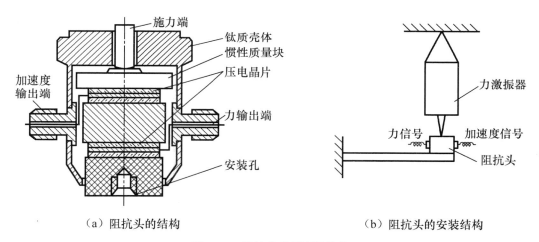

（a）阻抗头的结构　　　　　　　　　　（b）阻抗头的安装结构

图 4.49　阻抗头的原理及结构

4. 安全气囊用压电式加速度传感器

作为汽车的一种安全装置，现在大部分汽车都安装了安全气囊。安全气囊使用压电式加速度传感器。汽车中使用的加速度传感器按厂家、车型的不同分为机械式加速传感器与压电式加速度传感器两种。当遇到前后方向碰撞时，安全气囊能起到保护驾驶人及乘员的作用。如图 4.50 所示，汽车前副梁左右两边各安装一个能够检测前方碰撞的加速度传感器，在液压支架底座连接桥洞的前室内安装两个相同的传感器。前副梁上的加速度传感器一般设置成受到 40g 以上的碰撞自动打开气囊开关。40g 以上的碰撞相当于汽车以 50km/h 的速度与前面刚性墙壁或障碍物相撞时产生的冲击。

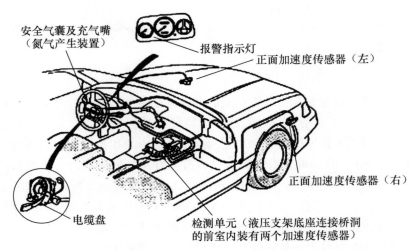

图 4.50　压电式加速度传感器在安全气囊中的应用示意

4.7　磁敏传感器

磁敏传感器最初是用来检测磁场的，但后来广泛应用于检测物体位置及物体转动，也常用于检测电流或测量及控制开关类的物理量。

4.7.1　磁敏传感器的分类

常用的磁敏传感器有半导体磁敏传感器、半导体磁敏电阻、磁性体磁敏电阻、电磁感应型磁敏传感器。若有特殊用途，则可采用光纤磁敏传感器。

1. 半导体磁敏传感器

半导体磁敏传感器是根据霍尔效应原理工作的传感器。霍尔效应是指当半导体中流过电流时，若在与该电流垂直的方向上外加一个磁场，则在与电流及磁场分别成直角的方向上产生电压的现象。

霍尔效应产生的电压与磁场强度成正比。为减小元件的输出阻抗，使其易与外电路实现阻抗匹配，多数半导体磁敏传感器采用"十"字形结构，如图4.51所示。霍尔元件多由锑化铟及硅等半导体材料制成。由于材料本身对弱磁场的灵敏度较低，因此，在使用时要加入磁通密度为数特斯拉的偏置磁场，使元件在强磁场的范围内工作，从而检测微弱的磁场变化。

2. 半导体磁敏电阻

半导体磁敏电阻是一种利用磁场使电流偏转而增大元件阻抗的原理制成的双端磁敏传感

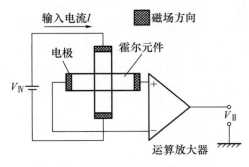

图 4.51　半导体磁敏传感器的结构

器。与霍尔元件不同，半导体磁敏电阻采用缩短电流电极间距离的方法提高磁灵敏度。

半导体磁敏电阻采用在半导体中置入多根金属电极的方法，将多个磁敏电阻串联成蛇形元件以提高阻值，其结构如图 4.52 所示。

3. 磁性体磁敏电阻

磁性体磁敏电阻是一种利用强磁材料的磁场异向性制成的磁敏元件，若在强磁体薄膜易磁化轴的垂直方向上加一个外磁场，则材料内部的磁偏转会使元件内部电阻发生变化。磁性体磁敏电阻的结构如图 4.53 所示。为了提高元件的输出幅值，磁性体磁敏电阻采用坡莫合金等强磁材料以增大阻抗。与半导体磁敏电阻相比，磁性体磁敏电阻对弱磁场的灵敏度较高，但线形范围较小。

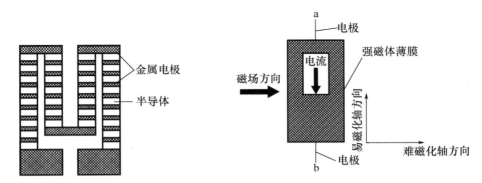

图 4.52　半导体磁敏电阻的结构　　　　图 4.53　磁性体磁敏电阻的结构

4. 电磁感应型磁敏传感器

电磁感应型磁敏传感器的组成如图 4.54 所示。这种传感器的灵敏度很高、机械性能好，属于通用型磁敏传感器。若线圈内的磁通发生变化，则在线圈的两端产生感应电动势。它是一种利用法拉第电磁感应定律制成的传感器。由于这种传感器采用高磁导率轭铁聚集磁力线，因此只能检测交流磁场，而不能检测直流磁场。

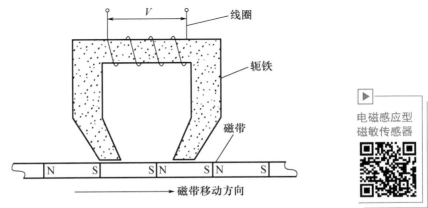

图 4.54　电磁感应型磁敏传感器的组成

4.7.2 磁敏传感器的应用

由于磁敏传感器具有体积小、质量轻的特点，因此应用比较广泛。

1. 卡形电流计

卡形电流计将导线电流产生的磁场引入高磁导率的磁路中，通过在磁路中插入的霍尔元件检测磁场，以测量导线上的电流。卡形电流计的测量范围很大，可以测量从直流到高频的电流。图 4.55 所示为卡形电流计的结构。

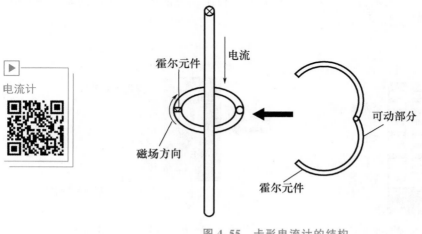

电流计

图 4.55 卡形电流计的结构

2. 磁感应开关

磁感应开关是一种通过改变磁敏传感器与磁铁的距离实现开关开闭的非接触型开关。由于磁感应开关无摩擦，因此具有使用寿命长、可靠性高等特点。

3. 磁敏电位器

磁敏电位器是一种利用磁阻效应制成的无触点式电位器，也是一种通过改变磁感应强度改变输出参量的无触点式电位器。它可分为直线式磁敏电位器和转动式磁敏电位器两种。

4. 霍尔电动机

霍尔电动机是一种采用检测位置的霍尔元件制成的无刷电动机，因具有一个元件控制两组晶体管的优点而备受青睐。它是应用较广的一种无刷电动机。由于霍尔电动机无电刷，因此具有体积小及无噪声等特点，广泛用于录像机、电动自行车等需要进行转动控制的机械中。霍尔电动机的结构和等效电路如图 4.56 所示。

5. 识别设备

设备识别纸币或支票时，需要识别含有磁性油墨印刷的文字或符号产生的磁场形状，通常采用高灵敏度的单晶锑化铟半导体磁敏电阻等作为检测传感器。这种传感器广泛应用于自动售货机、自动售票机、纸币兑换机及预付卡等识别设备中。

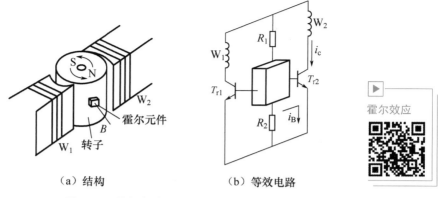

（a）结构　　　　（b）等效电路

图 4.56　霍尔电动机的结构和等效电路

4.8　光纤光栅传感器

4.8.1　光纤光栅传感器简介

光纤光栅最初是由希尔（K. O. Hill）等研究光纤的非线性光学效应时发现的。由于它具有许多独特优点（如体积小、抗电磁干扰能力强、耐化学腐蚀、传输损耗小、与复合材料相容性好、复用能力强），因此成为较有前景的光纤无源器件，广泛应用于光纤通信、光纤传感等领域。

光纤光栅传感器可拓展的应用领域十分广泛，如重大工程设施健康监测系统，有毒有害气体和生物化学物质探测系统，军事或政府机构等涉密、敏感区域和设施的安防预警系统，等等。光纤光栅传感技术涉及光纤光学、光电子学、材料学、精密机械学、电子学、化学等学科，属于多学科交叉的科学技术。

4.8.2　光纤光栅传感的基本原理

1. 反射原理

光纤光栅是利用紫外曝光技术在光纤芯内形成的折射率的周期性分布结构。光纤光栅及其反射原理如图 4.57 所示。当一束宽带光射入光纤光栅时，折射率的周期性分布结构使得某个特定波长的窄带光被反射，该反射光波长满足布拉格散射条件，即

$$\lambda_B = 2n\Lambda \tag{4-45}$$

式中：λ_B 为布拉格波长；n 为光纤光栅的有效折射率；Λ 为光栅周期。

因此，光纤光栅又称光纤布拉格光栅。

2. 温度传感原理

当外界环境温度变化时，受热光效应和热膨胀的作用，光纤光栅的反射光波长发生漂移，温度变化引起的光纤光栅反射波长漂移量可表示为

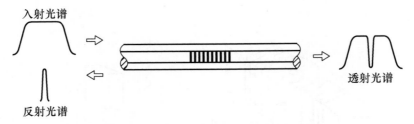

图 4.57　光纤光栅及其反射原理

$$\frac{\Delta \lambda_B}{\lambda_B} = (\alpha_S + \zeta_S)\Delta T \qquad (4-46)$$

式中：α_S 和 ζ_S 分别表示光纤的热膨胀系数和热光系数，在常温区域，普通光纤材料的热光系数 $\zeta_S = 6.67 \times 10^{-6}\,℃^{-1}$。

相对于光纤的热膨胀系数，热光效应对波长变化量的贡献达到 95%。

根据式（4-46）可知，$\Delta \lambda_B$ 与 ΔT 呈线性关系，可以通过测量光纤光栅反射波长的变化量确定外界环境温度 T。

3. 应变传感原理

当光纤光栅受到拉力作用时，光纤光栅的反射波长受拉力作用引起变形和弹光效应引起光纤折射率改变的共同影响。此时，光纤光栅的反射波长变化量与应变的关系为

$$\frac{\Delta \lambda_B}{\lambda_B} = (1 - P_e)\varepsilon \qquad (4-47)$$

式中：P_e 为有效弹光系数，其值与泊松比有关，对于一个典型的二氧化硅光纤来说，$P_e = 0.22$。

对于中心波长为 1300nm 的光纤光栅来说，$1\mu\varepsilon$（一个微应变）将引起 1pm 的波长变化量。

在实际应用中，温度和应变往往是同时对光纤光栅产生影响的，此时光纤光栅的反射波长变化量与温度和应变的关系为

$$\frac{\Delta \lambda_B}{\lambda_B} = (1 - P_e)\varepsilon + (\alpha_S + \zeta_S)\Delta T \qquad (4-48)$$

式中：α_S 和 ζ_S 分别表示光纤的热膨胀系数和热光系数。

在应用光纤光栅传感器测量应变时，不能忽视温度变化的影响。为了消除温度变化的影响，一般将应变测量光纤光栅刚性粘贴于待测物体表面，同时在应变测量光纤光栅附近放置一个自由光纤光栅用于测量温度，此时可根据式（4-48）得到待测物体的真实应变

$$\varepsilon = \frac{1}{1 - P_e}\left[\frac{\Delta \lambda_B}{\lambda_B} - (\alpha_S + \zeta_S)\Delta T\right] \qquad (4-49)$$

4.8.3　面向机械系统的典型光纤光栅传感器

1. 光纤光栅温度传感器

光纤光栅本身对温度敏感，可以直接用于测量温度。但是，由于光纤光栅的材质为二

氧化硅，其抗剪切能力较差，在使用过程中容易受到损坏，因此需要进行封装保护。同时，外力作用也会导致光纤光栅的反射波长变化。因此，对于光纤光栅温度传感器的封装，需要同时考虑对光纤光栅的保护与对外力影响的隔离；此外，封装后的光纤光栅温度传感器必须具备良好的重复性、稳定性及线性度，以满足长期使用的要求。

根据应用环境和测量对象的不同，光纤光栅温度传感器的封装结构通常有管式封装和片式封装两种。

（1）管式封装的光纤光栅温度传感器。

管式封装的光纤光栅温度传感器一般由两层钢管组成，直径较小的钢管与光纤光栅两端刚性固定，然后放入直径较大的钢管内部。较粗的钢管两端与较细的钢管两端柔性连接，当外部粗钢管受到外力作用时，不会将外力传递给细钢管内部的光纤光栅，光纤光栅不受外力作用。管式封装的光纤光栅温度传感器的结构如图4.58所示。

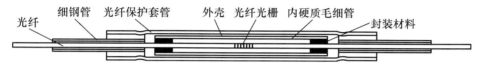

图 4.58 管式封装的光纤光栅温度传感器的结构

（2）片式封装的光纤光栅温度传感器。

片式封装的光纤光栅温度传感器的典型结构是将光纤光栅弯曲成一个光纤环，光纤交点处黏接在基片上，光纤两端黏接于基片两端，使得外力不会通过基片传递给光纤光栅，达到隔离外力的目的。片式封装的光纤光栅温度传感器的结构如图4.59所示。

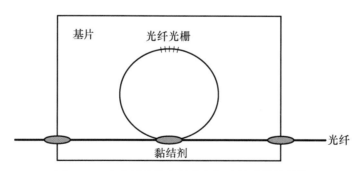

图 4.59 片式封装的光纤光栅温度传感器的结构

2. 光纤光栅应变传感器

使用光纤光栅测量应变时，可以将光纤光栅直接粘贴在待测物体表面测量。但与光纤光栅温度传感器类似，裸露的光纤光栅在安装过程中容易受到损坏，通常需要进行封装保护。光纤光栅应变传感器的封装结构很多，可以划分为直接粘贴式、表面封装式及管式封装式等，如图4.60所示。

3. 光纤光栅压力传感器

压力是工业生产中的重要参数，传统的机械式压力传感器或电测式压力传感器难以应用于易燃易爆、强电磁干扰、高温高压、腐蚀性强的危险恶劣环境中，而且长距离传输信

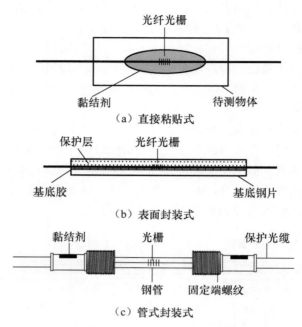

图 4.60　不同封装型式的光纤光栅应变传感器

号困难，难以实现压力的多点分布式远程测量和数据的集中分析处理。光纤光栅压力传感器具有安全、抗电磁干扰、耐腐蚀、分布式传感、复用能力强、信号传输损耗小等优点，在恶劣环境中的机械设备状态监测与故障诊断方面有着广泛应用。

1993 年，M. G. Xu 等开始采用裸露的光纤光栅用于测量压力，但发现在 0～70MPa，光纤光栅中心波长只移动了 0.22nm，灵敏度仅为 3.04pm/MPa（0.003nm/MPa）。这么低的灵敏度无法应用于实际测量，必须设计弹性体对光纤光栅进行压力增敏。常用的弹性体有弹簧管和膜片两种。

（1）弹簧管式结构光纤光栅压力传感器。

弹簧管是一种横截面为空心椭圆或扁圆形的金属管，它是机械式压力表中广泛使用的压力测量元件。其测量压力原理：当在弹簧管的固定端通入一定压力的流体时，弹簧管内外压力差迫使管截面趋于圆形，从而使弹簧管封闭的自由端产生线位移或角位移。

弹簧管式结构光纤光栅压力传感器如图 4.61 所示。将光纤光栅粘贴在 C 形弹簧管的内、外壁上，通过检测弹簧管在压力作用下内、外壁表面应变，间接测量压力。选择不同材料和形状的弹簧管，可以得到线性度好、迟滞性小的不同量程和灵敏度的光纤光栅压力传感器。但是弹簧管的稳定性欠佳，容易受到外界振动的影响，而且弹簧管本身的固有频率较低，不能测量动态压力。

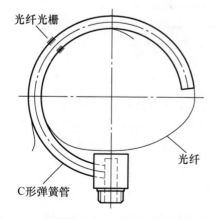

图 4.61　弹簧管式结构光纤光栅压力传感器

（2）膜片式结构光纤光栅压力传感器。

膜片式结构光纤光栅压力传感器是利用膜片作为弹性敏感体的一种不受温度影响的光纤光栅压力传感器，如图4.62所示。被测液体或气体通过管道接头进入圆柱形腔体，在压力作用下，腔体一端的薄壁产生变形，在薄壁的中心区域分布正应力，而在薄壁边缘区域分布径向负应力。将两个中心波长接近的光纤光栅粘贴在薄壁的响应区域，将一个光纤光栅粘贴在薄壁的中心位置，用于检测薄壁中心处的正应力；将另一个光纤光栅沿径向粘贴在距薄壁中心点半径 R 除以 $\sqrt{3}$ 与薄壁边缘之间，用于检测薄壁上的径向负应力。图4.63所示为

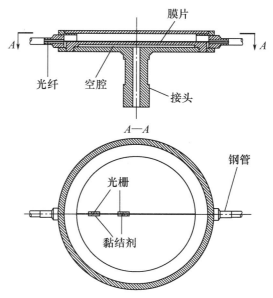

图 4.62　膜片式结构光纤光栅压力传感器

膜片在压力作用下的应变分布。以这两个光纤光栅的波长差作为测量压力的传感信号，差动测量既可消除温度变化对压力测量的影响，又可提高传感器的测量分辨率。

4. 光纤光栅振动传感器

基于光纤光栅传感的振动传感器或者加速度传感器都是由惯性质量块、弹性元件和阻尼器组成的单自由度二阶系统。用于机械设备工况检测的光纤光栅振动传感器除需要适应机械设备的实际工作环境和工况条件外，还需要根据实际检测部分的振动特征来选择或设计传感器结构及其参数。图4.64所示为振动传感器的力学模型。振动传感器最重要的性能参数莫过于自身谐振频率，下面介绍几种低频响应和高频响应的光纤光栅振动传感器。

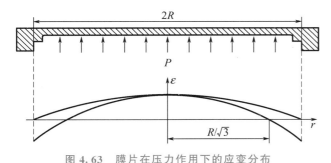

图 4.63　膜片在压力作用下的应变分布

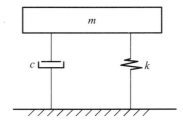

图 4.64　振动传感器的力学模型

（1）低频光纤光栅振动传感器。

低频振动传感器的谐振频率一般低于几百赫兹。低频光纤光栅振动传感器大多采用等强度悬臂梁作为弹性元件，其具有结构简单、性能稳定等特点。等强度悬臂梁的振动弯曲可视为纯弯曲，等强度悬臂梁表面产生的应变是均匀分布的。将光纤光栅粘贴于等强度梁的表面，在振动弯曲过程中光纤光栅各部分受到的拉伸应力或压缩应力相等，可避免光纤

光栅因局部受力不均匀而发生啁啾现象。

基于等强度悬臂梁结构的光纤光栅振动传感器如图 4.65 所示。该传感器主要由等强度悬臂梁、惯性质量块和光纤光栅组成，光纤光栅粘贴或者焊接固定于梁表面，惯性质量块位于等强度悬臂梁的自由端。在受迫振动作用下，等强度悬臂梁的上下振动使该传感器表面产生交替应变。通过光纤光栅测得的应变变化反映该传感器受到的振动及加速度信息。该传感器的谐振频率和灵敏度可以通过改变等强度悬臂梁的尺寸和惯性质量块的质量来调节。

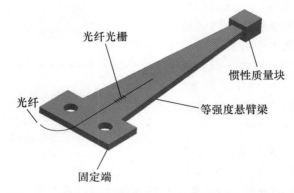

图 4.65　基于等强度悬臂梁结构的光纤光栅振动传感器

此外，国内外学者根据悬臂梁的基本原理设计了多种光纤光栅振动传感器，如图 4.66 所示。

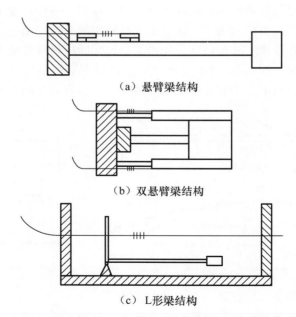

（a）悬臂梁结构

（b）双悬臂梁结构

（c）L形梁结构

图 4.66　基于悬臂梁结构的光纤光栅振动传感器的三种结构

（2）高频光纤光栅振动传感器。

高频光纤光栅振动传感器的谐振频率一般大于 1kHz。质量块-弹簧系统是高频振动传

感器采用的主要敏感结构，高频光纤光栅振动传感器的敏感体一般也采用该结构。图 4.67
所示为高频光纤光栅振动传感器的结构。弹性元件和质量块组成的弹性系统在工作时会沿
弹性元件轴向振动，提高了系统的谐振频率。质量块位于弹性元件的中间位置，两个光纤
光栅在质量块两侧的弹性元件上。当传感器与待测物体一起振动时，质量块两侧的弹性元
件分别产生方向相反的应变，使两个光纤光栅的波长反向漂移。以两个光纤光栅反射波长
变化量的差值作为该传感器的输出信号，可以将该传感器的灵敏度提高一倍，同时可消除
由温度变化带来的光纤光栅反射波长的同向漂移。该传感器的谐振频率和灵敏度可通过选
择不同弹性系数的弹性元件及质量块调节。

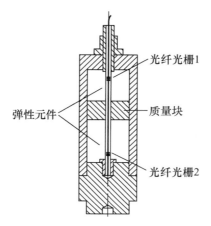

光纤光栅1

弹性元件

质量块

光纤光栅2

图 4.67　高频光纤光栅振动传感器的结构

4.8.4　光纤光栅解调技术与复用技术

1. 光纤光栅解调技术

在光纤光栅传感技术的发展过程中，专家对光纤光栅解调技术进行了广泛的研究，提
出了多种解调方案。按照解调方法的不同，光纤光栅的解调大体可分为滤波解调法和干涉
解调法两大类。常用的滤波解调法包括可调谐 F-P 滤波器解调法、匹配光栅解调法、边
缘滤波解调法、可调谐激光光源法、环形腔光纤激光器激射解调法。常用的干涉解调法包
括非平衡马赫-曾德尔干涉法、非平衡迈克耳孙干涉法、萨尼亚克解调法、混合干涉解调
法等。其中以可调谐 F-P 滤波器解调技术最为常用。

可调谐 F-P 滤波器解调技术的核心器件是可调谐 F-P 滤波器，其结构如图 4.68 所
示，主要部分是由两块平行放置的高反射率镜面形成的空腔结构。将两光纤端面抛光后镀
上高反膜，两光纤端面之间的气隙作为 F-P 腔。其中一根光纤与固定框架连接，保持静
止；另一根光纤通过弹性体和压电陶瓷连接，弹性体用于给压电陶瓷加载预应力，压电陶
瓷接收驱动电压信号后带动光纤端面运动，从而改变空腔长度，实现透射波长的调谐。

可调谐 F-P 滤波器解调系统的工作原理如图 4.69 所示。宽带光源发出的光经光隔离
器和光耦合器后进入光纤光栅，光纤光栅反射光经过光耦合器送入可调谐 F-P 滤波器后
到达光电探测器，光电探测器将接收到的光信号转化为电信号并由后续信号处理单元处

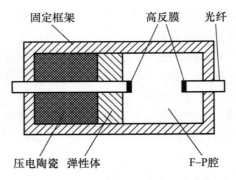

固定框架　　高反膜　光纤

压电陶瓷　弹性体　　　　F-P腔

图 4.68　可调谐 F-P 滤波器的结构

理。可以通过控制压电陶瓷改变可调谐 F-P 滤波器的导通频带，在控制电路调谐控制信号的作用下，可调谐 F-P 滤波器的导通频带扫描整个光纤光栅反射光光谱，当可调谐 F-P 滤波器的通频带中心波长与某光纤光栅的反射波长相等时，对应的光纤光栅反射光通过可调谐 F-P 滤波器进入光电探测器，光电探测器将该光纤光栅的反射光转换为电信号，这个电信号的峰顶对应于光纤光栅反射光的波长。采用这种解调方式，系统能以几百赫兹甚至几千赫兹的频率扫描，在可调谐 F-P 滤波器的每个扫描周期中，所有光纤光栅传感器的反射光波长都能快速测定。

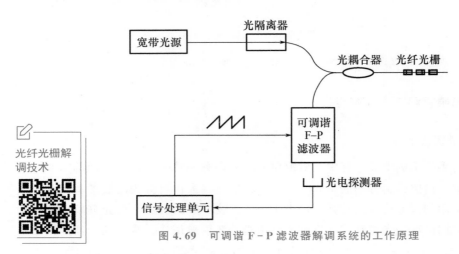

图 4.69　可调谐 F-P 滤波器解调系统的工作原理

其他光纤光栅解调技术可参考二维码。

2. 光纤光栅复用技术

在一根光纤中可以连续制作多个光栅，得到的光栅阵列轻巧、柔软，适合作为传感元件埋入材料和结构内部或粘贴在其表面，检测温度、应变、压力、振动等物理量。

随着光纤光栅在工程应用中的普及，传统的光纤光栅作为一维光电子器件难以满足现代复杂测量的要求，对应变场、速度场、电场、磁场及密度场、浓度场等的空间分布与时变参数的测量，往往需要多组光纤光栅并联分布在多点或串联分布在较长的光纤上测量。这些应用需求推动了光纤光栅复用技术快速发展。

波分复用技术实际上通过波长的区分识别传感器的位置。一系列光纤光栅传感器能够嵌入同一根光纤，在光源的可用波长范围内给每个光纤光栅传感器都分配独立的波长区间，各光纤光栅传感器的反射峰在各自波长范围内变化，最后用光谱仪或光栅解调仪检测出所有光栅的复合光谱，根据预先划定的区间找出各光纤光栅的波长漂移值，从而同时获得沿光纤方向不同光栅位置的应变信息，图4.70所示为波分系统的工作原理。

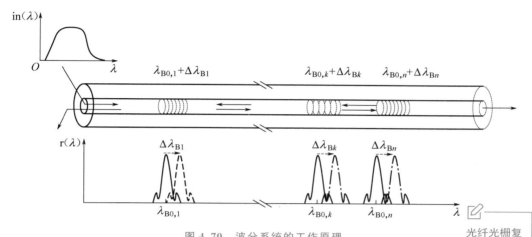

图 4.70　波分系统的工作原理

其他光纤光栅复用技术可参考二维码。

光纤光栅复用技术

光纤光栅传感技术是一种光测传感技术，可通过波长调制机制实现多种物理量的大容量、分布式动态检测，能有效克服传统电测传感检测技术在抗干扰性、长期稳定性、可靠性、测量精度、体积和布设范围方面的不足，可满足现代机械装备结构监测的高精度、长距离、分布式，以及长期、实时、在线的技术要求。光纤光栅传感器具有体积小、防爆、对电绝缘、抗电磁干扰、灵敏度高、可靠性高、环境适应性好及在单根光纤上可以布设多个针对不同参数的测量光栅形成分布式传感器等特点，可实现一线多点、无源多场的实时状态测量。

国内外的研究和工程应用表明，光纤光栅传感技术和器件应用于机械系统动态监测的重要意义在于：与传统电测检测技术不同，其在扩大传感测量范围和种类的同时，保证长期测量精度和稳定性的提高，实现从静态测量到动态测量、从非现场测量到在线测量、从定期测量到长期连续测量、从简单信息到多信息融合的测量方式转变；能够对运行特征物理量呈现随机性、多维性、时变性、耦合性、非线性的动态机械系统进行长期、实时在线的有效监测和故障预警；有效提高我国机械系统的监测水平，改进监测质量，提高监测可靠性，使机械装备监测特别是动态监测达到更高的可靠性、适用性、经济性。

如今，传感器已经在各个领域广泛应用，现代科技的突飞猛进为传感器行业的发展提供了坚实的技术基础。在企业信息化不断推进的过程中，仅具备感知环境参数能力的传统传感器已不能满足需求。在此背景下，智能传感器、近距离传感器、激光传感器、紫外线传感器、数字式传感器、图像传感器、生物传感器等新型传感器不断涌现。

新型传感器

基于 FBG 的薄板应变测试系统

1. FBG 应变传感原理

由于 FBG 通过改变光纤芯区折射率，呈周期性的折射率扰动仅会对很窄的一小段光谱产生影响，因此，如果在光栅中传输宽带光波，入射光就在相应的波长被反射，其余透射光不受影响，光纤光栅起到选择波长的作用，如图 4.71 所示。

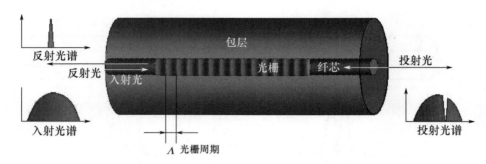

图 4.71　FBG 结构及其波长选择原理图

FBG 的中心波长与有效折射率的数学关系是研究光栅传感的基础，根据耦合波理论，当满足相位匹配条件时，光栅的布拉格波长

$$\lambda_B = 2n_{eff}\Lambda \tag{4-50}$$

对式（4-50）进行微分得

$$\Delta\lambda_B = 2\Lambda\Delta n + 2n\Delta\Lambda \tag{4-51}$$

由式（4-50）和式（4-51）得

$$\frac{\Delta\lambda_B}{\lambda_B} = \frac{\Delta n}{n} + \frac{\Delta\Lambda}{\Lambda} \tag{4-52}$$

式中：λ_B 为布拉格波长；n_{eff} 为光纤传播模式的有效折射率；Λ 为光栅周期。从式（4-50）中可以看出，光纤光栅波长的变化由光纤光栅的有效折射率和光栅周期决定，如果这两个参数改变，FBG 的波长就会发生漂移。

光纤光栅反射光中心波长的变化反映了外界被测信号的变化情况，在外力作用下，光弹效应导致光纤光栅折射率变化，形变则使光栅栅格发生变化，同时弹光效应使得介质折射率发生变化。因此，

$$\frac{\Delta\lambda_B}{\lambda_B} = (1-P_e)\varepsilon \tag{4-53}$$

其中

$$P_e = \frac{n^2}{2}\big[\rho_{12} - \upsilon(\rho_{11} + \rho_{12})\big]$$

式中：ρ_{11} 和 ρ_{12} 为光纤应变张量的分量；ν 是泊松比。对于典型的石英光纤：$n=1.456$，$\nu=0.16$，$\rho_{11}=0.12$，$\rho_{12}=0.27$。可以求得 $P_e=0.22$

即

$$\Delta\lambda_B/\lambda_B = 0.78\varepsilon$$

若光纤光栅波长为 1300nm，则每个 $\mu\varepsilon$ 将导致 1.01pm 的波长改变量。

2. 薄板应变测量实验

柔性薄板应变测试试验台如图 4.72 所示，主要由矩形薄板、支承杆、底座三部分组成。支承杆和底座为辅助部分，主要研究矩形薄板的特性，薄板截面尺寸为 500mm×500mm。其设计厚度为 1.58mm，为典型的薄板结构。薄板结构为冷轧钢板：密度 $\rho=7900\text{kg/m}^3$；泊松比 $\mu=0.29$；弹性模量 $E=2.068\times10^{11}\text{Pa}$。

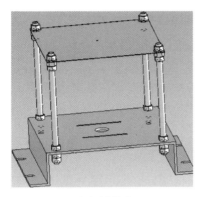

（a）试验台   （b）矩形薄板

图 4.72　柔性薄板应变测试试验台

基于 FBG 的薄板应变测量实验装置如图 4.73 所示。薄板四角通过螺栓锁死，中心利用电磁激振器通过顶杆进行激励，在顶杆与薄板连接处安装力传感器，用于测量输入力。在薄板相应位置粘贴 FBG 应变传感器，用于测量对应点的应变。

图 4.73　基于 FBG 的薄板应变测量实验装置

基于 FBG 的柔性薄板应变测量实验系统如图 4.74 所示。选取 8 个测量点，充分利用 FBG 传感器的"一纤多点"特点，选用两根光纤，每根光纤上串联 4 个 FBG 应变传感器。

（a）试验装置　　　　　（b）光纤光栅解调仪及信号采集系统

图 4.74　基于 FBG 的柔性薄板应变测量实验系统

FBG 波长解调仪采用美国 MOI 公司生产的 SM130 解调仪，它是一款四通道高速高精度 FBG 波长解调设备，最高解调频率为 2000Hz，分辨率小于 1pm，可重复性为 2pm。

使用 B&K 公司生产的 4824 型激振器对薄板进行激振。在激振过程中，力传感器用于检测激振器施加在薄上的激振力，采用正弦激振力，激振位置为坐标轴原点位置，振幅为 10N，激振频率为 20Hz。图 4.75 所示为 20Hz 时的激振力。通过 FBG 解调仪采集数据，得到 8 个测量点的应变值，FBG 应变传感器测点具体位置和方向参数见表 4−3。

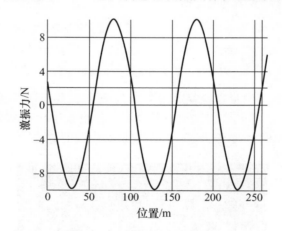

图 4.75　20Hz 时的激振力

表 4−3　FBG 传感器位置及相关参数表

通道	FBG 传感器编号	位置/m	初始波长/nm	测量方向
1	11	(0，−0.05)	1319.90	X
	12	(0.05，0)	1298.43	Y
	13	(0，0.1)	1301.73	X
	14	(−0.1，0)	1285.80	Y
2	21	(0，−0.15)	1298.43	X
	22	(0.15，0)	1301.64	Y
	23	(0，0.2)	1319.86	X
	24	(−0.2，0)	1289.23	Y

3. 实验结果分析

FBG 应变传感器测得的 FBG 波长变化曲线如图 4.76 至图 4.81 所示。根据经验，对于中心波长为 1300nm 附近的 FBG 传感器，$1\mu m$（一个微应变）约对应 1pm 的波长改变量，可以得到应变曲线，如图 4.82 至图 4.89 所示。

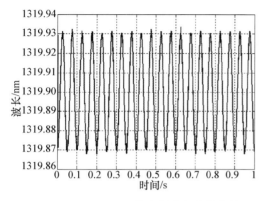

图 4.76　11 号 FBG 传感器波长变化曲线

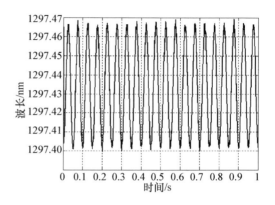

图 4.77　12 号 FBG 传感器波长变化曲线

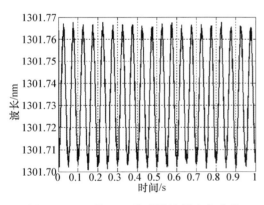

图 4.78　13 号 FBG 传感器波长变化曲线

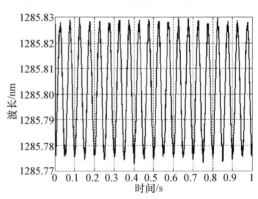

图 4.79　14 号 FBG 传感器波长变化曲线

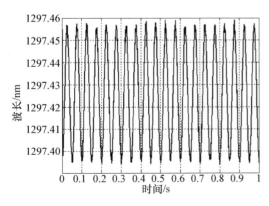

图 4.80　21 号 FBG 传感器波长变化曲线

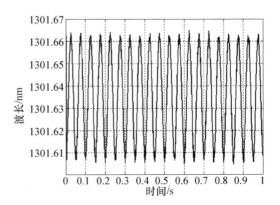

图 4.81　22 号 FBG 传感器波长变化曲线

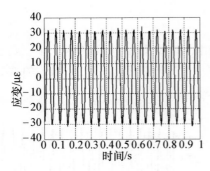

图 4.82　11 号 FBG 测得板 *X* 方向应变曲线

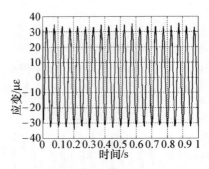

图 4.83　12 号 FBG 测得板 *Y* 方向应变曲线

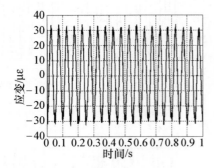

图 4.84　13 号 FBG 测得板 *X* 方向应变曲线

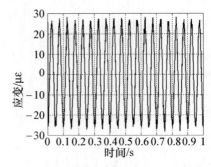

图 4.85　14 号 FBG 测得板 *Y* 方向应变曲线

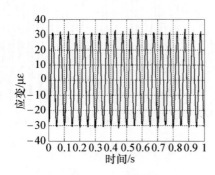

图 4.86　21 号 FBG 测得板 *X* 方向应变曲线

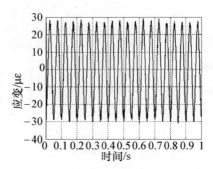

图 4.87　22 号 FBG 测得板 *Y* 方向应变曲线

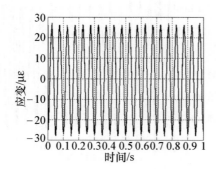

图 4.88　23 号 FBG 测得板 *X* 方向应变曲线

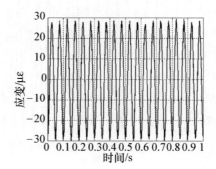

图 4.89　24 号 FBG 测得板 *Y* 方向应变曲线

通过本实例介绍了 FBG 应变传感器测量的基本原理、实现步骤，验证了 FBG 传感器测量应变的可行性，并实现了通过一个通道测量多点应变，为多点应变测量提供了一种全新的测量方法。

4.9 其他新型传感器

1. 气体传感器

气体传感器又称气敏传感器，用来监测气体中的特定成分并将其转换成相应的电信号输出。这种传感器的应用很广，如检测饮酒者呼气中的酒精含量、汽车空燃比、家庭和工厂用的煤气泄漏、火灾之后建筑材料发出的有毒气体等。

气体传感器是一种电化学传感器，常用的是电流型气体传感器，其通常由浸没在液体电解液中的三个电极构成，如图 4.90 所示，其中最主要的是工作电极。通常将具有催化活性的金属（如铂）涂覆在透气、憎水的膜上制成工作电极。被测气体向多孔的膜扩散并透过，在其上进行电化学氧化或还原反应。其反应的性质取决于工作电极的热力学电位和分析气体的电化学（氧化还原）性质。电化学反应中参加反应的电子流入（还原）或流出（氧化）工作电极，通过外电路成为传感器的输出信号。为促进氧化还原反应的进行，工作电极的热力学电位是一个极为重要的因素。为了在电解液中提供具有稳定电化学电位的工作电极，设立了基准电极。通常需要保护基准电极，使之不暴露于样气中，这样基准电极的热力学电位总是具有同一数值且保持稳定。此外，不允许有电流通过基准电极（否则将改变电位值）。测量电极只是一个完整的电化学电池需要的第二电极，它的主要作用是允许电子流入或流出电解液。

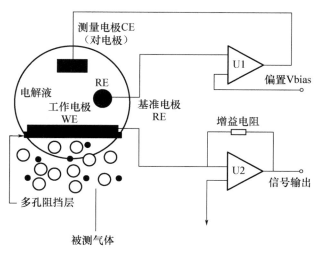

图 4.90　电流型气体传感器

2. 微波传感器

微波是指波长很小（1mm～1m）、频率很高（300MHz～300GHz）的电磁波，其既具有电磁波的性质，又不同于普通的无线电波和光波。其特点包括：遇到各种障碍物易反射，绕射能力差；传输特性良好，传输过程中受烟、灰尘和强光等的影响很小；介质对微波的吸收与介质的介电常数成比例，其中水对微波的吸收作用最强。

微波传感器主要包括微波振荡器和微波天线。微波振荡器是产生微波的装置。由于微波波长很小、频率很高，要求振荡回路的电感和电容非常小，因此，不能用普通晶体管构成微波振荡器。构成微波振荡器的器件有速调管、磁控管或某些固体元件。小型微波振荡器也可以采用场效应管。微波振荡器产生的振荡信号需要用波导管，波长大于 10cm 时可用同轴线传输，并通过天线发射，为了使发射的微波信号具有一致的方向，天线应具有特殊的结构和形状。常用的天线有喇叭形天线和抛物面天线等。

发射天线发出的微波遇到被测物体时将被吸收或反射，使其功率发生变化。若利用接收天线接收透过被测物体或由被测物体反射的微波，并将其转换成电信号经测量电路处理，则可实现微波检测。

3. 图像传感器

采用图像方式检测机械零件产品表面形状和尺寸比较方便，较实用的图像传感器是由电荷耦合器件（charge coupled device，CCD）构成的。CCD 图像传感器（图 4.91）分为一维图像传感器和二维图像传感器，一维图像传感器可以检测位移、尺寸，二维图像传感器可以传递平面图形、文字。图像传感器具有集成度高、分辨率高、固体化、低功耗及自扫描能力等优点，广泛应用于工业检测及人工智能等领域。

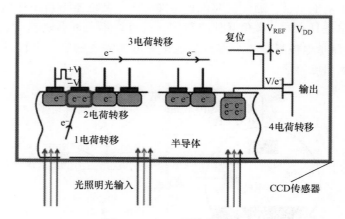

图 4.91　CCD 图像传感器

图像传感器主要由光电转换和电荷读出转移两部分组成。光电转换即把入射光转变成电荷，按像素组成电荷包存储在光敏元件中，电荷的电量反映该像素元的光强度，电荷是通过一段时间积累起来的。图像传感器处理的图像由像素组成行，由行组成帧。每个像素都应根据光强度得到不同的电信号，并且在光照停止之后仍能记忆电信号，直到把信息传送出去，从而构成图像传感器。

图像传感器是由金属-氧化物-半导体电容构成的光敏元件，能实现像素的光电转换。在 P 型硅衬底上通过氧化形成一层二氧化硅（SiO_2），再沉积小面积的金属铝（Al）作为电极（称为栅极）。虽然其结构是金属-氧化物-半导体，但没有扩散源极和漏极。P 型硅里的多数载流子是空穴，少数载流子是电子。当金属电极上施加的正电压超过金属电极与衬底间的开启电压时，电场能够透过二氧化硅绝缘层排斥或吸引这些载流子，于是空穴被排斥到远离电极处，电子被吸引到靠近二氧化硅绝缘层的表面。由于没有源极向衬底提供空穴，因此在电极下形成一个 P 型耗尽区，这对带负电的电子而言是一个势能很低的区域——陷阱，一旦电子进入就不能复出，故又称电子势阱。

当器件受到光照射（光可从各电极的缝隙经过二氧化硅绝缘层或经衬底的薄 P 型硅射入）时，光子的能量被半导体吸收，受光电效应产生电子-空穴对，这时出现的电子被吸引并存储在电子势阱中。光越强，势阱收集的电子越多；反之亦然。这样就把光的强度转变成电荷数量，实现了光电转换。电子势阱中的电子处于存储状态，即使光照停止，电子在一定时间内也不会损失，从而实现对光照的记忆。

4. 生物传感器

生物传感器（图 4.92）是利用生物或生物物质（主要是指酶、微生物和抗体等）做成用来检测与识别生物体内的化学成分的传感器。生物传感器由生物敏感膜和变换器组成。被测物体经扩散作用进入生物敏感膜，经分子识别发生生物学反应（物理变化、化学变化），产生物理现象、化学现象或生成新的化学物质，使用相应的变换器将其转换成可测量、可传输、可处理的电信号。

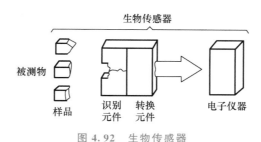

图 4.92　生物传感器

4.10　传感器选用的原则

在实际测试中，构建测试系统时经常会碰到选用传感器的问题。选用传感器时需要综合考虑以下因素。

1. 灵敏度

通常，传感器的灵敏度越高越好，即使被测量只有微小变化，传感器也有较大的输出。但也应考虑，灵敏度越高，与被测信号无关的干扰信号越容易混入且会被放大系统放大。因此，选用传感器时必须保证灵敏度，传感器本身又要噪声小且不易受外界干扰，即要求传感器有较高的信噪比。

传感器的灵敏度与其测量范围密切相关。测量时，除非有精确的非线性校正方法，否则输入量，不应使传感器进入非线性区，更不能进入饱和区。在实际的测量中，输入量不仅包括被测信号，还包括干扰信号，如果灵敏度过高，就会影响传感器的测量范围。

2. 响应特性

在实际测试中，传感器总会有一定的时间延迟，一般希望时间延迟越小越好。

物性型传感器的响应较快、工作频率范围较大。结构型传感器（如电感传感器、电容传感器、磁电式传感器等）受机械系统惯性的限制，其固有频率低、工作频率范围较小。

在动态测量中，传感器的响应特性对测量结果有直接影响，应根据传感器的响应特性和被测信号的类型（如稳态信号、瞬态信号或随机信号等）来合理选择传感器。

3. 线性范围

传感器有一定的线性范围，在该范围内输出与输入成比例关系。线性范围越大，传感器的测量范围越大。

传感器工作在线性范围内是保证精确测量的基本条件。例如，机械式传感器中的测力弹性元件，其材料的弹性极限是决定测力量程的基本因素，当超过弹性极限时将产生非线性误差。

然而，在实际应用中，任何传感器都很难保证绝对线性，在非线性误差允许范围内，可以在其近似线性范围内应用。例如，变间隙型电容传感器及电感传感器均在初始间隙附近的近线性区内工作。选用传感器时，必须考虑被测信号的变化范围，以使非线性误差在允许范围内。

4. 稳定性

传感器应具有在长时间使用后保持原有输出特性不发生变化的性能，即高稳定性。为保证传感器在应用中具有较高的稳定性，应选用设计及制造良好且使用条件适宜的传感器；同时，在使用过程中应严格保持规定的使用条件，尽量减小使用条件的不良影响。

例如，电位器式传感器表面有尘埃会引入噪声；对于变间隙型电容传感器，环境温度变化或者浸入间隙油剂会改变介质的介电常数；电磁式传感器和霍尔元件在电场及磁场中工作时会有测量误差；光电传感器的感光表面有尘埃或水汽时会改变光通量及光谱成分；等等。

在机械工程中，有些机械系统或自动化加工过程要求传感器能长期使用，不能经常更换或者校准，在这种情况下就应该充分考虑传感器的稳定性。例如，自适应磨削过程的测力系统或零件尺寸的自动检测装置等。

5. 精确度

精确度反映了传感器的输出与被测信号的一致性。由于传感器处于测试系统的输入端，因此，传感器真实反映被测信号对整个测试系统有直接影响。

然而，在实际应用中，并非要求传感器的精确度越高越好，还需考虑经济性。传感器的精确度越高，价格越高。因此，应结合测试系统的性价比，具体情况具体分析，根据测量要求选择。当进行定性测量或比较性研究而不要求测量绝对量值时，对传感器的精确度要求可适当降低；当要对信号进行定量分析时，要求传感器具有足够高的精确度。

6. 测量方法

选择传感器时，还需考虑其在实际应用中的工作方式，如接触式测量与非接触式测量、在线测量与非在线测量等。传感器的工作方式不同，对传感器的要求也不同。

7. 其他因素

除以上因素外，选择传感器时还应考虑结构简单、体积小、质量轻、性价比高、易维护与更换等因素。

 案例讨论

中国航天飞机上的传感器

航天飞机主要由轨道器、固体燃料助推火箭和外储箱三部分组成，还包括电力系统、通信和导航系统、生命支持系统、仪表和监控系统等。为了实时监测和控制航天器的各状态及参数，需要在航天飞机上安装大量传感器，采集温度、压力、速度和燃料等参数。查阅资料，了解中国航天飞机的组成和安装的各类传感器，分析各传感器的作用和工作原理。

小　结

传感器是测试系统中的第一级，也是感受和拾取被测信号的装置。传感器的性能和特性直接影响测试系统的测量精度。本章主要讲述了传感器的分类，以及常用的电阻传感器、电容传感器、电感传感器、压电传感器、磁电传感器、磁敏传感器、光纤光栅传感器的工作原理、输入/输出特性等，还介绍了各种传感器的应用实例。

习　题

4-1　用图 4.93 所示测力仪测量力 F，要求用金属丝式应变片组成交流全桥作为测量电路。

图 4.93　题 4-1 图

（1）在图中标出应变片的粘贴位置。

（2）分析图中粘贴处的应变变化，画出应变图，说明粘贴位置是否应选在应变大的位置？为什么？

4-2 说明半导体式应变传感器与金属丝式应变片的特点及适用场合。

4-3 说明图4.94中两种传感器的工作原理，指明它们的类型。

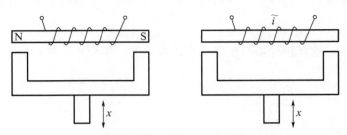

图 4.94 题 4-3 图

4-4 图 4.19(a)所示平面线位移型电容传感器由两块面积为 1290mm^2、宽度为 40mm、间距为 0.2mm 的平板组成。假设介质为空气，则 $\varepsilon = \varepsilon_a$；其中空气的介电常数 $\varepsilon_a = 1$F/m，真空的介电常数 $\varepsilon_0 = 8.85 \times 10^{-12}$F/m。求传感器的灵敏度，用 x 方向每变化 0.025mm 的电容值(μF)表示。

4-5 图 4.95 所示为矩形叠加型电容传感器，极板宽度 $a = 55$mm，长度 $b = 50$mm，极板间距 $\delta_0 = 0.3$mm，用此传感器测量位移 x，试求此传感器的灵敏度(μF/mm)，并画出其特性曲线。假设介质为空气，真空的介电常数 $\varepsilon_0 = 8.85 \times 10^{-12}$F/m。

第4章
在线答题

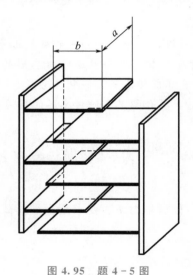

图 4.95 题 4-5 图

第 **5** 章
信号变换、调理与记录

教学提示

在机械量的测量过程中，常将被测机械量转换为电阻、电容、电感等电参数。电桥是将电阻、电容、电感等电参数转换为电压信号和电流信号的电路。

电桥的连接方式有半桥单臂、半桥双臂和全桥四臂。

滤波器是一种选频装置。滤波器分为低通滤波器、高通滤波器、带通滤波器、带阻滤波器四种。

记录和显示装置是测试系统的重要装置。

本章重点讲述电桥电路的调幅原理和调频原理，以及对应的解调方法。

教学要求

了解信号变换及调理的作用。

掌握电桥的三种连接方式（半桥单臂、半桥双臂和全桥四臂）及分析方法。

掌握调幅原理和调幅方法（同步解调、整流检波解调和相敏检波解调）。

了解调频及解调的原理和方法。

掌握滤波器的基本特性，学会分析具体问题。

掌握光线示波器的工作原理、振动子特性及选用原则。

了解新型记录仪器和数字显示器的原理。

课程资源

价值目标：培养学生的爱国主义情怀，激发学生的科技探索兴趣，使学生掌握适应社会环境的能力、具有新时代的精神面貌。

导入案例

"东方红一号"卫星

"国家需要，我就去做！"这是孙家栋院士践行一生的誓言。1951年，21岁的孙家栋被派往苏联茹科夫斯基学院学习，由于他的每门功课都很优秀，因此获得"斯大林金质奖章"。1970年4月24日，我国第一颗人造卫星——"东方红一号"从戈壁大漠腾空而起，《东方红》歌曲响彻太空，孙家栋正是"东方红一号"卫星的总体设计负责人。"东方红一号"卫星的成功发射标志着我国成为第三个拥有自主发射卫星能力的国家。

主要内容：

➢ 北斗导航卫星系统。

➢ "墨子号"量子卫星。

案例讨论：车载式移动广播的信号调理原理。

【第5章课程资源主要内容】

课程引导

党的二十大报告中指出："必须坚持科技是第一生产力、人才是第一资源、创新是第一动力，深入实施科教兴国战略、人才强国战略、创新驱动发展战略，开辟发展新领域新赛道，不断塑造发展新动能新优势。"通信技术的研发和商用是我国在通信领域取得的重大科技成就，与党的二十大报告指明的方向紧密联系。信号的变换、调理与记录是通信领域的重要技术，用于将信息转换为适合传输的信号形式及恢复原信号。本章主要讲解电桥、调制解调、滤波器等内容，并介绍我国通信领域取得的辉煌成就，以及"东方红一号"卫星、北斗导航卫星以及"墨子号"量子通信卫星，其中"墨子号"量子通信卫星的发射使我国成为世界上首个实现太空与地面量子通信的国家。通过课堂与课后学习，增强学生的民族自尊心、自信心和自豪感，弘扬爱国情、树立报国志。

被测物理量经过传感环节后被转换为电阻、电容、电感、电荷、电压、电流等电参数，在测试过程中不可避免地受到内、外干扰因素的影响。同时，为了使被测信号驱动显示仪、记录仪、控制器，或将信号输入计算机以进行信号分析与处理，需要对传感器的输出信号进行调理、放大、滤波等变换处理，使变换处理后的信号为信噪比高、有足够驱动功率的电压信号或电流信号，从而驱动后一级仪器。通常使用电路完成上述任务，这些电路称为信号变换及调理电路。电路的转换过程称为信号的变换及调理。

本章主要讨论常用的电桥、调制与解调、滤波等及其基本原理和应用方法。

5.1 电　　桥

电桥是将电阻 R（应变片）、电感 L、电容 C 等电参数转换为电压（ΔU）信号或电流（ΔI）信号并输出的一种测量电路。其输出既可用于指示仪，又可送入放大器进行放大。由于许多常见的传感器都是把某种物理量的变化转换为电阻、电容或电感的变化，因此电桥具有很高的实用价值。

电桥

由于电桥具有测量电路简单可靠、灵敏度较高、测量范围大、容易实现温度补偿等优点，因此在测量装置中应用广泛。

根据供桥电源性质的不同，电桥可分为直流电桥和交流电桥。根据输出测量方式的不同，电桥可分为平衡输出电桥（零位法测量）和不平衡输出电桥（偏位法测量），静态测试采用平衡输出电桥，动态测试大多采用不平衡输出电桥。

5.1.1　直流电桥

采用直流电源的电桥称为直流电桥。图 5.1 所示为直流惠斯通电桥（单臂电桥），四个桥臂由电阻 R_1、R_2、R_3、R_4 组成。a、c 两端接直流电源 U_i，称为供桥端；b、d 两端接输出电压 U_o，称为输出端。当将电桥输出端接入仪表或放大器时，电桥输出端可视为开路状态，电流输出为零。此时桥路电流为

$$I_1 = \frac{U_i}{R_1 + R_2}$$

$$I_2 = \frac{U_i}{R_3 + R_4}$$

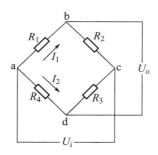

图 5.1　直流惠斯通电桥

因此，a、b 两端的电位差为

$$U_{ab} = I_1 R_1 = \frac{R_1}{R_1 + R_2} U_i$$

a、d 两端的电位差为

$$U_{ad} = I_2 R_4 = \frac{R_4}{R_3 + R_4} U_i$$

电桥输出电压为

$$U_o = U_{ab} - U_{ad} = \left(\frac{R_1}{R_1 + R_2} - \frac{R_4}{R_3 + R_4} \right) U_i = \frac{R_1 R_3 - R_2 R_4}{(R_1 + R_2)(R_3 + R_4)} U_i \qquad (5-1)$$

由此可以看出，若电桥平衡，即输出 $U_o = 0$，则应满足

$$R_1 R_3 = R_2 R_4 \qquad (5-2)$$

根据式（5-1）和式（5-2），可以选择桥臂电阻值作为输入，使电桥的输出电压只与被测量引起的电阻变化量有关，而在测量装置没有输入的情况下，电桥不应有输出。

1. 电桥的连接方式

在机械测试中，根据桥臂数的不同，电桥可分为半桥和全桥，其连接方式有如下三种。

（1）半桥单臂连接（一片）。

半桥单臂连接（一片）是指工作中一个桥臂电阻值随被测物理量变化，如图 5.2（a）所示，ΔR_1 为电阻 R_1 随被测物理量变化而产生的电阻增量。此时输出电压为

$$U_o = \left(\frac{R_1 + \Delta R_1}{R_1 + \Delta R_1 + R_2} - \frac{R_4}{R_3 + R_4} \right) U_i$$

为了简化设计，令 $R_1 = R_2 = R_3 = R_4 = R_0$，则

$$U_o = \left(\frac{R_1 + \Delta R_1}{R_1 + \Delta R_1 + R_2} - \frac{R_4}{R_3 + R_4} \right) U_i$$

$$= \left(\frac{R_0 + \Delta R_1}{2R_0 + \Delta R_1} - \frac{R_0}{2R_0} \right) U_i$$

$$= \frac{\Delta R_1}{4R_0 + 2\Delta R_1} U_i$$

因为 $\Delta R_1 \ll R_0$，所以

$$U_o \approx \frac{\Delta R_1}{4R_0} U_i \qquad (5-3)$$

由此可知，电桥的输出电压 U_o 与输入电压 U_i 成正比。当 $\Delta R_1 \ll R_0$ 时，电桥的输出电压也与 $\Delta R_1 / R_0$ 成正比。

电桥的灵敏度定义为

$$S = \frac{\mathrm{d}U_o}{\mathrm{d}(\Delta R_0 / R_0)} \qquad (5-4)$$

则半桥单臂连接的灵敏度为

$$S \approx \frac{1}{4} U_i \qquad (5-5)$$

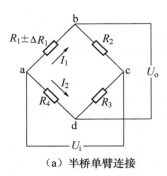

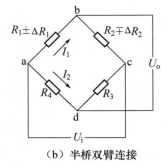

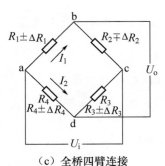

（a）半桥单臂连接　　　　　　（b）半桥双臂连接　　　　　　（c）全桥四臂连接

图 5.2　直流电桥的连接方式

（2）半桥双臂连接（两片）。

半桥双臂连接（两片）是指工作中两个桥臂电阻值随被测物理量变化，且电阻值变化大小相等、极性相反，即 $R_1 \pm \Delta R_1$，$R_2 \mp \Delta R_2$，如图 5.2(b)所示。该电桥的输出电压

（以 $R_1 + \Delta R_1$，$R_2 - \Delta R_2$ 为例）为

$$U_o = \left(\frac{R_1 + \Delta R_1}{R_1 + \Delta R_1 + R_2 - \Delta R_2} - \frac{R_4}{R_3 + R_4} \right) U_i$$

$$= \left[\frac{(R_0 + \Delta R_1)(R_3 + R_4) - (R_1 + \Delta R_1 + R_2 - \Delta R_2)R_4}{(R_1 + \Delta R_1 + R_2 - \Delta R_2)(R_3 + R_4)} \right] U_i$$

由于 $R_1 = R_2 = R_3 = R_4 = R_0$，$\Delta R = \Delta R_1 = \Delta R_2$，因此

$$U_o = \frac{\Delta R}{2R_0} U_i$$

$$= \left(\frac{(R_0 + \Delta R)2R_0 - R_0 2R_0}{2R_0 2R_0} \right) U_i$$

$$= \frac{2R_0^2 + \Delta R 2R_0 - 2R_0^2}{4R_0^2} U_i \qquad (5-6)$$

$$= \frac{\Delta R 2R_0}{4R_0^2} U_i$$

$$= \frac{\Delta R}{2R_0} U_i$$

当输入为 $\Delta R / R_0$ 时，半桥双臂连接的灵敏度为

$$S = \frac{1}{2} U_i \qquad (5-7)$$

（3）全桥四臂连接（四片）。

全桥四臂连接（四片）是指工作中四个桥臂电阻值都随被测物理量变化，相邻的两个桥臂电阻值变化大小相等、极性相反，相对的两个桥臂电阻值变化大小相等、极性相同，即 $R_1 \pm \Delta R_1$、$R_2 \pm \Delta R_2$、$R_3 \pm \Delta R_3$、$R_4 \pm \Delta R_4$，如图 5.2(c) 所示，输出电压（以 $R_1 + \Delta R_1$，$R_2 - \Delta R_2$，$R_3 + \Delta R_3$，$R_4 - \Delta R_4$ 为例）为

$$U_o = \left(\frac{R_1 + \Delta R_1}{R_1 + \Delta R_1 + R_2 - \Delta R_2} - \frac{R_4 - \Delta R_4}{R_3 + \Delta R_3 + R_4 - \Delta R_4} \right) U_i$$

当 $R_1 = R_2 = R_3 = R_4 = R_0$，$\Delta R = \Delta R_1 = \Delta R_2 = \Delta R_3 = \Delta R_4$ 时，有

$$U_o = \frac{\Delta R}{R_0} U_i \qquad (5-8)$$

当输入为 $\Delta R / R_0$ 时，全桥四臂连接的灵敏度为

$$S = U_i \qquad (5-9)$$

由此可知，电桥的连接方式不同，输出电压的灵敏度不同，其中全桥四臂连接在输入量相同的情况下可以获得最大的输出量。因此，在实际工作中，当传感器的结构条件允许时，应尽可能采用全桥四臂连接，以便获得高的灵敏度。图 5.3 所示为使用不同数目电阻应变片形成不同电桥测量物体质量的应用实例。其中，可以使用一片、两片或四片电阻应变片作为电桥的一个、两个或四个桥臂，形成半桥单臂、半桥双臂或全桥四臂。电阻应变片电阻值的变化经过电桥转换为电压的变化，根据输出电压和系统的灵敏度即可推知被测物体的质量。

2. 电桥的误差及其补偿

电桥的误差主要包括非线性误差和温度误差。

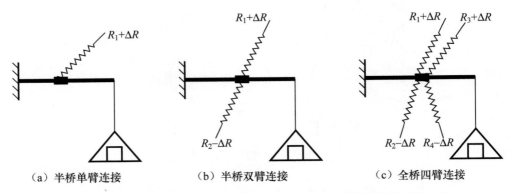

图 5.3　使用不同数目电阻应变片形成不同电桥测量物体质量的应用实例

　　由式（5-4）可知，当采用半桥单臂连接时，输出电压近似正比于 $\Delta R_0/R_0$，这主要是由输出电压的非线性误差造成的。减小非线性误差的方法是采用半桥双臂连接和全桥四臂连接。由式（5-6）和式（5-9）可知，这些连接方式不仅消除了非线性误差，而且使灵敏度成倍提高。

　　由于温度误差（温度的变化）造成上述半桥双臂连接中的 $\Delta R_1 \neq -\Delta R_2$ 及全桥四臂连接中的 $\Delta R_1 \neq -\Delta R_2$ 或者 $\Delta R_3 \neq -\Delta R_4$。因此，黏接应变片时，应尽量使各应变片的温度一致，从而有效减小温度误差。

3. 直流电桥的干扰

　　电桥输出电压的值为 $\Delta R_0/R_0$ 与供桥电压 U_i 的乘积。由于 $\Delta R_0/R_0$ 是一个非常小的量，因此不可忽略由电源电压不稳定造成的干扰。为了抑制干扰，通常采用如下措施。

　　（1）电桥的信号引出线采用屏蔽电缆。

　　（2）屏蔽电缆的屏蔽金属网与电源至电桥的负接线端连接，并与放大器的外壳、地隔离。

　　（3）放大器具有高共模抑制比。

5.1.2　交流电桥

　　采用交流电源的电桥称为交流电桥。电桥的四个桥臂可为电容、电感或电阻，当四个桥臂为电容或电感时，必须采用交流电桥。因此，电桥的四个桥臂中除有电阻外，还有电抗。如果阻抗、电流及电压都用复数表示，那么关于直流电桥的平衡关系式同样适用于交流电桥。

　　若把电容、电感或电阻写成矢量形式，则交流电桥的平衡条件为

$$\boldsymbol{Z}_1\boldsymbol{Z}_3 = \boldsymbol{Z}_2\boldsymbol{Z}_4 \tag{5-10}$$

写成复指数的形式为

$$\boldsymbol{Z}_1 = Z_1 e^{j\varphi_1}$$
$$\boldsymbol{Z}_2 = Z_2 e^{j\varphi_2}$$
$$\boldsymbol{Z}_3 = Z_3 e^{j\varphi_3}$$
$$\boldsymbol{Z}_4 = Z_4 e^{j\varphi_4}$$

代入式（5-10）得

$$Z_1 Z_3 \mathrm{e}^{\mathrm{j}(\varphi_1 + \varphi_3)} = Z_2 Z_4 \mathrm{e}^{\mathrm{j}(\varphi_2 + \varphi_4)} \tag{5-11}$$

式中：Z_1、Z_2、Z_3、Z_4 为各阻抗的模；φ_1、φ_2、φ_3、φ_4 为各阻抗的阻抗角，也是各桥臂电压与电流的相位差。

采用纯电阻时，$\varphi = 0$，即电压与电流同相位；采用电感阻抗时，$\varphi > 0$，即电压的相位超前电流；采用电容阻抗时，$\varphi < 0$，即电压的相位滞后电流。

式（5-11）成立的条件是等式两边阻抗的模相等、阻抗角相等，即

$$\begin{cases} Z_1 Z_3 = Z_2 Z_4 \\ \varphi_1 + \varphi_3 = \varphi_2 + \varphi_4 \end{cases} \tag{5-12}$$

1. 电容电桥

如图 5.4(a) 所示，两相邻桥臂为纯电阻 R_2、R_3，另两相邻桥臂为电容 C_1、C_4，此时，将 R_1、R_4 视为电容介质损耗的等效电阻。桥臂 1 和桥臂 4 的等效阻抗分别为 $R_1 + \dfrac{1}{\mathrm{j}\omega C_1}$ 和 $R_4 + \dfrac{1}{\mathrm{j}\omega C_4}$，根据交流电桥的平衡条件有

$$\left(R_1 + \frac{1}{\mathrm{j}\omega C_1} \right) R_3 = \left(R_4 + \frac{1}{\mathrm{j}\omega C_4} \right) R_2 \tag{5-13}$$

则

$$R_1 R_3 + \frac{R_3}{\mathrm{j}\omega C_1} = R_2 R_4 + \frac{R_2}{\mathrm{j}\omega C_4}$$

令实部和虚部相等，得到电桥平衡方程组为

$$\begin{cases} R_1 R_3 = R_2 R_4 \\ \dfrac{R_3}{C_1} = \dfrac{R_2}{C_4} \end{cases} \tag{5-14}$$

比较式（5-14）与式（5-2）可知，式（5-14）的第一式与式（5-2）完全相同，表明图 5.4(a) 所示电容电桥的平衡条件除电阻满足要求外，电容也必须满足一定的要求。

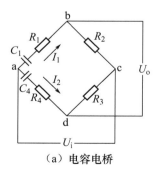 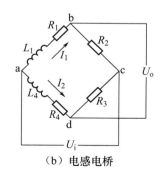

（a）电容电桥　　　　　　　　　（b）电感电桥

图 5.4　交流电桥

2. 电感电桥

在图 5.4(b) 所示电感电桥中，两相邻桥臂为电感 L_1、L_4 与电阻 R_2、R_3，根据交流电桥的平衡条件有

$$(R_1+\mathrm{j}\omega L_1)R_3=(R_4+\mathrm{j}\omega L_4)R_2$$

则电感电桥的平衡条件为

$$\begin{cases} R_1R_3=R_2R_4 \\ L_1R_3=L_4R_2 \end{cases} \tag{5-15}$$

可以看出，交流电桥的平衡条件［式（5-10）～式（5-15）］及电容电桥、电感电桥的平衡条件是针对供桥电源只有一个频率 ω 的情况下推出的。当供桥电源有多个频率成分时，无法得到平衡条件，即电桥是不平衡的。因此，要求交流电桥的供桥电源具有良好的电压波动性和频率稳定性。

一般采用 5～10kHz 高频振荡器作为供桥电源，以消除外界工频干扰。除通常讨论的电阻电桥、电容电桥、电感电桥等通用电桥外，测量时还会使用带有感应耦合臂的电桥等。

5.2　调制与解调

5.2.1　概述

一些被测物理量（如力、位移等）经过传感器转换为一些缓变信号。从放大处理来看，直流放大有零漂和级间耦合等问题。为此，通常首先把缓变信号转换为频率适当的交流信号，然后利用交流放大器放大，最后恢复为原来的直流缓变信号。这种转换过程称为调制与解调，广泛用于传感器和测量电路中。

调制是指在时域上用一个缓变信号（低频信号）控制人为提供的高频信号的某个特征参量（幅值、频率或相位），使该特征参量随着该缓变信号的变化而变化。这样，原来的缓变信号就被这个受控制的高频信号携带，从而对该高频信号进行放大和传输，得到较好的放大和传输效果。

一般将控制高频振荡信号的缓变信号（低频信号）称为调制信号，载送缓变信号的高频信号称为载波信号，经过调制的高频信号称为已调制波。当被控制量分别为高频信号的幅值、频率和相位时，相应地分别称为振幅调制（amplitude modulation，AM）（简称调幅）、频率调制（frequency modulation，FM）（简称调频）、相位调制（phase modulation，PM）（简称调相）。调制后的波形分别称为调幅波、调频波和调相波，它们均为调制波。由于被测信号的频率相对高频信号而言属于缓变信号，因此被测信号在调制中就是调制信号。图 5.5 所示为载波信号、调制信号、调幅波及调频波。

解调是从已调制波中不失真地恢复缓变信号的过程。调制与解调是对信号做变换的两个相反的过程。

北斗导航卫星系统是我国自行研制的导航卫星系统，也是继美国 GPS、俄罗斯 GLONASS 之后的第三个成熟的导航卫星系统。北斗导航卫星系统采用调制解调技术，特别是在卫星导航信号的传输过程中可以为全球用户提供定位、导航、通信和授时服务。具体而言，北斗导航卫星系统使用频分多路访问和码分多路访问技术。在这个过程中，首先导航

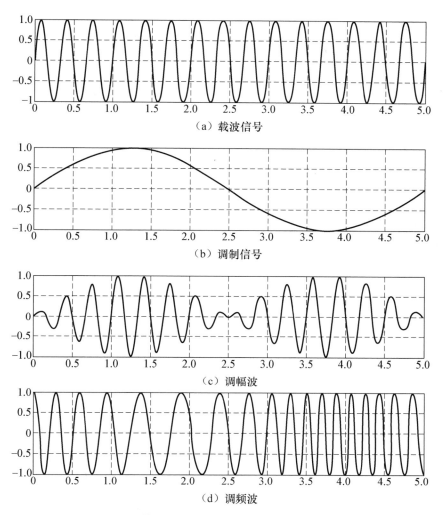

图 5.5 载波信号、调制信号、调幅波及调频波

信号通过调制技术被嵌入载波；然后通过卫星传输到接收设备；最后使用解调技术从载波中提取出来，以获取导航信息。

　　"墨子号"量子通信卫星在通信系统中也使用调制解调技术，其主要目标是通过量子密钥分发（quantum key distribution，QKD）技术实现安全的量子通信。在量子通信中，调制解调技术仍是必要的技术，用于处理和调整携带量子信息的信号。量子通信中的调制解调过程涉及对量子比特（qubit）的操作，以确保传输的量子信息的准确性和安全性。

5.2.2 调幅与解调测量电路

1. 调幅的原理

　　调幅是将一个高频简谐信号（载波信号）的振幅与被测试的缓变信号（调制信号）相乘，使载波信号的幅值随测试信号的变化而变化。调幅过程中载波信号、调制信号及已调制波的关系如图 5.6 所示。

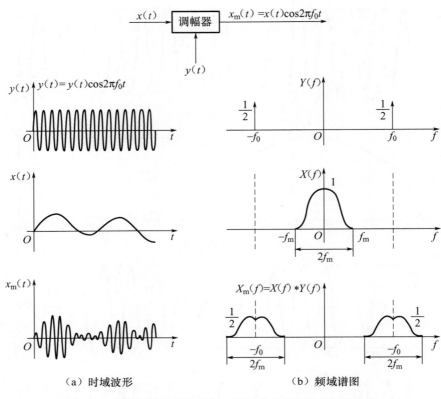

（a）时域波形   （b）频域谱图

图 5.6 调幅过程中载波信号、调制信号及已调制波的关系

设调制信号为被测信号 $x(t)$，其最高频率成分为 f_m，载波信号为 $\cos 2\pi f_0 t$，要求 $f_0 \gg f_m$，则调幅波为

$$x_m(t) = x(t)\cos 2\pi f_0 t \tag{5-16}$$

如果已知傅里叶变换对 $x(t) \Leftrightarrow X(f)$，根据傅里叶变换的频域卷积特性（两个时域函数乘积的傅里叶变换等于两者傅里叶变换的卷积），即

$$x(t)y(t) \Leftrightarrow X(f) * Y(f)$$

而余弦函数的频域图形是一对脉冲谱线，即

$$\cos 2\pi f_0 t \Leftrightarrow \frac{1}{2}\delta(f - f_0) + \frac{1}{2}\delta(f + f_0)$$

根据傅里叶变换的频域卷积特性和 δ 函数的卷积特性，可得

$$x(t)\cos 2\pi f_0 t \Leftrightarrow \frac{1}{2}\left[X(f) * \delta(f - f_0) + X(f) * \delta(f + f_0)\right]$$

$$\tag{5-17}$$

$$= \frac{1}{2}\left[X(f - f_0) + X(f + f_0)\right]$$

由单位脉冲函数的性质可知，一个函数与单位脉冲函数卷积的结果就是将其频谱图形由坐标原点平移至该脉冲函数频率处。因此，如果以高频余弦信号为载波信号，把被测信号 $x(t)$ 与载波信号相乘，则结果相当于把被测信号 $x(t)$ 的频谱图形由坐标原点平移至载波频率 f_0 处，其振幅减半，如图 5.6（b）所示。

从调制过程看，载波频率 f_0 只有高于被测信号中的最高频率 f_m 才能使已调制波保持被测信号的频谱图形而不致重叠。为了减少放大电路可能引起的失真，信号的带宽（$2f_m$）相对中心频率（载波频率 f_0）越小越好。调幅以后，被测信号 $x(t)$ 中包含的全部信息均转移到以 f_0 为中心、宽度为 $2f_m$ 的频带范围之内，即将被测信号从低频区推移至高频区。由于被测信号中不包含直流分量，可以用中心频率为 f_0、通频带宽为 $\pm f_m$ 的窄带交流放大器放大，然后通过解调从放大的调制波中取出被测信号。因此，调幅过程相当于频谱的搬移过程。

综上所述，调幅的过程在时域上是调制信号与载波信号相乘的运算；在频域上是调制信号频谱与载波信号频谱卷积的运算，即频移过程。这就是调幅得到广泛应用的重要理论依据。

调幅的频移功能在工程技术上具有重要的使用价值。例如，广播电台把声频信号移至各自分配的高频、超高频频段上，既便于对其进行放大和传递，又可避免各电台之间产生干扰。

图 5.7 所示为电桥调幅的输入/输出关系。

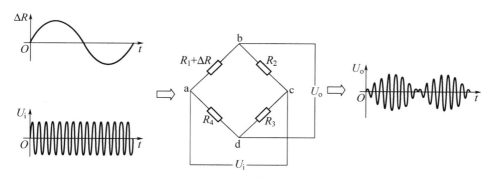

图 5.7　电桥调幅的输入/输出关系

由式（5-4）、式（5-6）和式（5-8）可知，不同连接方式的电桥可表示为

$$U_o = K \frac{\Delta R}{R_0} U_i \tag{5-18}$$

式中：K 为接法系数。

当电桥输入 $\Delta R/R_0 = R(t)$ 为被测缓变信号，交流电压 $U_i = E_0 \cos 2\pi f_0 t$ 时，式（5-18）可表示为

$$U_o = K R(t) E_0 \cos 2\pi f_0 t \tag{5-19}$$

可以看出，电桥的输出电压 U_o 随 $R(t)$ 变化，即 U_o 的振幅受 $R(t)$ 的影响，其频率为输入电压信号 U_i 的频率 f_0。

可以看出，$U_i = E_0 \cos 2\pi f_0 t$ 实际上是载波信号，电桥的输入 $\Delta R/R_0 = R(t)$ 实际上是调制信号，$R(t)$ 对载波信号进行了调幅，U_o 是调幅波。也就是说，电桥是一个调幅器。从时域上讲，调幅器是一个乘法器。被测缓变信号 $R(t)$ 经电桥调幅后频谱产生频移，移到载波频率 f_0 处，如图 5.6(b) 所示。例如，假设载波频率 $f_0 = 1\text{kHz}$，被测缓变信号所包含的频率为 $0 \sim 5\text{Hz}$，经过电桥调幅后，输出信号的频率为 $(1000-5) \sim (1000+5)\text{Hz}$，即

995～1005Hz。可见，经电桥调幅后，低频信号转换为高频信号，从而可以采用高频交流放大器进行放大，消除低频漂移电压的影响及 50Hz 电源的干扰。

【例 5.1】 设调制信号为 $x(t)=10\mathrm{e}^{-2t}$，载波信号为 $y(t)=2\cos 20\pi t$，试画出调制信号 $x(t)$、载波信号 $y(t)$、调幅波 $x_{\mathrm{m}}(t)$ 的时域波形及其双边幅频谱图。

解： 由题意可知，调制信号 $x(t)$ 为单边指数信号，$\alpha=2$；载波频率 $f_0=10\mathrm{Hz}$，最大幅值为 2。调幅波表示为 $x_{\mathrm{m}}(t)=x(t)y(t)=10\mathrm{e}^{-2t}2\cos 20\pi t=20\mathrm{e}^{-2t}\cos 2\pi 10t$，调制信号 $x(t)$、载波信号 $y(t)$、调幅波 $x_{\mathrm{m}}(t)$ 的时域波形分别如图 5.8(a)、图 5.8(b) 和图 5.8(c) 所示。

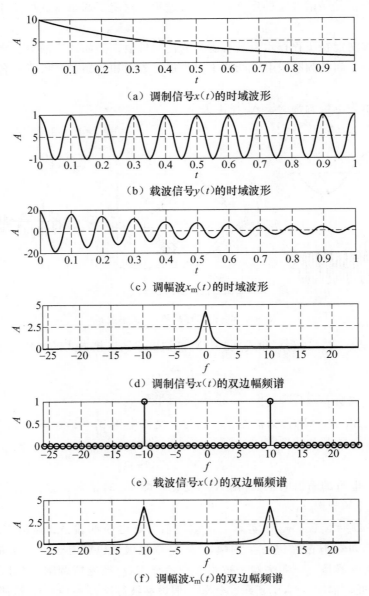

（a）调制信号 $x(t)$ 的时域波形

（b）载波信号 $y(t)$ 的时域波形

（c）调幅波 $x_{\mathrm{m}}(t)$ 的时域波形

（d）调制信号 $x(t)$ 的双边幅频谱

（e）载波信号 $x(t)$ 的双边幅频谱

（f）调幅波 $x_{\mathrm{m}}(t)$ 的双边幅频谱

图 5.8 信号的时域波形及其双边幅频谱图

由表 2-4 可知,调制信号 $x(t)$ 为单边指数信号，其频谱

$$X(\mathrm{j}f)=\frac{10}{\alpha+\mathrm{j}2\pi f}=\frac{10}{2+\mathrm{j}2\pi f}=\frac{5}{1+\mathrm{j}\pi f}$$

载波信号 $y(t)$ 的频谱

$$Y(\mathrm{j}f)=2\times\frac{1}{2}[\delta(f+f_0)+\delta(f-f_0)]=\delta(f+10)+\delta(f-10)$$

调幅波的频谱

$$X_{\mathrm{m}}(\mathrm{j}f)=5\left[\frac{1}{1+\mathrm{j}\pi(f+f_0)}+\frac{1}{1+\mathrm{j}\pi(f-f_0)}\right]$$

$$=5\left[\frac{1}{1+\mathrm{j}\pi(f+10)}+\frac{1}{1+\mathrm{j}\pi(f-10)}\right]$$

调制信号 $x(t)$、载波信号 $y(t)$ 及调幅波 $x_{\mathrm{m}}(t)$ 的双边幅频谱图分别如图 5.8(d)、图 5.8(e) 及图 5.8(f) 所示。

2. 调幅波的解调

为了从调幅波中恢复原信号，需要对调幅波进行解调。常用的解调方法有同步解调、整流检波解调和相敏检波解调。

（1）同步解调。

同步解调的原理是对已调制波与原载波信号进行一次乘法运算，即

$$x(t)\cos2\pi f_0t\cos2\pi f_0t=\frac{1}{2}x(t)+\frac{1}{2}x(t)\cos4\pi f_0t \qquad (5-20)$$

其傅里叶变换为

$$F[x(t)\cos2\pi f_0t\cos2\pi f_0t]=F\left[\frac{1}{2}x(t)+\frac{1}{2}x(t)\cos2\pi f_0t\right]$$

$$=\frac{1}{2}X(f)+\frac{1}{4}X(f-2f_0)+\frac{1}{4}X(f+2f_0) \qquad (5-21)$$

同步解调的信号的频域波形将再一次搬移，如图 5.9 所示，即将以坐标原点为中心的已调制波频谱搬移到载波中心 $2f_0$ 处。由于载波频谱与原来调制时的载波频谱相同，部分第二次搬移后的频谱搬移到原点处，因此同步解调后的频谱包含两部分，即与原调制信号相同的频谱和附加的高频频谱。与原调制信号相同的频谱是恢复原信号波形所需的，而不需要附加高频频谱。当用低通滤波器过滤频率高于 f_{m} 的成分时，可以复现原信号的频谱，即在时域恢复原信号波形。在图 5.9 中，高于低通滤波器截止频率 f_{c} 的频率成分将被过滤。

【例 5.2】 设调制信号为 $x(t)=10\mathrm{e}^{-2t}$，载波信号为 $y(t)=2\cos20\pi t$，试画出调幅波 $x_{\mathrm{m}}(t)$、载波信号 $y(t)$、解调波 $y_2(t)$ 的时域波形及其双边幅频谱图。

解： 调幅波 $x_{\mathrm{m}}(t)$ 表示为 $x_{\mathrm{m}}(t)=x(t)y(t)=10\mathrm{e}^{-2t}2\cos20\pi t=20\mathrm{e}^{-2t}\cos2\pi10t$，解调

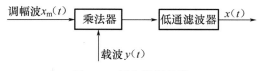

图 5.9　同步解调示意

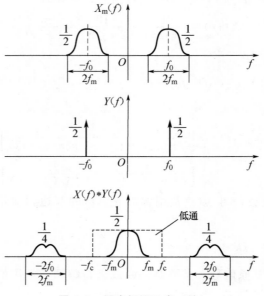

图 5.9　同步解调示意（续）

波 $y_2(t)$ 表示为 $y_2(t)=x_m(t)y(t)=40e^{-2t}\cos2\pi10t\cos2\pi10t$。调幅波 $x_m(t)$、载波信号 $y(t)$、解调波 $y_2(t)$ 的时域波形分别如图 5.10(a)、图 5.10(b)、图 5.10(c)所示，其双边幅频谱图分别如图 5.10(d)、图 5.10(e)、图 5.10(f)所示。

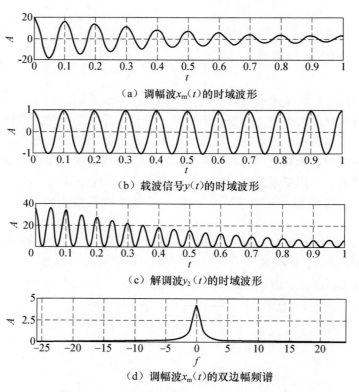

（a）调幅波 $x_m(t)$ 的时域波形

（b）载波信号 $y(t)$ 的时域波形

（c）解调波 $y_2(t)$ 的时域波形

（d）调幅波 $x_m(t)$ 的双边幅频谱

图 5.10　信号的时域波形及其双边幅频谱图

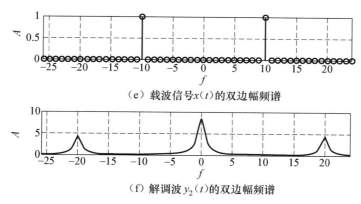

（e）载波信号 $x(t)$ 的双边幅频谱

（f）解调波 $y_2(t)$ 的双边幅频谱

图 5.10　信号的时域波形及其双边幅频谱图(续)

（2）整流检波解调。

在时域上，在对被测信号［调制信号 $x(t)$］进行调幅之前，预加直流分量 A，使之不再具有正、负双向极性，然后与高频载波相乘，得到已调制波，这种解调方式称为整流检波解调。整流检波解调时，只需对已调制波做整流和检波，然后去掉所加直流分量 A 即可恢复原信号，如图 5.11（a）所示。

虽然采用整流检波解调方法可以恢复原信号，但在调制解调过程中有加、减直流分量 A 的过程。由于在实际工作中要使每个直流都很稳定且两个直流完全对称是较难实现的，因此，虽然原信号波形与经调制解调后恢复的波形的振幅可以成比例，但在分界正、负极性的坐标原点上可能有漂移，导致分辨原波形正、负极性时可能有误，如图 5.11（b）所示。而相敏检波解调方法解决了这一问题。

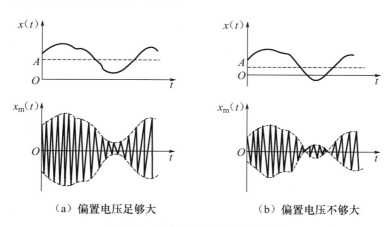

（a）偏置电压足够大　　　　　　（b）偏置电压不够大

图 5.11　调制信号加偏置的调幅波

（3）相敏检波解调。

相敏检波解调采用的装置是相敏检波器。常见的二极管相敏检波器的结构及其输入/输出的关系如图 5.12 所示。

相敏检波器由四个特性相同的二极管（D_1、D_2、D_3、D_4）沿同一方向串联成一个桥式电路，各桥臂上通过附加电阻将电桥预调平衡。四个端点分别接在变压器 T_1 和 T_2 的

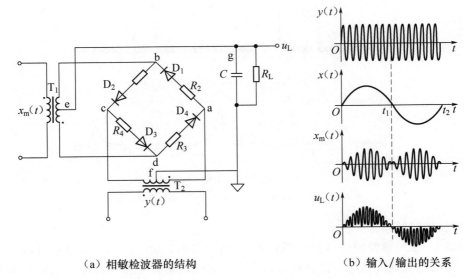

（a）相敏检波器的结构　　　　　　（b）输入/输出的关系

图 5.12　常见的二极管相敏检波器的结构及其输入/输出关系

二次绕组上，变压器 T_1 的输入信号为调幅波 $x_m(t)$，变压器 T_2 的输入信号为载波 $y(t)$，$u_L(t)$ 为输出。要求变压器 T_2 的次级输出远大于变压器 T_1 的次级输出。

　　相敏检波器是一种既能反映调制信号的振幅又能反映调制信号的极性（相位）的解调器。当调幅波过零线时，它的相位相对于载波的相位变化 180°[图 5.12(b) 中的 $x_m(t)$ 波形]。相敏检波器就是利用这一特点比较调幅波与载波的相位的，得到的信号不仅反映被测信号的振幅，还反映被测信号的极性。

　　下面结合图 5.12(b) 和图 5.13 说明相敏检波器的解调过程。

　　当调制信号 $x(t)>0$ 时，即在图 5.12(b) 中 $0\sim t_1$ 时间内，调幅波 $x_m(t)$ 与载波 $y(t)$ 的每个时刻都同相。在这段时间内，当调幅波 $x_m(t)$ 处于每个周期的前半周期时，$x_m(t)>0$，$y(t)>0$。假设此时相敏检波器的两个变压器 T_1 和 T_2 的极性如图 5.13(a) 所示，电流回路为 e→g→R_L→f→3→c→D_3→d→2。若规定电流向下流过负载电阻 R_L 时，解调器的输出 u_L 为正，则在图 5.12(b) 中 $0\sim t_1$ 时间内的每个周期前半周期 $u_L(t)$ 的波形都为正，即 $u_L(t)>0$。

　　当调幅波处于每个周期的后半周期时，$x_m(t)<0$，$y(t)<0$，相敏检波器的两个变压器 T_1 和 T_2 的极性与在前半周期时相反，如图 5.13(b) 所示，电流回路为 e→g→R_L→f→4→a→D_1→b→1。由于电流流经负载电阻 R_L 时的方向仍向下，因此解调器的输出 u_L 仍为正。在图 5.12(b) 中，在 $0\sim t_1$ 时间内的每个周期的后半周期 $u_L(t)$ 的波形都为正，即 $u_L(t)>0$。

　　由上述过程可知，当调制信号 $x(t)>0$ 时，无论调幅波是否为正，通过相敏检波器解调后的波形都为正，与原调制信号的极性（相位）保持一致。

　　当调制信号 $x(t)<0$ 时，即在图 5.12(b) 中的 $t_1\sim t_2$ 时间内，调幅波 $x_m(t)$ 与载波 $y(t)$ 反相。在这段时间内，当调幅波 $x_m(t)$ 处于每个周期的前半周期时，$x_m(t)>0$，$y(t)<0$。假设此时相敏检波器的两个变压器 T_1 和 T_2 的极性如图 5.13(c) 所示，则电流回路为 1→

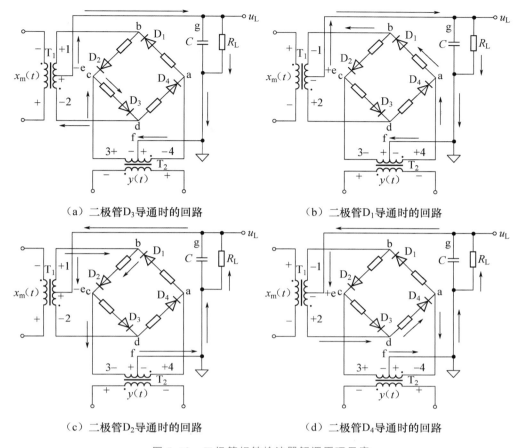

（a）二极管 D_3 导通时的回路　　　　　　（b）二极管 D_1 导通时的回路

（c）二极管 D_2 导通时的回路　　　　　　（d）二极管 D_4 导通时的回路

图 5.13　二极管相敏检波器解调原理示意

b→D_2→c→3→f→R_L→g→e。若规定电流向上流经负载电阻 R_L 时解调器的输出 u_L 为负，则在图 5.12（b）中，在 $t_1 \sim t_2$ 时间内的每个周期的前半周期 $u_L(t)$ 的波形都为负，即 $u_L(t) < 0$。

当调幅波在每个周期的后半周期时，$x_m(t) < 0$，$y(t) > 0$，相敏检波器的两个变压器 T_1 和 T_2 的极性与前半周期时相反，如图 5.13（d）所示，电流回路为 2→d→D_4→a→4→f→R_L→g→e。由于电流流经负载电阻 R_L 时的方向仍向上，因此解调器的输出 u_L 仍为负。在图 5.12（b）中，在 $t_1 \sim t_2$ 时间内的每个周期的后半周期 $u_L(t)$ 的波形都为负，即 $u_L(t) < 0$。

由上述过程可知，当调制信号 $x(t) < 0$ 时，无论调幅波是否为正，通过相敏检波器解调后的波形都为负，与原调制信号的极性（相位）保持一致。同时，由图 5.12（b）中 $u_L(t)$ 的波形可以看出，解调后的频率比原调制信号的频率增大一倍。

由于相敏检波器输出波形的包络线即所需信号，因此必须将其与载波分离。由于被测信号的最高频率 $f_m \leq \left(\dfrac{1}{10} \sim \dfrac{1}{5}\right) f_0$（载波频率），因此在相敏检波器的输出端接一个适当频带的低通滤波器，即可得到与原调制信号波形一致但已经放大的信号，以达到解调的目的。

3. 调幅与解调的应用

调幅与解调在工程技术上的用途很多。下面以图 5.14 所示 Y6D 型动态电阻应变仪为例进行介绍。

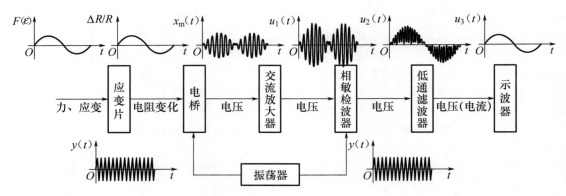

图 5.14　Y6D 型动态电阻应变仪的工作原理

交流电桥由振荡器供给高频等幅正弦激励电压源作为载波信号 $y(t)$，黏接在试件上的应变片受力 $F(\varepsilon)$ 的作用，其电阻变化 $\Delta R/R$ 反映试件上应变 ε 的变化情况。由于电阻 R 为交流电桥的一个桥臂，因此电桥有输出电压 $x(t)$。作为原信号的 $x(t)$（电阻变化 $\Delta R/R$），其与高频载波信号 $y(t)$ 做调幅后的调幅波 $x_m(t)$ 经放大器后振幅放大为 $u_1(t)$。将 $u_1(t)$ 送入相敏检波器解调为原信号波形包络线的高频信号波形 $u_2(t)$，$u_2(t)$ 进入低通滤波器后，高频分量被滤掉，恢复为原来被放大的信号 $u_3(t)$。$u_3(t)$ 反映试件应变的变化情况，应变的大小及正负都能准确地显示出来。

5.2.3　调频与解调测量电路

调频是指用调制信号（缓变信号）控制载波信号的频率，使其随调制信号的变化而变化。经过调频的被测信号存储在频率中，既不易衰落，又不易混乱和失真，信号的抗干扰能力提高；同时，调频信号便于长距离传输和采用数字技术。调频信号的这些优点使得调频技术在测试技术中得到了广泛应用。

1. 调频的基本原理

调频就是利用调制信号的振幅控制一个振荡器产生的信号频率。振荡器输出的是等幅波，其振荡频率变化值和调制信号振幅成比例。调制信号振幅为零时，调频波的频率等于中心频率；调制信号振幅为正时，调频波的频率升高；调制信号振幅为负时，调频波的频率降低。因此，调频波是随时间变化的密度不相等的等幅波，如图 5.15 所示。

调频波的瞬时频率为

$$f(t) = f_0 \pm \Delta f$$

式中：f_0 为载波频率；Δf 为频率偏移，其值与调制信号的振幅成正比。

设调制信号 $x(t)$ 是振幅为 X_0、频率为 f_m 的余弦波，其初始相位为零，则有

$$x(t) = X_0 \cos 2\pi f_m t$$

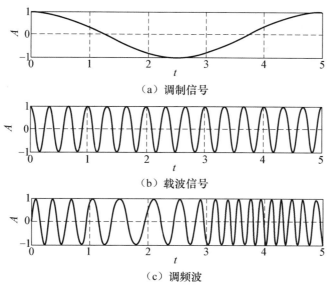

（a）调制信号

（b）载波信号

（c）调频波

图 5.15　调频波的形成

载波信号为

$$y(t)=Y_0\cos(2\pi f_0 t+\varphi_0)$$

调频时，载波信号的振幅 Y_0 和初相位 φ_0 不变，瞬时频率 $f(t)$ 围绕 f_0 随调制信号振幅规律变化，因此

$$
\begin{aligned}
f(t)&=f_0+K_f X_0\cos2\pi f_m t\\
&=f_0+\Delta f_f\cos2\pi f_m t
\end{aligned}
\tag{5-22}
$$

式中：Δf_f 为由调制信号振幅 X_0 决定的频率偏移，$\Delta f_f=K_f X_0$，其中 K_f 为比例常数，其值取决于具体的调频电路。

由式（5-22）可知，频率偏移与调制信号的振幅成正比，而与调制信号的频率无关，这是调频波的基本特征。

2. 调频及解调电路

实现信号调频和解调的方法很多，下面介绍常用方法。

谐振电路是把电容、电感等电参数的变化转换为电压变化的电路。图 5.16 所示为谐振电路，其通过耦合高频振荡器获得电路电源。谐振电路的阻抗取决于电容、电感的相对值和电源的频率。图 5.17 所示为谐振电路的谐振频率，即

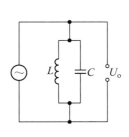

图 5.16　谐振电路

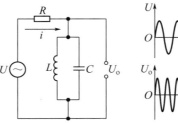

图 5.17　谐振电路的谐振频率

$$f_n = \frac{1}{2\pi\sqrt{LC}}$$

式中：f_n 为谐振电路的固有频率；L 和 C 分别为谐振电路的电感和电容。

在测试系统中，以电感或电容为传感器感受被测量的变化，将传感器的输出作为调制信号的输入，振荡器的原有振荡信号作为载波信号。当输入调制信号时，振荡器输出的信号就是调制后的调频波。在图 5.18 所示电路中，设 C_1 为电容传感器，其初始电容为 C_0，则电路的谐振频率为

$$f_0 = \frac{1}{2\pi\sqrt{L(C_0+C)}} \tag{5-23}$$

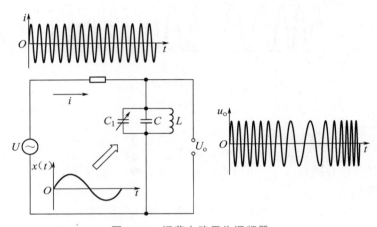

图 5.18   振荡电路用作调频器

若电容 C_0 的变化量 $\Delta C = K_x C_0 x(t)$，其中 K_x 为比例系数，$x(t)$ 为被测信号，结合式（5-23），则电路的谐振频率为

$$f = \frac{1}{2\pi\sqrt{L(C_0+C+\Delta C)}}$$
$$= f_0 \frac{1}{\sqrt{1+\dfrac{\Delta C}{C+C_0}}} \tag{5-24}$$

将式（5-24）按泰勒级数展开并忽略高阶项，得

$$f \approx f_0\left[1-\frac{\Delta C}{2(C+C_0)}\right] = f_0 - \Delta f \tag{5-25}$$

式中，

$$\Delta f = f_0 \frac{\Delta C}{2(C+C_0)} = f_0 \frac{K_x C_0 x(t)}{2(C+C_0)} = f_0 K_f x(t)$$

$$K_f = \frac{K_x C_0}{2(C+C_0)}$$

由式（5-25）可知，LC 振荡回路的振荡频率 f 与谐振参数的变化呈线性关系，即振荡频率 f 受控于被测信号 $x(t)$。

谐振电路调频波的解调一般使用鉴频器。调频波通过正弦波频率的变化反映被测信号

的振幅变化，因此，在调频波的解调过程中，首先把调频波变换为调频调幅波，然后进行振幅检波。鉴频器电路通常由频率–电压线性变换电路与振幅检波电路组成，如图 5.19(a)所示。

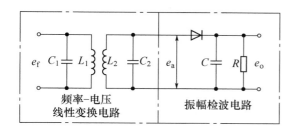 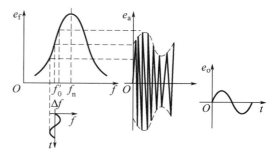

（a）鉴频器电路　　　　　　　　　　　（b）频率–电压特性曲线

图 5.19　调频波的解调原理

在图 5.19(a)所示电路中，调频波 e_f 经过变压器耦合后加到由 L_1、C_1 组成的谐振电路中，在由 L_2、C_2 组成的振荡回路两端获得图 5.19(b)所示的频率–电压特性曲线。当等幅调频波 e_f 的频率等于回路的谐振频率 f_n 时，线圈 L_1、L_2 中的耦合电流最大，次级输出电压 e_a 也最大。e_f 的频率偏离 f_n，e_a 随之下降。通常利用频率–电压特性曲线的次谐振区近似于直线的一段实现频率–电压变换。将 e_a 经过二极管进行半波整流，再经过 RC 滤波器滤波，RC 滤波器的输出电压 e_o 与调制信号成正比，复现被测信号 $x(t)$，解调完毕。

5.3　滤　波　器

5.3.1　滤波器的分类

1. 概念

滤波器是一种选频装置，它可以使信号中特定的频率成分通过，同时极大地衰减其他频率成分，广泛用于消除噪声和对系统或装置进行频谱分析。

2. 滤波器的种类

信号进入滤波器后，部分特定的频率成分通过，而其他频率成分极大地衰减。对于一个滤波器，信号能通过它的频率范围称为该滤波器的频率通带，简称通带。信号被抑制或极大地衰减的频率范围称为频率阻带，简称阻带。通带与阻带的交界点称为截止频率。

滤波器

根据选频范围的不同，滤波器可分为低通滤波器、高通滤波器、带通滤波器和带阻滤波器四种，如图 5.20 所示。

（1）低通滤波器：通频带为 $0\sim f_2$，幅频特性平直，如图 5.20(a)所示。因为它可以使信号中小于 f_2 的频率成分几乎不受衰减地通过，而大于 f_2 的频率成分都被衰减，所以称为低通滤波器。f_2 称为低通滤波器的上截止频率。

（2）高通滤波器：与低通滤波器相反，当频率大于 f_1 时，其幅频特性平直，如图 5.20(b)所示。因为它可以使信号中大于 f_1 的频率成分几乎不受衰减地通过，而小于 f_1 的频率成分被衰减，所以称为高通滤波器。f_1 称为高通滤波器的下截止频率。

（3）带通滤波器：通频带为 $f_1 \sim f_2$，如图 5.20（c）所示。因为它可以使信号中大于 f_1 且小于 f_2 的频率成分几乎不受衰减地通过，而其他频率成分被极大地衰减，所以称为带通滤波器。f_1 和 f_2 分别称为带通滤波器的下截止频率和上截止频率。

（4）带阻滤波器：阻带为 $f_1 \sim f_2$，如图 5.20（d）所示。与带通滤波器相反，因为它可以使信号中大于 f_2 及小于 f_1 的频率成分被极大地衰减，其余频率成分几乎不受衰减地通过，所以称为带阻滤波器。

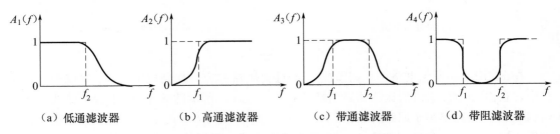

| （a）低通滤波器 | （b）高通滤波器 | （c）带通滤波器 | （d）带阻滤波器 |

图 5.20　四种滤波器的幅频特性

这四种滤波器的特性之间存在一定的联系：高通滤波器的幅频特性可以看作低通滤波器做负反馈后得到的，即 $A_2(f) = 1 - A_1(f)$；带通滤波器的幅频特性可以看作带阻滤波器做负反馈后得到的；带阻滤波器是低通滤波器和高通滤波器的组合。

滤波器按构成电路性质的不同，可分为有源滤波器和无源滤波器；按所处理信号的性质不同，可分为模拟滤波器和数字滤波器。下面讲述有源滤波器和无源滤波器。

5.3.2　理想滤波器

理想滤波器是一个理想化的模型，在物理上是不能实现的，但它对深入了解滤波器的传输特性非常有用。

根据线性系统的不失真测试条件，理想测试系统的频率响应函数为

$$H(f) = A_0 e^{-j2\pi f t_0}$$

式中：A_0、t_0 均为常数。

若滤波器的频率响应函数满足

$$H(f) = \begin{cases} A_0 e^{-j2\pi f t_0} & |f| < f_c \\ 0 & 其他 \end{cases} \tag{5-26}$$

式中：f_c 为滤波器的截止频率。

则该滤波器称为理想低通滤波器，其幅频和相频特性分别为

$$\begin{cases} A(f) = A_0 \\ \varphi(f) = -2\pi f t_0 \end{cases} \quad |f| < f_c \tag{5-27}$$

如图 5.21 所示，理想滤波器的幅频特性曲线对称于纵坐标，相频特性曲线中的直线过坐标原点且斜率为 $-2\pi t_0$。即理想滤波器在通带内的幅频特性曲线为常数，相频特性曲线为通过坐标原点的直线，在通带外幅频特性值应为零。理想滤波器能使通带内输入信号

的频率成分不失真地传输，而通带外频率成分全部衰减。

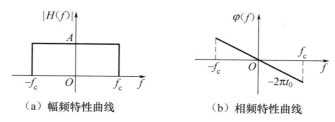

（a）幅频特性曲线　　　　　（b）相频特性曲线

图 5.21　理想滤波器的幅频特性曲线和相频特性曲线

在单位脉冲信号输入的情况下，理想滤波器的单位脉冲响应函数为

$$
\begin{aligned}
h(t) = F^{-1}\big[H(f)\big] &= \int_{-\infty}^{\infty} H(f)\mathrm{e}^{\mathrm{j}2\pi ft}\,\mathrm{d}f \\
&= \int_{-f_\mathrm{c}}^{f_\mathrm{c}} A_0\,\mathrm{e}^{-\mathrm{j}2\pi ft_0}\,\mathrm{e}^{\mathrm{j}2\pi ft}\,\mathrm{d}f \\
&= 2A_0 f_\mathrm{c}\,\frac{\sin\big[2\pi f_\mathrm{c}(t-t_0)\big]}{2\pi f_\mathrm{c}(t-t_0)}
\end{aligned}
\tag{5-28}
$$

若没有相角滞后，即 $t_0 = 0$，则式（5-28）改写为

$$
h(t) = 2A_0 f_\mathrm{c}\,\frac{\sin 2\pi f_\mathrm{c}t}{2\pi f_\mathrm{c}t}
\tag{5-29}
$$

其图形表达如图 5.22 所示。由图所知，$h(t)$ 具有对称性，时间 t 为 $-\infty \sim +\infty$。

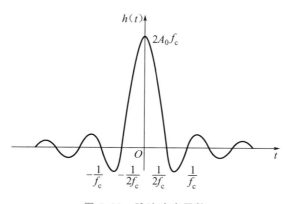

图 5.22　脉冲响应函数

$h(t)$ 的波形以 $t=0$ 为中心向左右无限延伸。它的物理意义：当 $t=0$ 时输入单位脉冲于一个理想滤波器，理想滤波器的输出延伸到整个时间轴，不仅延伸到 $t \to +\infty$，还延伸到 $t \to -\infty$。任一现实的物理系统，响应只可能出现于输入到来之后，不可能出现于输入到来之前。对于上述负的 t 值，$h(t)$ 的值不等于零，这是不合理的。因为单位脉冲只有在 $t=0$ 时才作用于系统，而系统的输出 $h(t)$ 在 $t<0$ 时不为零，说明在输入脉冲 $\delta(t)$ 到来之前，该系统已有响应，这实际上是不可能的。任何滤波器都不可能有这种"先知"，滤波器的这种特性是不可能实现的。同理，理想的高通滤波器、带通滤波器和带阻滤波器都是不存在的。实际滤波器的幅频特性曲线不可能出现直角锐边（振幅由 A 突然变为 0 或由 0 突然变为 A），也不会在有限频率上完全截止。原则上讲，实际滤波器的幅频特性曲线将延

伸到 $|f| \to \infty$，所以滤波器只能极大地衰减信号通带外的频率成分，而不能完全阻止。

讨论理想滤波器是为了进一步了解滤波器的传输特性，建立滤波器的通频带宽与滤波器稳定输出所需时间的关系。虽然这在实际中难以实现，但它具有一定的理论探讨价值。

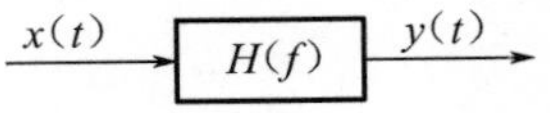

设滤波器的传递函数为 $H(f)$，如图 5.23 所示，若给滤波器一个单位阶跃输入信号

$$x(t) = u(t) = \begin{cases} 1 & t \geqslant 0 \\ 0 & t < 0 \end{cases}$$

$$x(t) \rightarrow \boxed{H(f)} \rightarrow y(t)$$

图 5.23　滤波器框图

则滤波器的输出信号 $y(t)$ 在时域上是该输入信号 $u(t)$ 和脉冲响应函数 $h(t)$ 的卷积，即

$$y(t) = u(t) * h(t) = \int_{-\infty}^{\infty} u(\tau)h(t-\tau)\mathrm{d}\tau$$

$y(t)$ 的图形表达如图 5.24 所示。可以看出，若不考虑前后皱波，输出响应从零点（a 点）到稳定值 A_0（b 点）需要一定的建立时间 $T_e = t_b - t_a$。时移只影响输出曲线 $y(t)$ 右移，不影响 $(t_b - t_a)$ 值。

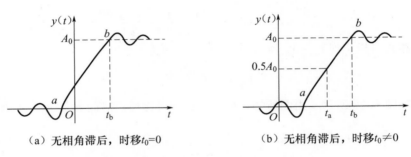

（a）无相角滞后，时移 $t_0 = 0$　　　　（b）无相角滞后，时移 $t_0 \neq 0$

图 5.24　理想低通滤波器对单位阶跃输入的响应

因为脉冲响应函数 $h(t)$ 的图形主瓣有一定的宽度 $1/f_c$，所以滤波器对阶跃输入信号的响应有一定的建立时间。可以想象，如果滤波器的通带很宽，即 f_c 很大，那么 $h(t)$ 的图形很陡峭，响应建立时间 $(t_b - t_a)$ 很短；反之，如果频带较窄，即 f_c 较小，则响应建立时间较长。计算积分式表明

$$T_e = t_b - t_a = \frac{0.61}{f_c}$$

式中：f_c 为低通滤波器的截止频率。

如果将理论响应值的 $0.1 \sim 0.9$ 作为计算建立时间的标准，则

$$T_e = t_b' - t_a' = \frac{0.45}{f_c}$$

可以得出，低通滤波器对阶跃响应的建立时间 T_e 和带宽 B（通带的宽度，对于低通滤波器，$B = f_c - 0 = f_c$）成反比，即

$$T_e B = 常数 \tag{5-30}$$

这一结论对其他滤波器也适用。

另外，滤波器的带宽表示频率分辨力，通带越窄，频率分辨力越高。因此，滤波器的高分辨力和测量时快速响应的要求是相互矛盾的。当采用滤波器从信号选取某频率成分时需要足够的建立时间，如果建立时间不够，就会产生虚假的结果，而过长的测量时间也是

没有必要的，一般取 $T_eB=5\sim10$。

5.3.3 实际带通滤波器

1. 实际带通滤波器的基本参数

实际带通滤波器的幅频特性曲线如图 5.25 所示。虚线表示理想带通滤波器的幅频特性曲线，其尖锐、陡峭，通带为 $f_{c1}\sim f_{c2}$，通带内的振幅为常数 A_0，通带外的振幅为零。实际滤波器的幅频特性曲线如图 5.25 中实线所示，其不像理想滤波器的幅频特性曲线那么尖锐、陡峭，没有明显的转折点，通带与阻带部分也不是那么平坦，通带内振幅不是常数，因此需要用更多参数描述实际滤波器的特性。

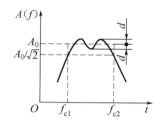

图 5.25 实际带通滤波器的幅频特性曲线

（1）截止频率。

幅频特性值为 $A_0/\sqrt{2}$ 时对应的频率称为滤波器的截止频率。如图 5.25 所示，以 $A_0/\sqrt{2}$ 为纵坐标作平行于横坐标的直线，与幅频特性曲线相交两点的横坐标为 f_{c1}、f_{c2}，分别称为滤波器的下截止频率、上截止频率。若以 A_0 为参考值，则 $A_0/\sqrt{2}$ 相对于 A_0 衰减 $-3\text{dB}\left(-20\lg\dfrac{A_0/\sqrt{2}}{A_0}\approx-3\text{dB}\right)$。因为 $A_0/\sqrt{2}$ 相对于 A_0 衰减 -3dB，所以称实际带宽为负三分贝带宽，用 $B_{-3\text{dB}}$ 表示。

（2）带宽。

滤波器的上截止频率和下截止频率之间的频率范围称为滤波器的带宽，单位为 Hz。带宽决定滤波器分离信号中相邻频率成分的能力——频率分辨力。根据带宽的类型，滤波器分为恒带宽比滤波器和恒带宽滤波器。

恒带宽比滤波器的截止频率满足

$$f_{c2}=2^n f_{c1} \tag{5-31}$$

式中：n 为倍频程，当 $n=1$ 时为倍频程滤波器，当 $n=1/3$ 时为 1/3 倍频程滤波器。

恒带宽滤波器的带宽

$$B=f_{c2}-f_{c1} \tag{5-32}$$

这类滤波器的带宽

$$B=f_{c2}-f_{c1}=2^n f_{c1}-f_{c1}=f_{c1}(2^n-1) \tag{5-33}$$

（3）中心频率。

恒带宽滤波器的中心频率定义为

$$f_0 = \frac{f_{c1} + f_{c2}}{2} \tag{5-34}$$

恒带宽比滤波器的中心频率定义为

$$f_0 = \sqrt{f_{c1} f_{c2}} \tag{5-35}$$

（4）品质因数。

中心频率 f_0 和带宽 B 之比称为滤波器的品质因数 Q，即

$$Q = \frac{f_0}{B} \tag{5-36}$$

（5）波动幅度。

实际滤波器在通带内可能出现波纹变化，其波动幅度 d 与幅频特性的稳定值 A_0 相比，越小越好，一般应远小于 $-3\mathrm{dB}$，即 $d \ll A_0/\sqrt{2}$。

（6）倍频程选择性。

在两截止频率外侧，实际滤波器有一个过渡带，其幅频特性曲线倾斜程度表明幅频特性的衰减速度，它决定滤波器衰减带宽外频率成分的能力，通常用倍频程选择性表征。倍频程选择性是指在上截止频率 f_{c2} 与 $2f_{c2}$ 之间（或者在下截止频率 f_{c1} 与 $f_{c1}/2$ 之间）幅频特性的衰减值，即频率变化一个倍频程时的衰减量，用 dB 表示。衰减越快，滤波器的倍频程选择性越好。

（7）滤波器因数（或矩形系数）。

滤波器选择性的另一种表示方法是用滤波器幅频特性的 $-60\mathrm{dB}$ 带宽与 $-3\mathrm{dB}$ 带宽的比值 $\left(\lambda = \dfrac{B_{-60\mathrm{dB}}}{B_{-3\mathrm{dB}}} \right)$ 表示。

对于理想滤波器，$\lambda = 1$；对于通常使用的滤波器，$\lambda = 1 \sim 5$。有些滤波器因器件影响（如电容漏阻等）阻带衰减倍数达不到 $-60\mathrm{dB}$，故以标明的衰减倍数（如 $-40\mathrm{dB}$ 或 $-30\mathrm{dB}$）带宽与 $-3\mathrm{dB}$ 带宽之比表示倍频程选择性。

2. RC 滤波器的基本特性

RC 滤波器具有电路简单、抗干扰能力强、低频性能较强、电阻和电容元件标准、易选择等特点。因此，在测试系统中常选用 RC 滤波器。

（1）RC 低通滤波器。

RC 低通滤波器的典型电路如图 5.26（a）所示。设滤波器的输入信号电压为 u_x，输出信号电压为 u_y，则电路的微分方程为

$$RC \frac{\mathrm{d}u_y}{\mathrm{d}t} + u_y = u_x \tag{5-37}$$

令 $\tau = RC$，τ 称为时间常数，对式（5-37）进行傅里叶变换，得到频响函数

$$H(\mathrm{j}\omega) = \frac{1}{\mathrm{j}\omega\tau + 1} \tag{5-38}$$

其幅频特性和相频特性分别为

$$A(\omega) = \frac{1}{\sqrt{1 + (\omega\tau)^2}} \tag{5-39}$$

$$\varphi(\omega) = -\arctan\omega\tau \tag{5-40}$$

RC 低通滤波器属于典型的一阶系统，其幅频特性曲线和相频特性曲线分别如图 5.26（b）及图 5.26（c）所示。

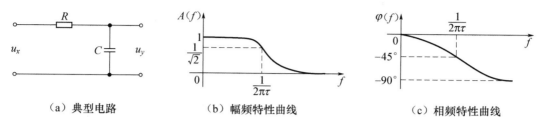

（a）典型电路　　　　　　（b）幅频特性曲线　　　　　　（c）相频特性曲线

图 5.26　RC 低通滤波器的典型电路及其幅频特性曲线和相频特性曲线

由特性曲线可知：当 $f \ll \dfrac{1}{2\pi RC}$ 时，$A(f) \approx 1$，信号几乎不受衰减地通过，并且相频特性曲线近似于一条通过原点的直线。可以认为，在此情况下，一阶 RC 低通滤波器是一个不失真传输系统。

当 $f = \dfrac{1}{2\pi RC}$ 时，$A(f) = \dfrac{1}{\sqrt{2}}$，即幅频特性值为 $-3\mathrm{dB}$ 点，滤波器的上截止频率

$$f_{c2} = \frac{1}{2\pi RC} \tag{5-41}$$

RC 值决定了滤波器的上截止频率，适当改变 RC 值可以改变滤波器的上截止频率。

当 $f \gg \dfrac{1}{2\pi RC}$ 时，输出 u_y 与输入 u_x 的积分成正比，即

$$u_y = \frac{1}{RC}\int u_x \mathrm{d}t \tag{5-42}$$

此时，RC 低通滤波器起积分器的作用，对高频成分的衰减为 $-20\mathrm{dB}/10$ 倍频程（或 $-6\mathrm{dB}/$ 倍频程）。如果要增大衰减率，则应提高 RC 低通滤波器的阶数。但 n 个一阶 RC 低通滤波器串联后，后一级滤波电阻、滤波电容对前一级电容起并联作用，从而产生负载，需要处理。

（2）RC 高通滤波器。

RC 高通滤波器的典型电路如图 5.27（a）所示。设输入信号电压为 u_x，输出信号电压为 u_y，则微分方程为

$$u_y + \frac{1}{RC}\int u_y \mathrm{d}t = u_x \tag{5-43}$$

将 $\tau = RC$ 代入式（5-43），并对式（5-43）进行傅里叶变换，得到频响函数

$$H(\mathrm{j}\omega) = \frac{\mathrm{j}\omega\tau}{1+\mathrm{j}\omega\tau} \tag{5-44}$$

其幅频特性和相频特性分别为

$$A(\omega) = \frac{\omega\tau}{\sqrt{1+(\omega\tau)^2}} \tag{5-45}$$

$$\varphi(\omega) = -\arctan\frac{1}{\omega\tau} \tag{5-46}$$

RC 高通滤波器属于另一类一阶系统，其幅频特性曲线和相频特性曲线分别如图 5.27（b）

和图 5.27（c）所示。

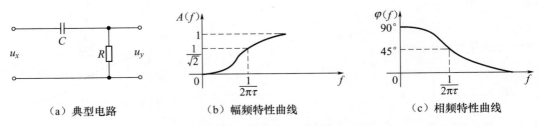

（a）典型电路　　　　　（b）幅频特性曲线　　　　　（c）相频特性曲线

图 5.27　RC 高通滤波器的典型电路及其幅频特性曲线和相频特性曲线

当 $f = \dfrac{1}{2\pi RC}$ 时，$A(f) = \dfrac{1}{\sqrt{2}}$，即滤波器的 -3dB 截止频率

$$f_{c1} = \frac{1}{2\pi RC} \tag{5-47}$$

当 $f \gg \dfrac{1}{2\pi RC}$ 时，$A(f) \approx 1$，$\varphi(f) \approx 0$，即当 f 相当大时，幅频特性接近 1，相频特性趋于 0，这时 RC 高通滤波器可视为不失真传输系统。

同样，当 $f = \dfrac{1}{2\pi RC}$ 时，输出 u_y 与输入 u_x 的微分成正比，即

$$u_y = \frac{1}{RC} \frac{\mathrm{d}u_x}{\mathrm{d}t} \tag{5-48}$$

此时，RC 高通滤波器起着微分器的作用。

（3）RC 带通滤波器。

RC 带通滤波器可以看成由 RC 低通滤波器和 RC 高通滤波器串联而成，如图 5.28 所示。RC 带通滤波器以原 RC 高通滤波器的截止频率为上截止频率，即 $f_{c1} = \dfrac{1}{2\pi\tau_1}$；相应地，其下截止频率为原 RC 低通滤波器的下截止频率，即 $f_{c2} = \dfrac{1}{2\pi\tau_2}$。分别调节高通环节及低通环节的时间常数 τ_1 及 τ_2，可得到不同的上截止频率、下截止频率和带宽的带通滤波器。

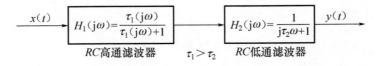

图 5.28　RC 带通滤波器

RC 带通滤波器的频率响应函数为

$$H(\mathrm{j}\omega) = H_1(\mathrm{j}\omega) H_2(\mathrm{j}\omega) \tag{5-49}$$

其幅频特性和相频特性分别为

$$A(\mathrm{j}\omega) = A_1(\mathrm{j}\omega) A_2(\mathrm{j}\omega) \tag{5-50}$$

$$\varphi(\mathrm{j}\omega) = \varphi_1(\mathrm{j}\omega) + \varphi_2(\mathrm{j}\omega)$$

RC 高通滤波器及 RC 低通滤波器串联时，应消除两级耦合的相互影响。因为后一级成为前一级的负载，而前一级又是后一级的信号源内阻。实际上，两级间常用射极输出器

或者选用运算放大器的阻抗变换特性隔离。因此，实际 *RC* 带通滤波器通常是有源滤波器。

3. 有源滤波器

运算放大器可以用来搭建滤波器电路，进而避免使用电感和输出负载带来的问题。这些有源滤波器具有非常陡峭的下降带、任意平直的通带及可调的截止频率。

图 5.29 所示为基本有源滤波器电路。将无源滤波器网络连接到一个运算放大器上，此运算放大器用来提供能量并改善阻抗特性。无源滤波器网络仅由电阻和电容组成，电感特性可由电路模拟。由于输出阻抗一般较低，因此这些有源滤波器可以提供输出电流而不降低电路的性能。图 5.30 所示为典型的一阶有源滤波器电路。

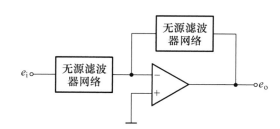

图 5.29　基本有源滤波器电路

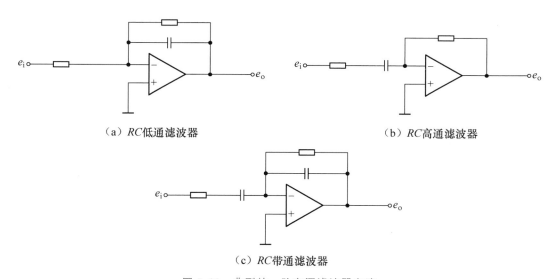

（a）*RC* 低通滤波器　　　　　　　　　　（b）*RC* 高通滤波器

（c）*RC* 带通滤波器

图 5.30　典型的一阶有源滤波器电路

5.3.4　恒带宽比滤波器和恒带宽滤波器

为了对信号进行频谱分析或者摘取信号中某些特性频率成分，可使信号通过放大倍数相同、中心频率不同的多个 *RC* 带通滤波器。各 *RC* 带通滤波器的输出主要反映信号中在该通带频率范围内的量值，通常有以下两种做法。

（1）使用中心频率可调的 *RC* 带通滤波器，改变 *RC* 调谐参数，使频率跟随所需测量（处理）的信号频段。由于受到可调参数的限制，因此其可调范围是有限的。

（2）使用一组各自中心频率固定且按一定规律参差相隔的滤波器组。图 5.31 所示为倍频程频谱分析装置，将各滤波器（中心频率如图中所示）依次接通，如果信号经过足够的功率放大，各滤波器的输入阻抗也足够高（只从信号源取电压信号且只取很小的输入电流），那么可以把该滤波器组并联在信号源上，同时显示或记录各滤波器的输出，瞬时得到信号的频谱结构。这就成为"实时"的谱分析。

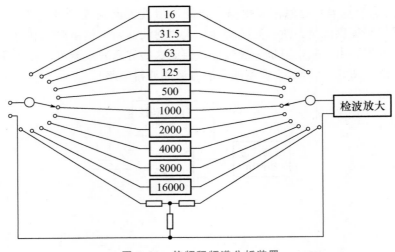

图 5.31　倍频程频谱分析装置

1. 恒带宽比滤波器

由式（5－41）可知，品质因数 Q 为中心频率 f_0 与带宽 B 之比，若采用具有相同品质因数的调谐式滤波器做成邻接式滤波器，则滤波器组是由恒带宽比滤波器组成的。因此，中心频率 f_0 越大，带宽 B 越大，频率分辨力越低。

从恒带宽比滤波器的截止频率 f_{c1}、f_{c2} 和中心步骤 f_0 的关系式（5－32）和式（5－35）可推得，即

$$f_{c2} = 2^{\frac{n}{2}} f_0$$
$$f_{c1} = 2^{-\frac{n}{2}} f_0$$

因此

$$f_{c2} - f_{c1} = B = f_0/Q$$
$$\frac{1}{Q} = \frac{B}{f_n} = 2^{\frac{n}{2}} - 2^{-\frac{n}{2}} \tag{5－51}$$

对于不同的倍频程，其滤波器的品质因数见表 5－1。

表 5－1　不同倍频程的滤波器的品质因数

倍频程 n	1	1/3	1/5	1/10
品质因数 Q	1.41	4.32	5.21	14.42

对一组邻接的滤波器组，利用式（5－32）和式（5－35）推出后一个滤波器的中心频率 f_{02} 与前一个滤波器的中心频率 f_{01} 具有下列关系。

$$f_{02} = 2^n f_{01} \tag{5-52}$$

根据式（5-51）和式（5-52），只要选定 n 值就可设计覆盖给定频率范围的邻接式滤波器组。例如，对于 $n=1$，其滤波器的中心频率和带宽见表5-2。

表5-2　$n=1$ 的滤波器的中心频率及带宽

中心频率/Hz	16	31.5	63	125	250	…
带宽/Hz	11.31	22.27	44.55	88.39	175.78	…

对于 $n=1/3$，其滤波器的中心频率及带宽见表5-3。

表5-3　$n=1/3$ 的滤波器的中心频率及带宽

中心频率/Hz	12.5	16	20	25	31.5	40	50	63	…
带宽/Hz	2.9	3.7	4.6	5.8	5.3	9.3	11.6	14.6	…

2. 恒带宽滤波器

利用 RC 调谐电路做成的调谐式带通滤波器都是恒带宽比滤波器。对这样一组增益相同的滤波器，若选定基本电路，则其具有接近的品质因数及带宽比。其滤波性能在低频区较好，在高频区因带宽增大而使频率分辨力下降。

为使滤波器在所有频段都具有相似的频率分辨力，可采用恒带宽滤波器。图5.32所示为理想的恒带宽比滤波器和恒带宽滤波器的特性对照。

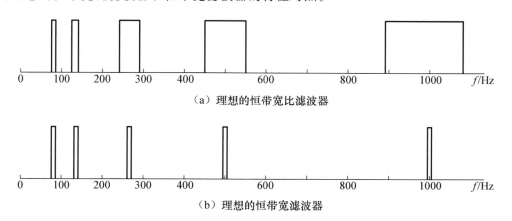

（a）理想的恒带宽比滤波器

（b）理想的恒带宽滤波器

图5.32　理想的恒带宽比滤波器和恒带宽滤波器的特性对照

为了提高滤波器的频率分辨力，带宽应越小越好，但覆盖整个频率范围所需的滤波器越多，因此，恒带宽滤波器不宜做成固定中心频率的。一般利用一个定带宽、定中心频率的滤波器，同时使用可变参考频率的差频变换适应不同中心频率的定带宽滤波的需要。参考信号的扫描速度应能满足建立时间的要求，尤其在滤波器带宽很小的情况下，参考频率变化不能太快。在实际使用中，只要限制扫频的速度，使它不大于 $(0.1 \sim 0.5)B^2$（单位为 Hz/s），就能获得相当精确的频谱图。

常用的恒带宽滤波器有相关滤波器和变频跟踪滤波器，这两种滤波器的中心频率都能自动跟踪参考信号的频率。

下面举例说明滤波器的带宽和频率分辨力。

【例 5.3】 设有一个信号由振幅相同、频率分别为 940Hz 和 1060Hz 的两正弦信号合成，其频谱如图 5.33（a）所示。现分别用恒带宽比的倍频程滤波器和恒带宽跟踪滤波器进行频谱分析。

图 5.33（b）所示为用 1/3 倍频程滤波器（倍频程选择接近 25dB，$B/f_0=0.23$）测量的结果；图 5.33（c）所示为用 1/10 倍频程滤波器（倍频程选择 45dB，$B/f_0=0.06$）测量并用笔式记录仪连续走纸记录的结果；图 5.33（d）所示为用恒带宽跟踪滤波器（－3dB 带宽为 3Hz，－60dB 带宽为 12Hz，滤波器因数 $\lambda=4$）测量的结果。

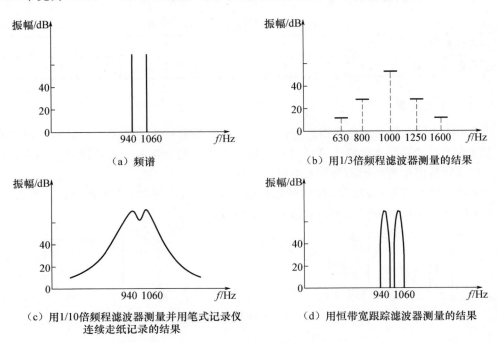

图 5.33　三种滤波器的测量结果

比较三种滤波器的测量结果可知，1/3 倍频程滤波器的分析效果最差，它的带宽太大（如在 1000Hz 时，$B=230$Hz），无法确切分辨出两频率成分的频率和振幅。同时，由于其倍频程选择性较差，因此将中心频率改为 800Hz 和 1250Hz 时，尽管信号不在滤波器的通带中，但滤波器的输出仍然有相当大的振幅，此时无法辨别滤波器的输出来源于通带内的频率成分还是通带外的频率成分。相反，恒带宽跟踪滤波器的带宽小、选择性好，可以消除上述两方面的不确定性，达到良好的频谱分析效果。

5.4　信号记录仪器

5.4.1　概述

本书前面章节介绍了信号的定义、获取、变换和调理等内容。那么，如何显示、打印或输出这些信号呢？另外，由于测试系统的对象和要求不一样，其需要的显示和记录仪器可能也不一样，因此要求我们对信号的显示和记录装置有所了解。

信号的显示和记录仪器是测试系统的重要装置。实际上，人们总是通过显示器提供的数值和记录器记录的数据或变成视觉所能接受的波形来了解、分析和研究测量结果。现场实测时，有时需要记录或存储被测信号，然后随时重放，以供后续仪器对被测信号进行分析和处理。此外，记录器可以很方便地对记录曲线的时间坐标进行放大，为研究短暂的瞬态过程提供了方便。

显示和记录仪器一般包括指示和显示仪表及记录仪器。从记录信号的性质来分，显示和记录仪器可分为模拟型和数字型两大类。在有些记录装置（如磁带记录仪）上不能直接观察记录的信号，其只起存储信号的作用。

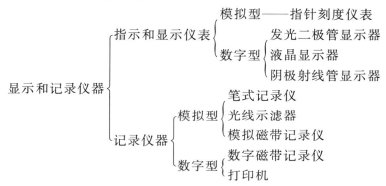

显示和记录是测试系统的最后一个环节，其性能直接决定了测试结果的可信度。因而，必须对显示和记录仪器的工作原理、特性有所了解，以便正确选用。下面主要介绍光线示波器、新型记录仪器和数字显示器等。

5.4.2 光线示波器

光线示波器是一种典型的模拟型记录仪，由电、磁、光和机械系统综合组成，主要用于模拟量的数据记录，它将信号调整仪输入的电信号转换为光信号并记录在感光纸或胶片上，从而得到试验变量与时间的关系曲线。与其他记录仪相比，光线示波器的工作频率较高，可达 $10000\,Hz$，而一般笔式记录仪的工作频率不超过 $100\,Hz$，喷射式记录仪的工作频率也不超过 $1000\,Hz$。光线示波器具有较高的电流灵敏度、较低的记录误差和小巧轻便等优点，还能制成同时记录几个或几十个不同参数的多线示波器；但其缺点是波形图需经一定处理后显现，且所用的记录纸较贵。

第一台光线示波器出现于 20 世纪初。20 世纪 60 年代开始，光线示波器采用紫外线直接记录纸，大大简化了波形图的显示和处理过程，使操作更为方便可靠。1961 年，中国科学院电子学研究所研制成功我国第一台光线示波器，这是我国电子仪器领域的重要里程碑。

一般来讲，光线示波器主要由振动子、光源部分、磁系统、机械传动部分、记录纸和晶体管时标等组成，其内部结构示意如图 5.34 所示。其中，振动子是核心部件，其由振动子线圈和振动子张丝构成。图 5.35 所示为光线示波器的构成示意。

振动子是把电信号转换成光线摆动信号的核心部件，可以说它是光线示波器的"心

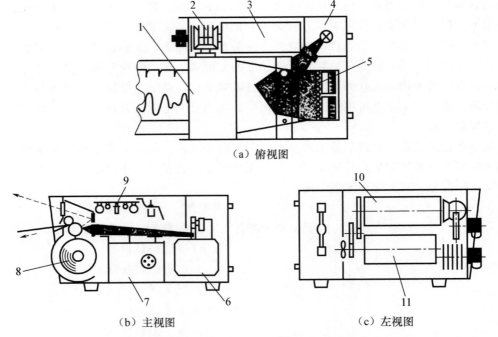

（a）俯视图

（b）主视图　　　　　　　（c）左视图

1—拍摄部分；2—控制部分；3—机械传动部分；4—光源部分；5—振动子；
6—磁系统；7—电源部分；8—记录纸；9—晶体管时标；10—变速器；11—电动机。

图 5.34　光线示波器的内部结构示意

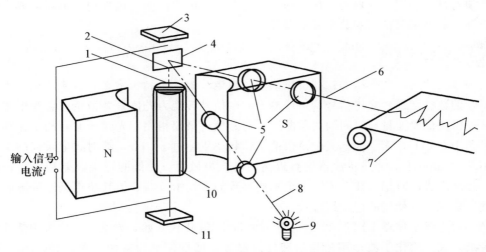

1—振动子张丝；2—振动子；3—振动子固定端；4—反光镜（旋转）；5—透镜；6—反射光束；
7—感光记录纸或胶片；8—光束；9—灯；10—振动子线圈；11—振动子固定端。

图 5.35　光线示波器的构成示意

脏"，其性能直接影响记录结果。实际上，振动子是典型的二阶系统，它会为测量带来误差。只有掌握振动子的特性，正确选择和使用振动子，才能使该误差最小。

当将振动信号的电流输入振动子线圈时，在固定磁场内的振动子线圈发生偏转，与线圈连接的小镜片及其反射的光线随之偏转，偏转的角度和方向与输入的信号电流相对应，光线射在匀速前进的感光记录纸上便留下被测信号的波形，同时在感光记录纸上用频闪灯打上时间标记。光线示波器可以同时记录若干条波形曲线，也可以用于记录静力试验的数据。

对光线示波器记录的试验结果进行数据处理时，与记录仪相同，要用直尺直接在曲线上量取，根据标定值按比例换算得到代表试验结果的数值；关于时间的数值，可用感光记录纸上的时间标记与晶体管时标的选定挡位（如 0.01s、0.1s、1s 等）确定。振动子系统是光线示波器的主要部件，包括振动子、磁系统和恒温装置。光线示波器大多采用共磁式动圈振动子，即将许多振动子插入一个公共的磁系统。磁系统设有调节振动子俯仰角和水平位置转角的调节装置，以便振动子获得最佳位置。为了使振动子的基本特性不受或少受环境温度的影响，磁系统还装有自动控制的电热器，以保证振动子处于恒温（45℃±5℃）环境中。

由于振动子是把电信号转换为光线摆动信号的核心部件，因此可以说它是光线示波器的"心脏"，其性能直接影响记录结果。为了正确选用振动子，有必要了解其工作原理及特性。实际上，振动子是典型的二阶系统，会给测量带来误差。只有掌握振动子的特性，正确选择和使用振动子，才能把误差控制在最小范围内。下面简单介绍振动子的工作原理及其特性。

1. 振动子的力学模型

在实际测量过程中，当信号电流通过振动子线圈时，振动子转动部分受到下列几个转矩的作用。

（1）与信号电流 $i(t)$ 成正比的电磁转矩 M_i。

$$M_i = WBA_i = k_i i(t) \tag{5-53}$$

式中：W 为线圈匝数；B 为磁场强度；A_i 为线圈面积；k_i 为比例系数；$i(t)$ 为信号电流。

（2）大小与振动子张丝转角 θ 成正比、方向与振动子张丝转角相反的振动子张丝弹性反抗转矩 M_G。

$$M_G = G\theta \tag{5-54}$$

式中：G 为振动子张丝扭转刚度。

（3）大小与振动子角速度成正比、方向与振动子角速度相反的阻尼转矩。

$$M_C = C\frac{\mathrm{d}\theta}{\mathrm{d}t} \tag{5-55}$$

式中：C 为扭转阻尼系数。

（4）大小与振动子角加速度成正比、方向与振动子角加速度方向相反的惯性转矩。

$$M_a = J\frac{\mathrm{d}^2\theta}{\mathrm{d}t^2} \tag{5-56}$$

式中：J 为振动子转动部分的转动惯量。

根据牛顿第二定律可以得到

$$M_a + M_G + M_C = M_i \tag{5-57}$$

于是，振动子转动部分的动力学微分方程为

$$J\frac{\mathrm{d}^2\theta}{\mathrm{d}t^2}+C\frac{\mathrm{d}\theta}{\mathrm{d}t}+G\theta=k_i i(t) \tag{5-58}$$

2. 振动子的静态特性

振动子的静态特性是描述振动子在输入恒定电流 I 时输入与输出的关系。由于测量时振动子的角速度、角加速度都为零，因此镜片输出的偏转角为

$$\theta=\frac{k_i}{G}I=SI \tag{5-59}$$

式中：S 为振动子的直流电流灵敏度。

直流电流灵敏度表示单位电流流过振动子时，光点在感光记录纸上移动的距离。流过单位电流光点移动距离越大，直流电流灵敏度越高；反之，移动距离越小，直流电流灵敏度越低。当偏转角相同时，振动子镜片到感光记录纸面的光路长不同，光点移动的距离不同。因此，振动子技术数据中给出的直流电流灵敏度都指明某定值光路长。有时为了便于比较，将其折算为光路长为 1m、电流为 1mA 时光点在感光记录纸上移动的距离。式（5-59）表明，当偏转角 θ 很小时，光点位移与电流 I 成正比。可由光点位移知电流。

3. 振动子的动态特性

振动子的动态特性直接反映光线示波器的动态特性。当光线示波器用于记录测试的动态过程时，要使记录的信号真实地反映原信号，即要求记录不产生失真，需要认真研究光线示波器的动态特性（振动子的动态特性）。可由振动子的运动方程式直接获得振动子的频率响应函数，即

$$H(\mathrm{j}\omega)=\frac{k_i}{-\omega^2 J+\mathrm{j}C\omega+G}=\frac{k_i/G}{1-\left(\dfrac{\omega}{\omega_\mathrm{n}}\right)^2+2\mathrm{j}\xi\left(\dfrac{\omega}{\omega_\mathrm{n}}\right)} \tag{5-60}$$

其幅频特性和相频特性分别为

$$A(\omega)=\frac{k_i/G}{\sqrt{\left[1-\left(\dfrac{\omega}{\omega_\mathrm{n}}\right)^2\right]^2+4\xi^2\left(\dfrac{\omega}{\omega_\mathrm{n}}\right)^2}}$$

$$\tag{5-61}$$

$$\psi(\omega)=-\arctan 2\xi\frac{\dfrac{\omega}{\omega_\mathrm{n}}}{1-\left(\dfrac{\omega}{\omega_\mathrm{n}}\right)^2}$$

式中：ξ 为振动子扭转系统的阻尼比，$\xi=C/2\sqrt{GJ}$；ω 为信号电流的角频率；ω_n 为振动子扭转系统的固有频率，$\omega_\mathrm{n}=\sqrt{G/J}$。

根据二阶系统动态测试不失真条件，应采用阻尼比 $\xi=0.6\sim0.8$，$\omega/\omega_\mathrm{n}<0.5\sim0.6$ 的振动子，以确保测量精度。

4. 振动子的固有频率选择

使用光线示波器时，应根据被测信号变化的频率选择合适的固有频率的振动子。

（1）被测信号为正弦信号。

根据光线示波器振动子的结构可知，当阻尼比 $\xi=0.6\sim0.8$ 时，要使振动子的振幅误

差小于±5 %，则振动子的相对频率比 $\eta=0.4\sim0.45$（$\eta=f/f_0$，f 为被测信号频率，f_0 为振动子的固有频率）。这主要是因为阻尼液使振动子的可动部分的有效质量增大。

（2）被测信号为脉冲、非周期和随机过程。

一般要求振动子的固有频率越高越好，但是固有频率越高，灵敏度越低。因此，振动子的固有频率至少应为记录信号最高频率的 1.72 倍。实际上，在这些信号的频谱中，振动子的固有频率应大于振幅低于基频分量 5% 的高频分量中的最低频率的 2 倍。

（3）振动子使用频率范围的扩展。

国内光线示波器常用振动子的固有频率最高为 10kHz，但有时需要更高的振动子固有频率。可在振动子与被测信号之间串联校正网络，调整可变电阻改变品质因数，使谐振峰值补偿振动子幅频特性曲线在高于固有频率的部分有下降趋势，因而使其直线部分延长，以扩展振动子的使用频率范围。

5. 振动子的阻尼

阻尼是影响振动子动态特性的一个重要参数。理论上，最佳阻尼比 $\xi=0.707$，实际中 $\xi=0.6\sim0.8$。振动子的阻尼通常采用油阻尼和电磁阻尼。固有频率大于 400Hz 的较高频振动子常采用油阻尼方式；固有频率小于或等于 400Hz 的较低频振动子常采用电磁阻尼方式。振动子阻尼调整的具体过程如下。

（1）电磁阻尼振动子的阻尼比调整。

首先采用低频正弦信号作为输入，采用阻值可调的外接电阻，将其阻值调到说明书指定值附近，输入 20mV、10Hz 的正弦信号，从光线示波器观察窗口观察光点的振幅并作为基准。然后输入振幅相等（20mV、78Hz）的正弦信号，观察光点的振幅，若此时光点振幅大于基准（10Hz）时光点的振幅，则说明阻尼比 $\xi<0.707$，应减小外接电阻的阻值；若小于基准光点的振幅，则说明阻尼比 $\xi>0.707$，应增大外接电阻的阻值。反复调整外接电阻的阻值，直至两次光点的振幅基本相等，说明阻尼比 $\xi\approx0.707$，振动子处于最佳状态。

（2）油阻尼振动子的阻尼比调整。

首先输入 20mV、10Hz 的正弦信号，从光线示波器观察窗口观察光点的振幅并作为基准。然后输入振幅相等（20mV、860Hz）的正弦信号，观察光点的振幅，若此时光点振幅小于基准（10Hz）时的光点振幅，则说明仪器预热时间不够，未达到 45℃，硅油的黏度较大，导致阻尼比 $\xi>0.707$；过几分钟再试，直至两次光点的振幅基本相等，说明阻尼比 $\xi\approx0.707$，振动子处于最佳状态。

6. 振动子的选用原则

选择振动子的原则是根据对被测信号的频率、电流值的初步估计和振动子的各项性能参数来选择，使记录的波形尽可能满足误差要求，如实反映被测信号，并且有足够大的记录幅度。振动子的选择原则如下。

（1）振动子固有频率的选择。

为了将所测量的信号不失真地记录下来，选择的振动子的固有频率至少应为记录信号最高频率的 **1.72（1/0.58）** 倍，从而将幅度误差控制在 5% 之内。

（2）振动子灵敏度的选择。

振动子的灵敏度与其固有频率相互制约，灵敏度高的振动子常具有比较低的固有频率。选择振动子时，往往在满足固有频率的要求下尽量选取灵敏度高的振动子。

（3）振动子最大允许电流值的选定。

要特别注意防止因引入过大信号电流而损坏振动子。当信号电流较大时，可以利用光线示波器提供的并联分流电阻进行分流或者在回路中加入串联电阻、并联电阻。

在满足以上条件的前提下，还要有适当的光点偏移。对于通过放大器输出的信号电流，选用振动子时要做到阻抗匹配。此外，还要注意振动子的正确安装，使圆弧误差最小。

5.4.3　新型记录仪器

光线示波器是使用极为广泛的显示（记录）仪器。用感光记录纸记录信号的光线示波器已很少使用。以阴极射线管（cathode ray tube，CRT）显示器显示信号的电子示波器可分为模拟型和数字型两种，后者多为数字存储示波器，其原理框图如图 5.36 所示。

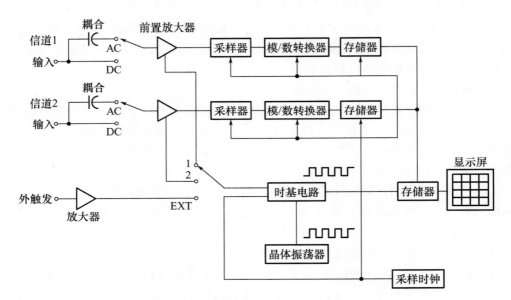

图 5.36　数字存储示波器的原理框图

1. 数字存储示波器

由于数字存储示波器（图 5.37）以数字形式存储并显示信号波形，因此波形可稳定保留在显示屏上供使用者分析。数字存储示波器中的微处理器可对记录波形进行自动计算，在显示屏上显示波形的峰-峰值、上升时间、频率及均方根值等。数字存储示波器通过计算机接口将波形送至打印机打印或送至计算机进行进一步处理。

2. 无纸记录仪

无纸记录仪（图 5.38）是一种无纸、无笔、无墨水、无一切机械传动机构的记录仪器。它以微处理器为核心，将模拟信号转换为数字信号并存储在大容量芯片上，利用液晶显示器显示。

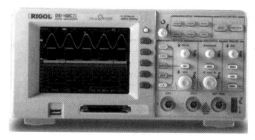

图 5.37　数字存储示波器　　　　　　　图 5.38　无纸记录仪

无纸记录仪的优点如下。

（1）可实现高性能多回路的检测、报警和记录。

（2）对输入信号的处理可实现智能化，可直接输入热电偶及热电阻等信号。

（3）可高精度实时显示输入信号的数值、变化曲线及棒图，并记忆显示历史数据。

（4）具有与微型计算机通信的标准接口，可与计算机传输数据，还可实现记录仪的集中管理。

由于无纸记录仪多用于生产过程中多路缓变信号长时间巡检与记录，因此采样频率较低，一般在1s内对多路信号采集多点数据，其可供选择的数据处理和数据显示方式比数字存储示波器多。

3. 光盘刻录机

光盘刻录机有 CD-R、CD-RW、DVD-R、DVD-RW、DVD-RAM、DVD-ROM 等类型，其中较常用的是 DVD-R 和 DVD-RW。DVD 的主要特色是记录容量大，两层式双面记录的最大容量约为 17GB。DVD 可分为 DVD-ROM（只读光碟）、DVD-R（可一次性写入）、DVD-RAM（可多次写入光碟）、DVD-RW（可重写光碟）四种，其中 DVD-RAM 是发展趋势。DVD-R 刻录机是一种只可一次写入的刻录机，与传统的CDR相同，DVD-R只使用沟槽轨道进行刻录，而这个沟槽也通过定制频率的信号调制而成"抖动"形，称为抖动沟槽，它的作用是帮助刻录机在跟踪轨道的基础上生成驱动器的主轴电动机控制信号。其将控制信号以抖动的方式调制在沟槽的形态中。检测驱动器可以精确控制主轴电动机的转速。但它的抖动频率相对于 DVD-RW 来说并不高。DVD-R 及 DVD-RW 使用微分相位识别的方法检测抖动信号并得到相关信息。

DVD-RW 的全称为 DVD-ReWritable（可重写光碟），但业界为了与 DVD-RW 区分，将其定义为 DVD-ReCordable（可录光碟）。图 5.39 所示为 DVD-R 盘片的纵向结构如果把 DVD-R 的记录层换成相变材料并加入两个保护层，就基本变成了 DVD-RW，如图 5.40 所示。两者的存储方式相同，同样使用抖动沟槽与 LPP 寻址方式。

DVD-RW 最初定位于消费类电子产品，主要提供类似于 VHS（家用录像系统）录像带的功能，可为消费者记录高品质多媒体视频信息。具备高画质、高音质的 DVD-RW 为新一代娱乐开启了另一片天空。随着技术的发展，DVD-RW 的功能慢慢扩充到计算机领域，许多公司采用 DVD-RW 作为大容量光存储设备。

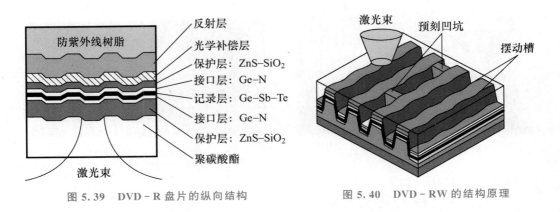

图 5.39　DVD – R 盘片的纵向结构　　　　　图 5.40　DVD – RW 的结构原理

5.4.4　数字显示器

数字显示器通常由计数器、寄存器、译码器和数码显示器四个部分组成，如图 5.41 所示。下面仅介绍计数器、译码器、数码显示器。

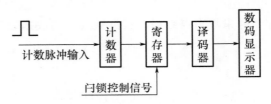

图 5.41　数字显示器的组成

1. 计数器

计数器能对输入脉冲进行计数，实现计数、分频、数控、数据处理等功能。计数器种类繁多。在数字系统和计算机中，计数器常用于脉冲计数和分频。计数器通常由具有记忆功能的触发器和门电路组成。按照计数进制的不同，计数器可分为二进制计数器、二-十进制计数器和 N 进制（任意进制）计数器等。在数字显示系统中，应用最多的计数器是 BCD8421 码二-十进制计数器。

2. 译码器

译码器用于码制变换，将一种数码转换为另一种数码。把代码的特定含义翻译出来的过程称为译码，实现译码功能的电子电路称为译码器。在数字显示系统中，常用 BCD8421 码二-十进制的七段译码器驱动数码管。

3. 数码显示器

按发光材料的不同，数码显示器可分为发光二极管显示器、液晶显示器和荧光数码管显示器等。

图 5.42 所示为发光二极管及其特性曲线。当为半导体二极管加正向偏压 U_F 时有电流 i_F 流过，如图 5.42（a）所示。正向偏压 U_F 与电流 i_F 的对数 $\ln i_F$ 具有相似的线性关系，如图 5.42（b）所示。发光二极管在正向偏压作用下，将会发射具有一定波长的电磁辐射波。

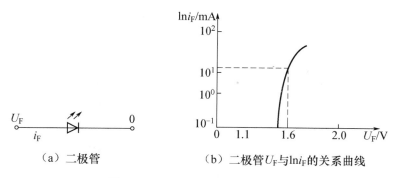

（a）二极管　　　　　（b）二极管U_F与$\ln i_F$的关系曲线

图 5.42　发光二极管及其特性曲线

图 5.43 所示为七段共阴极接法的发光二极管数码管。它由七个条形发光二极管组成，a～g 七个发光二极管排列成"8"的形状，通过接通相应发光二极管显示数字 0～9。相应发光段的编码见表 5-4。

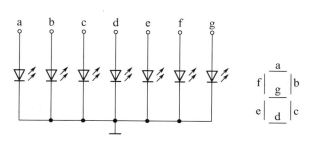

图 5.43　七段共阴极接法的发光二极管数码管

表 5-4　相应发光段的编码

发光段	0	1	2	3	4	5	6	7	8	9
8421BCD 码	0000	0001	0010	0011	0100	0101	0110	0111	1000	1001
发光段编码	abcdef	bc	abdeg	abcdg	bcfg	acdfg	acdefg	abc	abcdefg	abcdfg

对发光二极管显示器的清晰度有一定的限制。例如，观察者可能将 3 或 0 错读成 8。若要显示十六进制数（0～9 和 A、B、C、D、E、F 共 16 种状态），则需要 22 个点状发光二极管。此时清晰度会得到改善，但逻辑转换线路复杂。

与发光二极管显示相比，液晶显示是一种低功率显示方式。液晶每平方米工作面积的功耗约为 $100\mu W$，而发光二极管为 $10W$。因为液晶本身不发光，所见到的光是由自然光产生的。液晶是一种液体，在有限温度范围内具有像晶体一样的结构。这表明液晶与液体不同，它在某确定方向上具有光效应。当有电磁加到液晶上时，分子会从杂乱状态转到外加电场的方向上（动态散射），同时液晶从透明体变成浑浊的不透明体。当借助自然光观察时，液晶在透明区域和不透明区域有鲜明的对比。

如果将液晶薄膜夹在两块平面玻璃之间，再将具有七段编码图案的细氧化物电极沉积在平面玻璃上，便构成一个典型的液晶显示器。

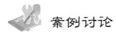 案例讨论

车载式移动广播的信号调理原理

汽车天线用于接收广播电台或卫星的信号。车载调谐器负责接收天线的信号，其主要任务是从天线接收的宽频段信号中选择并提取特定频率的广播信号。车载调谐器接收信号后，通过低噪声放大器进行初步放大，将放大信号与本地振荡器生成的频率信号混频，转换为中频信号，再对中频信号进行滤波，保留所需信号频段。对 AM 信号进行包络检波并去载波解调，使用鉴频器对 FM 信号去噪解调，解调后的音频信号通过音频放大器进一步放大，最终通过车载音响系统的扬声器播放。

小　结

在机械量测量中，常将被测机械量转换为电阻、电容、电感等电参数。电信号的处理可以用于多种应用：将传感器的输出转换为更容易使用的形式，对信号进行放大或将其转换为高频信号传送，从信号中去除不需要的频率分量，使信号驱动输出装置。

（1）电桥是一种将电阻、电容、电感等电参数转换为电压、电流信号的电路，分为直流电桥和交流电桥。直流电桥的平衡条件是 $R_1R_3 = R_2R_4$，交流电桥的平衡条件是

$$\begin{cases} Z_1Z_3 = Z_2Z_4 \\ \varphi_1 + \varphi_3 = \varphi_2 + \varphi_4 \end{cases}$$

电桥的连接方式有半桥单臂连接、半桥双臂连接和全桥四臂连接。全桥四臂连接的灵敏度最大。

（2）调制是指将缓变信号通过调制转变成高频信号以便传送。调制分为调幅、调频和调相。解调是调制的逆过程。本章主要讲解调幅原理，同步解调、整流检波和相敏检波解调三种方法，以及调频原理和解调方法。

（3）滤波器是一种选频装置。滤波器分为低通滤波器、高通滤波器、带通滤波器和带阻滤波器。本章主要讲述理想滤波器和实际滤波器的差别、实际滤波器的基本参数、RC 滤波器的特点，以及恒带宽比滤波器和恒带宽滤波器的基本组成及应用。

（4）显示和记录仪器是测试系统的重要装置。人们通常通过显示仪器或记录仪器记录测量的数据转变成可视波形来了解、分析和研究测量结果。

习　题

1. 问答题

5-1　选择适当的中间转换器，将图 5.44 中动态电阻应变仪框图补充完整，并在各图上绘出相应点的波形图。

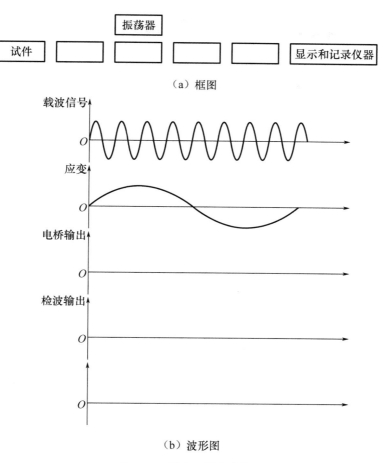

（a）框图

（b）波形图

图 5.44　动态电阻应变仪

5-2　图 5.45 所示为差动式电感传感器的桥式测量电路，L_1、L_2 为传感器两个差动电感线圈的电感，其初始值均为 L_0；R_1、R_2 为标准电阻；e_i 为供桥电源。试写出输出电压 e_o 与传感器电感变化量 ΔL 的关系（提示：可取 $R_1 = R_2 = R$，进而简化为 $R/\omega L_0 = 1$）。

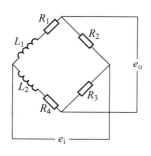

图 5.45　差动式电感传感器的桥式测量电路

5-3　若调制信号是一个限带信号（最高频率 f_m 为有限值），载波频率为 f_0，则 f_m 与 f_0 应满足什么关系？为什么？

5-4　图 5.46 所示为滤波器的幅频特性曲线，则

（1）它们分别属于哪种滤波器？

（2）如何确定上截止频率、下截止频率？在图上描出对应的上截止频率、下截止频率点，并说明取点的根据。

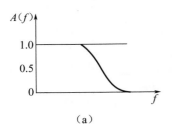 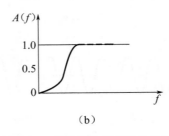 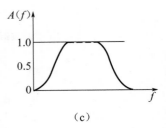

图 5.46　滤波器的幅频特性曲线

2. 计算题

5-5　以电阻值为 100Ω、灵敏度 $S=2$ 的电阻应变片与电阻值为 100Ω 的固定电阻组成电桥，供桥电压为 4V，并假定负载电阻无穷大，当应变片上的应变分别为 $1\mu\varepsilon$ 和 $1000\mu\varepsilon$ 时，求半桥单臂连接、半桥双臂连接及全桥四臂连接的输出电压，并比较图 5.46 所示三种情况的灵敏度。

5-6　设滤波器的传递函数 $H(s)=\dfrac{1}{0.0036s+1}$。（1）试求上截止频率、下截止频率；（2）画出幅频特性曲线。

5-7　某固有频率为 $1200\,\mathrm{Hz}$ 的振动子，记录基频为 $600\,\mathrm{Hz}$ 的方波信号，信号的傅里叶级数 $x(t)=\dfrac{4}{\pi}\left(\sin\pi t+\dfrac{1}{3}\sin3\pi t+\dfrac{1}{5}\sin5\pi t+\cdots\right)$。试分析记录结果（振动子阻尼比 $\xi=0.707$）。

5-8　利用光线示波器记录 $f=500\,\mathrm{Hz}$ 的方波信号（考虑前 5 次谐波成分，记录误差小于 5%），则振动子的固有频率为多少？

第5章
在线答题

第6章
机械振动测试

教学提示

机械振动测试是机械工程中常见的工程测试问题。本章将介绍构建一套机械振动测试系统的方法，主要内容包括机械振动的特点、测振传感器的选用、记录分析仪器的选用、机械振动系统参数的分析。

教学要求

针对机械振动测试，掌握分析系统的构成、振动参数的测量原理和方法、机械振动测试仪器的工作原理和使用要求。

课程资源

价值目标：认识振动对系统的影响和制约，以国家重大工程的战略需求为引导，坚持系统观念，全面了解机械振动系统的机理，掌握机械振动测试的关键技术。

导入案例

数控机床机械振动测试

在高速高精加工过程中，切削振动已成为制约加工质量和加工效率的主要因素，数控切削加工的动态特性随着工况的改变而改变。数控机床在工作中受不平衡、工业环境及加工参数的影响而产生振动，零件表面的加工质量降低。数控机床的振动测试对加工工艺参数的优化调整和保证加工精度有重要意义。振动测试方法有机械法、光学法和电测法三种，其中电测法应用最多，其原理是将系统振动转换为电信号。在振动测试过程中，传感器的选择很重要。针对数控机床的振动特点，传感器需要具备响应快、体积小、质量轻等特性。另外，测点布置位置也很重要，需要结合数控机床本身的动力学特性设计。最后，需要对采集的信号进行时域分析和频域分析，获取数控机床的固有特性和不同加工工况下的动态特性。

主要内容：

➤ 珠江口虎门大桥之"舞"。

➤ 古人的共振试验。

➤ "神舟五号"载人航天飞船的"脉动"。

➤ 张阿舟在振动领域的贡献。

案例讨论：数控机床振动测试方法。

【第6章课程
资源主要内容】

课程引导

党的二十大报告指出，必须坚持人民至上，必须坚持自信自立，必须坚持守正创新，必须坚持问题导向，必须坚持系统观念，必须坚持胸怀天下。推进文化自信自强，铸就社会主义文化新辉煌。推动构建人类命运共同体。同时，要从重大工程建设体现中国特色社会主义制度优势。测试技术在国家重大工程中扮演着重要角色，而机械振动测试在国家重大工程（如港珠澳大桥、"嫦娥"落月、"天问"探火、神舟飞天、高铁奔驰和C919飞机首飞等）中是不可缺少的环节。每项重大工程拔地而起的背后都有一批具有奉献精神的英雄（如钱学森、张阿舟等）舍己为国。通过学习本章内容，学生可以认识振动对系统的影响和制约，以国家重大工程的战略需求为引导，坚持系统观念，全面了解机械振动系统的机理，掌握机械振动测试的关键技术。

6.1 概　　述

机械振动是自然界、工程技术和日常生活中普遍存在的物理现象，任何一台运行的机器、仪器和设备都存在振动现象。在大多数情况下，振动会破坏机器的正常工作和原有性能，振动的动载荷会使机器加速失效、缩短使用寿命，甚至导致机器损坏，造成事故，同时会对人的健康和安全造成影响。因此，要采取适当的措施使机械振动在限定范围之内。

为了提高机械结构的抗振性能，需要对机械结构进行振动分析和振动设计，找出其薄弱环节。另外，对于许多承受复杂载荷或本身性质复杂的机械结构的动力学模型及其动力学参数（如阻尼系数、固有频率和边界条件等），目前无法用理论公式正确计算，振动试验和测量是唯一求解方法。因此，机械振动测试在工程技术中起着十分重要的作用。

机械振动测试内容一般分为两类：一类是测量设备运行时的振动参量，以了解被测对象的振动状态、评定振动等级和寻找振源，以及进行监测、识别、诊断和预估；另一类是对设备或部件进行某种激励，使其产生受迫振动，以便求得被测对象的振动力学参量或动态性能（如固有频率、阻尼、阻

概述

抗、响应和模态等），这类测试又分为振动环境模拟试验、机械阻抗试验和频率响应试验等。

例如，图 6.1 所示汽车乘坐舒适性试验就是模拟汽车处于道路行驶的状态。通过加速度传感器拾取汽车驾驶人座椅处的振动加速度。该信号经信号处理电路和振动分析仪的分析转换为汽车振动量值与道路谱的关系，为研究汽车乘坐舒适性提供参考数据。

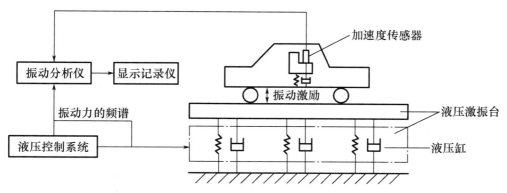

图 6.1 汽车的乘坐舒适性试验框图

机械振动测试系统主要由激振器、被测系统、传感器、振动分析仪和显示记录仪等部分组成，如图 6.2 所示。首先，各测量装置的幅频特性和相频特性在整个机械振动测试系统的测试频率范围内应满足动态测试不失真条件；其次，应充分注意各仪器之间的匹配。对于电压量传输的测量装置，要求后续测量装置的输入阻抗超过前面测量装置的输出阻抗，以使负载效应最小。此外，应视环境条件合理地通过屏蔽、接地等措施排除电磁干扰或使用滤波器排除或削弱信号中的干扰，保证整个系统的测试稳定、可靠地进行。

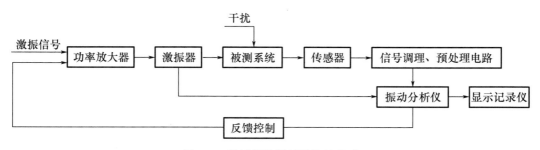

图 6.2 机械振动测试系统的组成

6.2 振动的基本知识

有关振动的理论知识，在物理学和理论力学中都做了较系统的论述。本节仅就与机械振动测试有关的振动基本知识做简要介绍。

6.2.1 振动的分类

振动是一种比较复杂的物理现象，为了研究方便，需要根据不同的特征对振动进行分类，可以按振动产生的原因、振动的规律、系统的自由度、系统结构参数的特性等分类。

6.2.2 单自由度振动系统

根据周期信号的分解和线性系统的叠加性，可以认为正弦激励是振动系统的基本激励。另外，为便于正确理解和掌握机械振动测试及分析技术的概念，下面主要介绍简单的单自由度振动系统在激励函数下的响应。

图 6.3 所示为力作用在质量块上的单自由度振动系统，质量块 m 在外力作用下的运动方程为

$$m \frac{\mathrm{d}^2 z(t)}{\mathrm{d}t^2} + c \frac{\mathrm{d}z(t)}{\mathrm{d}t} + kz(t) = f(t) \tag{6-1}$$

式中：$z(t)$ 为系统的输出；c 为黏性阻尼系数；k 为弹簧弹性系数；$f(t)$ 为系统的激振力，即系统的输入。

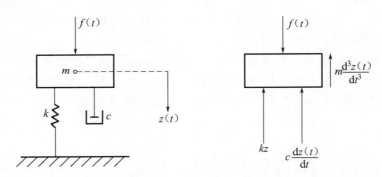

图 6.3 力作用在质量块上的单自由度振动系统

对式 (6-1) 进行拉普拉斯变换，得到系统传递函数

$$H(\mathrm{j}\omega) = \frac{1}{m(\mathrm{j}\omega)^2 + c\mathrm{j}\omega + k} = \frac{1/k}{1 - (\omega/\omega_\mathrm{n})^2 + \mathrm{j}2\xi(\omega/\omega_\mathrm{n})} \tag{6-2}$$

当激振力 $f(t) = F_0 \sin\omega t$ 时，系统稳态时的频率响应函数的幅频特性和相频特性分别为

$$A(\mathrm{j}\omega) = \frac{1}{k} \cdot \frac{1}{\sqrt{[1 - (\omega/\omega_\mathrm{n})^2]^2 + 4\xi^2(\omega/\omega_\mathrm{n})^2}}$$

$$\varphi(\mathrm{j}\omega) = -\arctan\frac{2\xi(\omega/\omega_\mathrm{n})}{1 - (\omega/\omega_\mathrm{n})^2} \tag{6-3}$$

式中：ω 为激振力频率；ω_n 为系统的固有频率，$\omega_\mathrm{n} = \sqrt{k/m}$；$\xi$ 为系统的阻尼率，$\xi = c/2\sqrt{km}$。

二阶系统的幅频特性曲线和相频特性曲线如图 6.4 所示。在幅频特性曲线上，幅值最大处的频率称为位移共振频率，它与系统的固有频率的关系为

$$\omega_r = \omega_n \sqrt{1-2\xi^2} \tag{6-4}$$

随着系统阻尼率的增大，共振峰向原点移动；当系统阻尼率为零时，位移共振频率 ω_r 即固有频率 ω_n；当系统的阻尼率 ξ 很小时，位移共振频率 ω_r 接近系统的固有频率 ω_n，可用作 ω_n 的估计值。

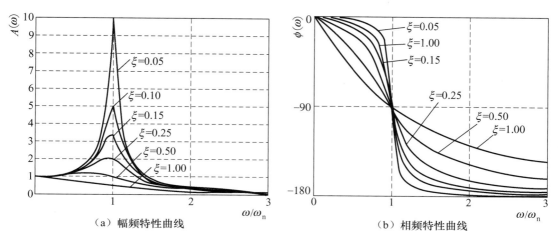

（a）幅频特性曲线　　　　　　　　（b）相频特性曲线

图 6.4　二阶系统的幅频特性曲线和相频特性曲线

从相频特性曲线可以看出，无论系统的阻尼率为多少，在 $\omega/\omega_r = 1$ 时位移始终落后于激振力 $90°$，此现象称为相位共振。

相位共振现象可用于测量系统固有频率。当系统的阻尼率不为零时，很难测准位移共振频率 ω_r。但由于系统的相频特性总是滞后 $90°$，同时相频特性曲线变化陡峭，频率稍有变化，相位就偏离 $90°$，因此用相频特性确定固有频率比较准确。同时，要测量较准确的稳态振幅，需要在共振点停留一定的时间，往往容易损坏设备。而通过扫频，在共振点处即使振幅没有明显增长，相位也陡峭地越过 $90°$。因此，利用相频测量更有意义。

在大多数情况下，机械振动系统的受迫振动是由基础运动引起的，如道路不平度引起的车辆垂直振动，如图 6.5(a) 所示。

设基础的绝对位移为 Z_1，质量块 m 的绝对位移为 Z_0，质量块 m 相对于基础的位移为 $Z_{01} = Z_0 - Z_1$。假设 $Z_1(t)$ 是正弦变化的，即 $Z_1(t) = Z_1 \sin\omega t$，则图 6.5（b）所示力学模型可由牛顿第二定律得到，即

$$m\frac{d^2 Z_0}{dt^2} + c\frac{dZ_0}{dt} + kZ_0 = m\omega^2 Z_1 \sin\omega t \tag{6-5}$$

对式（6-5）进行拉普拉斯变换，并令 $s = j\omega$，得系统的幅频特性和相频特性分别为

$$A(j\omega) = \frac{1}{k} \cdot \frac{(\omega/\omega_n)^2}{\sqrt{[1-(\omega/\omega_n)^2]^2 + 4\xi^2(\omega/\omega_n)^2}}$$
$$\varphi(j\omega) = -\arctan\frac{2\xi(\omega/\omega_n)}{1-(\omega/\omega_n)^2} \tag{6-6}$$

式中：ω 为基础的角频率；ω_n 为机械振动系统的固有频率，$\omega_n = \sqrt{k/m}$；ξ 为机械振动系统的阻尼率，$\xi = c/2\sqrt{km}$。

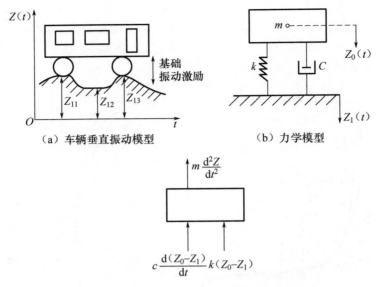

（a）车辆垂直振动模型　　　　　（b）力学模型

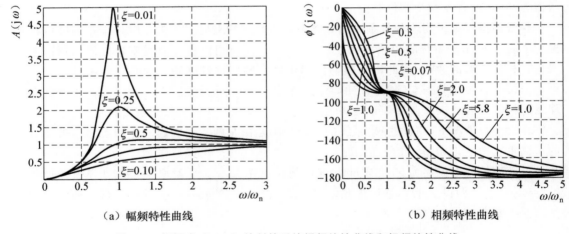

（c）单自由度振动系统的基础振动

图 6.5　车辆运动时受地面不平度激励而产生的垂直振动模型

根据式（6-6）绘制的系统幅频特性曲线和相频特性曲线如图 6.6 所示。

（a）幅频特性曲线　　　　　　　　　（b）相频特性曲线

图 6.6　根据式（6-6）绘制的系统幅频特性曲线和相频特性曲线

6.2.3　多自由度振动系统

　　严格来讲，实际工程中的机械系统都应视为有无穷多个自由度的振动系统，因为它们是连续体，其质量和刚度都是连续分布的。但是，根据研究问题的具体情况，常将它们简化为一个多自由度振动系统。

　　多自由度振动系统的振动方程一般是相互耦合的常微分方程组。通过坐标变换将该系统的振动方程变成一组相互独立的二阶常微分方程组，其中每个方程都可以独立求解。

由于利用模态分析理论可将多自由度系统的运动简化为对若干单自由度系统的运动分析，因此多自由度振动系统存在若干固有频率、阻尼率、当量刚度、当量质量等参数，以及一个特定参数——主振型。主振型是指在系统固有频率下，系统各点的位移响应之间保持固有的确定关系。图 6.7 所示为二自由度系统的主振型。

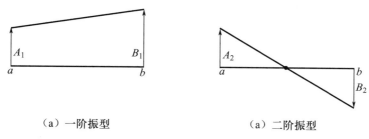

（a）一阶振型　　　　　　　　　　（a）二阶振型

图 6.7　二自由度振动系统的主振型

6.3　振动的激励

在很多场合下，需要运用激振设备使机械结构产生振动，然后进行振动测量。

6.3.1　激振方式

振动的激励

激振方式通常有稳态正弦激振、随机激振和瞬态激振三种。

1. 稳态正弦激振

稳态正弦激振又称简谐激振，是指借助激振设备对被测对象施加一个频率可控的简谐激振力。稳态正弦激振是一种应用广泛的激振方法。

稳态正弦激振的原理是对被测对象施加一个稳定的频率为 ω 的单一正弦激振力，即 $f(t) = F_0 \sin\omega t$，且频率是可调的。在一定频段内对被测系统进行逐点的给定频率的正弦激励的过程称为扫描。稳定正弦激振的优点包括激振功率大、信噪比高、能保证响应测试的精度、设备通用、可靠性较高；但其缺点是需要较长时间，因为系统达到稳态需要一定的时间，特别是当系统阻尼率较小时要有足够的响应时间。

2. 随机激振

随机激振一般用白噪声发生器或伪随机信号发生器作为信号源，它是一种带宽激振方法。白噪声发生器能产生连续的随机信号，其自相关函数在 $\tau = 0$ 处形成陡峭的峰。当偏离 $\tau = 0$ 时，自相关函数很快衰减，其自功率谱密度函数也接近常数。当白噪声通过功率放大器并控制激振器时，由于功率放大器和激振器的通频带是有限的，因此实际激振力频率不再在整个频率域中保持常数，但仍可以激起被测对象在一定频率范围内的随机振动。

3. 瞬态激振

瞬态激振为被测系统提供的激励信号是一种瞬态信号。它属于一种宽频带激励，即一次激励，可同时为被测系统提供频带内各频率成分的能量，使系统产生相应频带内的频率响应。因此，它是一种快速测试方法。由于瞬态激振测试设备简单、灵活性高，因此常在生产现场使用。常用的瞬态激振方法有快速正弦扫描、脉冲锤击和阶跃松弛激励等。

6.3.2 激振器

激振器是一种将所需激振信号转变为激振力并施加到被测对象的装置。激振器应能在所要求的频率范围内提供波形良好、幅值足够、稳定的交变力，在某些情况下还需提供定值的稳定力。交变力使被测对象产生需要的振动；稳定力使被测对象受到一定的预加载荷，以便消除间隙或模拟某种稳定力。常用的激振器有电动式激振器、电磁式激振器和电液式激振器。

6.4　测振传感器

测振传感器

振动测试广泛采用电测法，本节将讨论电测法中常用的测振传感器，测振传感器通常也称拾振器。

6.4.1 常用测量振动方法

测量振动方法按振动信号的转换方式分为电测法、机械法和光学法，其中应用最广的是电测法。测振传感器是将被测对象的位移、速度或加速度等机械振动量转换为与之有确定关系的电流、电压或电荷等电量的装置。

6.4.2 惯性式测振传感器的工作原理

图 6.8 所示为惯性式测振传感器的力学模型。惯性式测振传感器是一个由弹性元件支持在壳体上的质量块所形成的具有黏性阻尼的单自由度振动系统。测量时，测振传感器的壳体固定在被测物体上，测振传感器内的质量-弹簧系统受基础运动的激励而产生受迫运动。惯性式测振传感器的输出为质量块与壳体之间的相对运动对应的电信号。

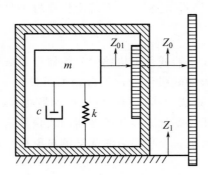

图 6.8　惯性式测振传感器的力学模型

由于惯性式测振传感器内的惯性系统是由基础运动引起质量块的受迫振动，因此可以用式（6-5）表示运动方程，用式（6-6）表示幅频特性和相频特性，幅频特性曲线和相频特性曲线如图 6.6 所示。

从式（6-6）可以得出以下结论。

（1）对于幅频图，只有当 $\omega/\omega_n \ll 1$（$\omega \ll \omega_n$）的情况下，$A(\omega) \approx 1$，满足动态测试幅值不失真的条件；当系统的阻尼率 ξ 接近 0.7 时，$A(\omega)$ 更接近直线。

（2）对于相频图，当 $\omega \ll \omega_n$ 时，没有一条相频特性曲线是近似斜率为负的直线，不能满足动态测试相位不失真的条件；当 $\omega = (7 \sim 8)\omega_n$ 时，相位差接近 $-180°$，此时满足动态测试相位不失真的条件。

根据上述特性，设计和使用惯性式测振传感器时需要注意以下两点。

（1）惯性式测振传感器的固有频率较低，同时使系统的阻尼率 $\xi = 0.6 \sim 0.8$，从而保证工作频率的下限 $\omega = 1.7\omega_n$，幅值误差不超过 5%。

（2）当使用 $\omega > (7 \sim 8)\omega_n$ 进行相位测试时，需要用移相器获得相位信息。

上述惯性式测振传感器的输入和输出均为位移量。若输入和输出均为速度，基础运动为绝对速度，输出为相对于壳体的相对速度，则测振传感器为惯性式速度测振传感器，幅频特性为

$$A_v(j\omega) = \frac{Z_{01}\omega}{Z_1\omega} = \frac{1}{k} \frac{(\omega/\omega_n)^2}{\sqrt{[1-(\omega/\omega_n)^2]^2 + 4\xi^2 (\omega/\omega_n)^2}} \tag{6-7}$$

可以看出，式（6-7）和式（6-6）的幅频特性一致，说明惯性式位移测振传感器和惯性式速度测振传感器具有相同的幅频特性。若质量块相对于壳体为位移量，壳体的运动为绝对加速度，则惯性式测振传感器为惯性式加速度测振传感器，其幅频特性为

$$A_a(j\omega) = \frac{Z_{01}}{Z_1\omega^2} = \frac{1}{k\omega_n^2} \frac{1}{\sqrt{[1-(\omega/\omega_n)^2]^2 + 4\xi^2 (\omega/\omega_n)^2}} \tag{6-8}$$

根据式（6-8）绘制惯性式加速度测振传感器的幅频特性曲线，如图 6.9 所示。

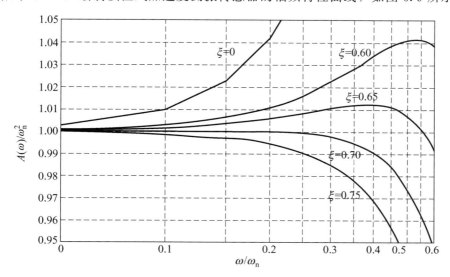

图 6.9 惯性式加速度测振传感器的幅频特性曲线

从图 6.9 可以得出以下结论。

(1) 当 $\omega \ll \omega_n$ 时，$A_a(\omega) \approx 1/\omega_n^2 =$ 常数。当 $\xi = 0.7$ 时，在幅值误差小于 5% 的情况下，惯性式加速度测振传感器的工作频率 $\omega \leqslant 0.58\omega_n$。

(2) 当 $\xi = 0.7$，$\omega = (0 \sim 0.58)\omega_n$ 时，相频特性曲线近似为一条过原点的斜直线，满足动态测试相位不失真的条件。当 $\xi = 0.1$，$\omega < 0.22\omega_n$ 时，相位滞后近似为零，接近理想动态测试相位不失真的条件。

惯性式加速度测振传感器可用于宽带测振，如冲击振动、瞬态振动和随机振动的测量。

6.4.3 压电式加速度测振传感器

压电式加速度测振传感器是一种以压电材料为转换元件的装置，其电荷或电压的输出与加速度成正比。由于压电式加速度测振传感器具有结构简单、工作可靠、量程大、频带宽、体积小、质量轻、精确度和灵敏度高等优点，因此成为机械振动测试技术中使用广泛的测振传感器。

常用的压电式加速度测振传感器的结构如图 6.10 所示，其中 S 是弹簧，M 是质量块，P 是压电元件，B 是基座，R 是夹持环。图 6.10（a）所示压电式加速度测振传感器为中心安装压缩型，压电元件-质量块-弹簧系统装在中心支柱上，中心支柱与基座连接。这种结构共振频率高；但是基座与测试对象连接时，如果基座有变形，则直接影响测振传感器的输出。此外，测试对象和环境温度变化将影响压电元件，并使预紧力发生变化，易引起温度漂移。图 6.10（b）所示压电式加速度测振传感器为环形剪切型。其结构简单，能做成极小型、高共振频率的加速度测振传感器，环形质量块黏接到装在中心支柱上的环形压电元件上。由于黏结剂会随温度升高而变软，因此最高工作温度受到限制。图 6.10（c）所示压电式加速度测振传感器三角剪切型，夹持环将压电元件夹牢在三角形中心支柱上，压电式加速度测振传感器感受轴向振动时，压电元件承受切应力。这种结构对底座变形和温度变化有极好的隔离作用，具有较高的共振频率和良好的线性。

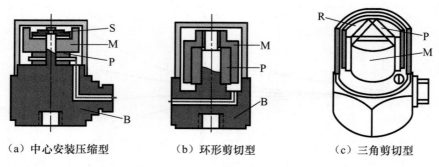

（a）中心安装压缩型　　　　（b）环形剪切型　　　　（c）三角剪切型

图 6.10　常用的压电式加速度测振传感器的结构

由于压电式加速度测振传感器输出的电信号是微弱的电荷，而且其本身有很大的内阻，因此输出的能量甚微。常首先将输出信号输入高输入阻抗的前置放大器，使该测振传感器的高阻抗输出变换为低阻抗输出；然后对输出的微弱信号进行放大、检波；最后驱动指示仪表或记录仪器，显示或记录测试的结果。

6.4.4　选择测振传感器的原则

选择测振传感器时，要根据测试要求（如测量位移、速度、加速度、力等）、被测对象的振动特性（如待测的振动频率范围和估计的振幅范围等）、使用环境（如环境温度、湿度和电磁干扰等），并结合测振传感器的性能指标综合考虑。不同测振传感器的使用场合见表 6-1。

表 6-1　不同测振传感器的使用场合

传感器类别	使用场合
位移测振传感器	① 振动位移的限幅，如不允许某振动部件在振动时与其他部件碰撞； ② 测量振动位移幅值的部位正好是需要分析应力的部位； ③ 测量低频振动时，由于其振动速度或振动加速度均很小，因此不便采用速度测振传感器或加速度测振传感器测量
速度测振传感器	① 振动位移的幅值太小； ② 与声响有关的振动测量； ③ 中频振动测量
加速度测振传感器	① 高频振动测量； ② 需分析机器部件的受力、载荷或应力的场合

6.5　振动信号分析仪器

从测振传感器检测到的振动信号经过频谱分析后，可以用来估计振动的根源和干扰，并诊断和分析故障。当采用激振方法研究被测对象的动态特性时，需将检测到的振动信号和力信号联系起来，然后求出被测对象的幅频特性和相频特性。因此，需选用合适的滤波技术和信号分析仪器。振动信号分析仪器主要有振动计、频率分析仪、频率特性分析仪、传递函数分析仪、综合分析仪、虚拟仪器、智能仪器等。

1. 振动计

振动计是用来直接指示位移、速度、加速度等振动量的峰值、峰-峰值、平均值或方均根值的仪器，如图 6.11 和图 6.12 所示。它主要由积分电路、微分电路、放大器、电压检波器和表头等组成。

由于振动计只能获得振动的总强度，而无法获得振动的其他信息，因此其使用范围有限。为了获得更多信息，可对振动信号进行频谱分析、相关分析和概率密度分析等。

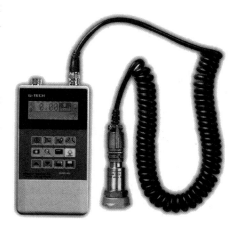

图 6.11　手持式振动计

2. 频率分析仪

频率分析仪也称频谱分析仪，它是把振动信号
的时间历程转换为频域描述的仪器，如图 6.13 所示。要分析产生振动的原因、研究振动
对人类和其他结构的影响及研究结构的动态特性等，需要进行频率分析。频率分析仪的种
类很多，按工作原理分为模拟型频率分析仪和数字型频率分析仪两大类。

图 6.12　振动计　　　　　　　　　　　图 6.13　频率分析仪

3. 频率特性分析仪与传递函数分析仪

以频率特性分析仪或传递函数分析仪为核心组成的测试系统，通常采用稳态正弦激振
法测定机械结构的频率响应或机械阻抗等数据。

4. 综合分析仪

随着微电子技术和信号处理技术的迅速发展、快速傅里叶变换算法的推广，在工程测
试中，数字信号处理方法得到越来越广泛的应用，出现了各种信号分析仪器和数据处理仪
器。由于包含高速控制环节和运算环节的实时数字信号处理系统及信号处理仪器具有多种
功能，因此将其称为综合分析仪。

虚拟仪器的
含义及特点

5. 虚拟仪器

（1）虚拟仪器的含义及特点。

虚拟仪器是一种通过软件将通用计算机与测试仪器硬件结合，用户通过
图形界面进行操作的仪器。虚拟仪器起源于 1986 年美国国家仪器（national
Instruments，NI）有限公司推出的 LabVIEW（laboraty virtual instrument
engineering workbench）软件。虚拟仪器利用计算机系统的强大功能，结合
相应的硬件，采用模块式结构，突破了传统物理仪器在信号传送、数据处理、显示和存储
等方面的限制，使用户方便地进行定义、维护、扩展和升级，同时实现资源共享、降低
成本。

虚拟仪器在计算机上构建虚拟仪器面板，并尽可能多地使用计算机软件程序完成原来
由硬件电路实现的信号调理和信号处理功能。硬件功能的软件化是虚拟仪器的重要特征。
操作人员用鼠标和键盘控制虚拟仪器程序，与操作真实的仪器相同，以完成测量和分析
任务。

与传统仪器相比，虚拟仪器的最大特点是功能由软件定义，用户可以根据应用需要选择不同的应用软件，形成不同的虚拟仪器。传统仪器的功能是由生产厂商事先定义好的，用户无法改变。当需要改变仪器功能或构造新的仪器时，用户可以通过改变应用软件实现，而不必购买新的硬件仪器。传统仪器和虚拟仪器的对比如图 6.14 所示。

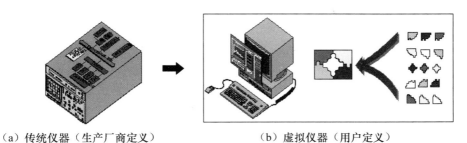

（a）传统仪器（生产厂商定义）　　　　　　（b）虚拟仪器（用户定义）

图 6.14　传统仪器与虚拟仪器的对比

虚拟仪器是计算机化仪器，由计算机、信号测量硬件和应用软件三部分组成。美国国家仪器有限公司推出的虚拟仪器如图 6.15 所示。

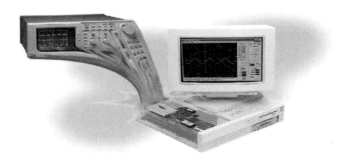

图 6.15　美国国家仪器有限公司推出的虚拟仪器

虚拟仪器可以分为下面几种形式。

① PC-DAQ 测试系统：由数据采集（data acquisition，DAQ）卡、计算机和虚拟仪器软件构成的测试系统。

② GPIB 测试系统：由通用接口总线（general-purpose interface bus，GPIB）标准总线仪器、计算机和虚拟仪器软件构成的测试系统。

③ VXI 测试系统：由 VXI（VMEbus extensions for instrumentation，VME 总线在仪器领域的拓展）标准总线仪器、计算机和虚拟仪器软件构成的测试系统。

④ 串口测试系统：由 RS-232 标准串行总线仪器、计算机和虚拟仪器软件构成的测试系统。

⑤ 现场总线测试系统：由现场总线仪器、计算机和虚拟仪器软件构成的测试系统。

其中，PC-DAQ 测试系统较常用，其针对不同的应用目的和应用环境有多种性能及用途的数据采集卡（如低速采集板卡、高速采集卡、高速同步采集板卡、图像采集卡、运动控制卡等）。

虚拟仪器研究的另一个问题是标准仪器的互联及与计算机的连接，一般采用 IEEE 488

或 GPIB 协议，未来的仪器也应当是网络化的。VXI 总线标准支持插卡式仪器。每种仪器都是一个插卡，为了保证仪器的性能，采用较多硬件，但这些插卡式仪器本身都没有面板，其面板仍然用计算机显示。将这些卡插入标准的 VXI 机箱，再与计算机相连，就组成了一个测试系统。

由于普通的个人计算机价格低，由其直接构建的虚拟仪器或计算机测试系统的性能不可能太高，因此需要配合一些硬件组成虚拟仪器系统。VXI 总线标准仪器价格比较高，而 PXI（PCI extensions for instrumentation，面向仪器系统的 PCI 扩展）标准仪器价格较低，它是由美国国家仪器有限公司发布的坚固的基于个人计算机的测量和自动化平台，用于将台式计算机的性能价格比优势与 PCI 总线面向仪器领域的必要扩展完美结合，形成高性能、低成本虚拟仪器测试平台。

（2）虚拟仪器的组成。

虚拟仪器包括硬件和软件两部分，其中硬件主要是数据采集/控制硬件（包括传感器、信号采集与控制板卡等），软件包括信号分析软件和信号显示软件等，如图 6.16 所示。

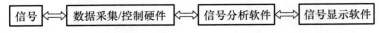

$$信号 \Longleftrightarrow 数据采集/控制硬件 \Longleftrightarrow 信号分析软件 \Longleftrightarrow 信号显示软件$$

图 6.16　虚拟仪器的组成

虚拟仪器的组成

① 硬件组成。

根据虚拟仪器采用的信号测量硬件模块的不同，虚拟仪器可以分为以下几种。

a. PC-DAQ 数据采集卡。

PC-DAQ 数据采集卡通常利用计算机扩展槽和外部接口，将信号测量硬件设计为计算机插卡或外部设备直接插接在计算机上，再配上相应的应用软件，组成计算机虚拟仪器测试系统。这是应用较多的一种计算机虚拟仪器组成形式。

b. GPIB 总线测试仪器。

GPIB 标准是测试仪器与计算机通信的一个标准。通过 GPIB 接口总线，可以把具备 GPIB 总线接口的测量仪器与计算机连接起来，组成虚拟仪器测试系统。GPIB 总线接口有 24 线（IEEE 488 标准）和 25 线（IEC 625 标准）两种形式，其中 IEEE 488 的 24 线 GPIB 总线接口应用较多。国家标准中采用 24 线的电缆及相应的插头插座。

GPIB 总线测试仪器通过 GPIB 总线接口和 GPIB 电缆与计算机相连，形成计算机测试仪器，如图 6.17 所示。与 PC-DAQ 数据采集卡不同，GPIB 总线测试仪器是独立设备，能单独使用。GPIB 总线测试仪器可以串联使用，但系统中 GPIB 电缆的总长度不应超过 20m，过大的传输距离会使信噪比下降，从而影响数据的传输质量。

c. VXI 总线模块。

VXI 总线模块是一种基于板卡式的相对独立的模块化仪器。从物理结构看，VXI 总线模块由一个为嵌入模块提供安装环境与背板连接的主机箱和插接的 VXI 板卡组成。与 GPIB 标准测试仪器一样，VXI 总线模块需要通过 VXI 总线的硬件接口与计算机相连。图 6.18 所示为 VXI 总线模块的外形。

d. RS-232 串行接口仪器。

图 6.17　GPIB 总线测试仪器

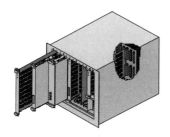

图 6.18　VXI 总线模块的外形

RS-232 是数据终端设备（data terminal equipment，DTE）和数据电路端接设备（data circuit-terminating equipment，DCE）之间串行二进制数据交换接口技术标准，它是 1970 年美国电子工业协会（energy information administration，EIA）制定的用于串行通信的标准。该标准规定采用 25 个引脚的 DB25 连接器，并规定连接器每个引脚的信号内容和各种信号的电平。很多带有 RS-232 串行接口的仪器都通过连接电缆与计算机相连，从而构成计算机虚拟仪器测试系统，实现用计算机控制仪器。

e. 现场总线模块。

现场总线模块是一种可以用于恶劣环境、抗干扰能力很强的总线仪器模块。与上述其他硬件功能模块类似，在计算机中安装现场总线接口卡后，通过现场总线专用连接电缆构成计算机虚拟仪器测试系统，实现用计算机控制现场总线仪器。

② 驱动程序。

任何一种硬件与计算机通信都需要在计算机中安装该硬件的驱动程序（与在计算机中安装显卡和网卡类似），用户可以在不必详细了解硬件控制原理和 GPIB、VXI、DAQ、RS-232 等通信协议的情况下，通过驱动程序对特定仪器硬件进行控制与通信。驱动程序通常由硬件功能模块的生产厂商提供。

③ 应用软件。

应用软件是虚拟仪器的核心。一般虚拟仪器硬件功能模块的生产厂商会提供应用软件，如虚拟示波器（图 6.19）、数字多用表、逻辑分析仪等。当用户有特殊需求时，可以利用 LabVIEW、Agilent VEE 等虚拟仪器开发平台开发应用软件。

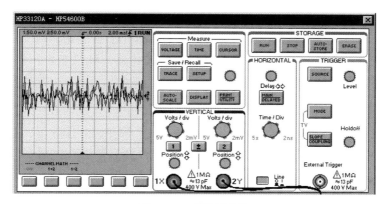

图 6.19　虚拟示波器

（3）虚拟仪器的典型模块单元。

虚拟仪器的核心是应用软件，其应用软件模块主要有硬件板卡驱动程序、信号分析模块和仪器仪表显示三类。

硬件板卡驱动程序模块通常由硬件板卡生产商提供。设计驱动程序时，一般直接在其提供的 DLL 或 ActiveX 基础上开发。PC－DAQ 数据采集卡、GPIB 总线测试仪器卡、RS－232 串行接口仪器卡、现场总线模块等仪器板卡的驱动程序接口都已标准化，为减少由硬件设备驱动程序不兼容带来的问题，国际上成立了可互换虚拟仪器（interchangeable virtual instrument）驱动程序设计协会，并制定了相应软件接口标准。

信号分析模块的功能是完成数学运算。在工程测试中，常用的信号分析模块包括：① 信号的时域分析和参数计算；② 信号的相关分析；③ 信号的概率密度分析；④ 信号的频谱分析；⑤ 传递函数分析；⑥ 信号滤波分析；⑦ 三维谱阵分析。LabVIEW、MAT-LAB 等软件包都提供这些信号分析模块。

LabVIEW、Agilent VEE 等虚拟仪器开发平台提供大量软件模块，设计虚拟仪器程序时直接选用即可。但这些开发平台价格较高，一般只在专业场合使用。

（4）虚拟仪器的开发系统。

虚拟仪器的应用软件开发平台有很多种，常用的有 LabVIEW、LabWindows/CVI、Agilent VEE 等，其中 LabVIEW 应用最广泛。LabVIEW 采用可视化编程方式，设计人员完成虚拟仪器前面板设计后，在后面板的图形窗口按照虚拟仪器的逻辑关系，使用连线工具连接即可完成图形化编程。

虚拟仪器案例实践

（5）虚拟仪器的应用。

虚拟仪器的优势在于用户可自定义专用仪器系统，功能灵活、容易构建，应用广泛。尤其在科研、开发、测量、检测、计量、测控等领域，虚拟仪器是不可多得的好工具。

在仪器计量系统方面，由于示波器、频谱分析仪、信号发生器等传统的测量仪器设备缺乏相应的计算机接口，因此配合数据采集及数据处理十分困难。此外，传统仪器的体积较大，测量多种数据时不方便。集成的虚拟测量系统不但可以使测量人员从繁杂的仪器中解放出来，而且可以实现自动测量、自动记录和自动数据处理等功能。在相同性能条件下，虚拟仪器的价格比传统仪器低很多。虚拟仪器因强大的功能和价格优势在仪器计量领域有强大的生命力及十分广阔的应用前景。

在专用测量系统方面，虚拟仪器的发展空间更广阔。虚拟仪器的原理就是用专用的软件和硬件配合计算机实现专有设备的功能，并使其自动化、智能化。因此，虚拟仪器适合一切需要计算机辅助进行数据存储、数据处理及数据传输的计量场合。只要技术上可行，就可用虚拟仪器代替传统计量系统。

6. 智能仪器

随着微电子技术的不断发展，集成 CPU、存储器、定时器/计数器、并行接口和串行接口，把定时器、前置放大器、A/D 转换器、D/A 转换器等电路集成在一块芯片上的超大规模集成电路芯片（单片计算机）应运而生。以单片计算机为主体，结合计算机技术与测量控制技术，便组成了智能化测量控制系统，即智能仪器。

智能仪器的出现扩大了传统仪器的应用范围。智能仪器凭借体积小、功能强、功耗低等优势，迅速在家用电器、科研单位和工业企业中得到广泛应用。

智能仪器

近年来，智能仪器发展迅速。国内市场出现了多种智能化测量控制仪表，如自动进行差压补偿的智能节流式流量计、程序控温的智能多段温度控制仪、实现数字 PID 控制和复杂控制规律的智能式调节器及对谱图进行分析和数据处理的智能色谱仪等。

国际上智能仪器品种也很多。美国霍尼韦尔国际公司生产的 DSTJ－3000 系列数字变送器能对差压值状态进行复合测量，对自身温度、静压等实现自动补偿，其精度可达到 ±0.1％FS（full scale，满量程）。美国 RACA－DANA 公司生产的 9303 型超高电平表利用微处理器消除电流流经电阻所产生的热噪声，测量电平低达 $-77dB$。美国福禄克公司生产的 5520A 超级多功能校准器内部有三个微处理器，其短期稳定性达到 1×10^{-6}，线性度可达 0.5×10^{-6}。美国福克斯波罗公司生产的数字化自整定调节器采用专家系统技术，能够像有经验的控制工程师一样，根据现场参数迅速整定调节器。这种调节器特别适用于对象变化频繁或非线性的控制系统。由于这种调节器能够自动整定调节参数，因此其在生产过程中始终保持最佳品质。

（1）智能仪器的工作原理。

智能仪器的硬件结构如图 6.20 所示。传感器拾取被测参量的信息并转换为电信号，经滤波去除干扰后送入多路模拟开关；单片计算机逐路选通模拟开关，将输入通道的信号逐一送入程控增益放大器；放大后的信号经 A/D 转换器转换为相应的脉冲信号并送入单片计算机；单片计算机根据仪器设定的初始值进行相应的数据运算和数据处理，运算结果被转换为相应的数据显示和打印，单片计算机把运算结果与存储于 EEPROM 中的设定参数进行比较后，根据运算结果和控制要求输出报警装置触发、继电器触点等控制信号。此外，智能仪器还可以与计算机组成分布式测控系统，智能硬件（包括单片机、传感器等）作为下位机采集测量信号与数据，并通过串行通信传输给上位机——计算机，计算机进行全局监控。

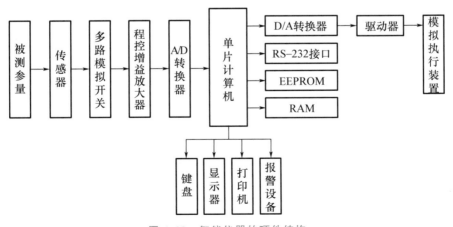

图 6.20　智能仪器的硬件结构

（2）智能仪器的功能特点。

与传统仪器仪表相比，智能仪器具有以下功能特点。

① 操作自动化。智能仪器的整个测量过程（如键盘扫描、量程选择、开关启动闭合、数据的采集、传输与处理，以及显示打印等）都可以用单片计算机或微处理器控制操作，测量过程全部自动化。

Dita智能便携空气检测仪

② 具有自测功能，包括自动调零、自动故障与状态检验、自动校准、自诊断及量程自动转换等。智能仪器能自动检测故障部位甚至故障原因。这种自测功能极大地方便了仪器的维护。

③ 具有数据处理功能。智能仪器采用单片计算机或微处理器，可以用软件非常灵活地解决原来用硬件逻辑难以解决的问题。例如，传统的数字多用表只能测量电阻、交直流电压、电流等，而智能数字多用表不仅能进行上述测量，而且具有对测量结果进行零点平移、取平均值、求极值、统计分析等功能。

④ 具有友好的人机界面。智能仪器使用键盘代替传统仪器中的切换开关，操作人员只需通过键盘输入命令即可实现测量功能。同时，智能仪器通过显示器及时将仪器的运行情况、工作状态及对测量数据的处理结果告知操作人员，使仪器的操作更加方便。

⑤ 具有可程控操作能力。一般智能仪器都配有 GPIB、RS-232、RS-485 等标准的通信接口，可以很方便地与计算机和其他仪器组成多功能自动测量系统，以完成更加复杂的测试任务。

6.6 振动测试系统设计及数据处理实例

本节以汽车平顺性测试为例，介绍振动测试仪器的选择、振动测试系统的组成、数据处理及平顺性评价。汽车行驶平顺性是评价汽车行驶过程中乘坐舒适性的一个重要指标。汽车平顺性直接关系到乘坐舒适性，并涉及汽车动力性和经济性，影响零部件的使用寿命。

汽车振动主要是由汽车行驶在不平路面上引起的。此外，汽车行驶时，发动机、传动系统和轮胎等的转动也会引起汽车振动，这种振动经由刚性元件（如轮胎、悬架、坐垫等）、弹性元件及阻尼元件构成的振动系统传递到悬架支撑质量或人体上。汽车平顺性测试系统框图如图 6.21 所示。

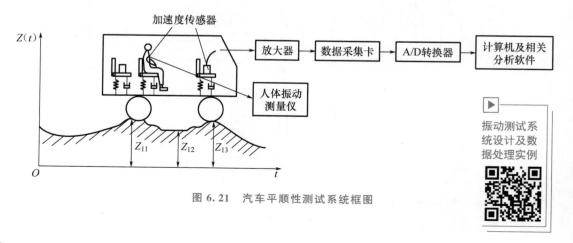

振动测试系统设计及数据处理实例

图 6.21　汽车平顺性测试系统框图

测定轮胎、悬架、坐垫的弹性特性（载荷与变形关系曲线），可以求出在规定载荷下轮胎、悬架、坐垫的刚度。可以由加载曲线和卸载曲线包围的面积确定这些元件的阻尼。以上参数测定可以用来分析新设计或改进汽车平顺性，探索产生问题的原因，并找出结构参数对汽车平顺性的影响。

在汽车行驶过程中，各点的加速度自功率谱密度函数和加权加速度均方根值包括系统振动特性的丰富信息，对它们进行分析可以对汽车平顺性作出一定的评价。图 6.22 所示为汽车平顺性测试过程。

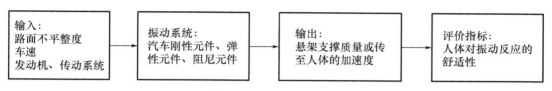

图 6.22　汽车平顺性测试过程

1. 随机路谱输入试验及数据获取

试验时，汽车在匀速段内稳住车速，然后以规定的车速匀速驶过试验路段，车速偏差小于试验车速的 4%。汽车驶入试验路段时，启动测试仪器，测试各测试部位的加速度时间历程，同时测量通过试验路段的时间以计算平均速度。汽车驶出试验路段后，关闭测试仪器。

本试验主要测试驾驶人、前排乘员座椅三个方向（横向、纵向和垂向）的加速度，辅助测试驾驶人座椅下两滑轨中心点处三个方向的加速度。驾驶人座椅测试部位的载荷为身高 1.70m、体重 65kg 的自然人。

汽车分别以 40km/h、50km/h、60km/h、70km/h 和 80km/h 的速度匀速直线行驶，乘员 5 人，额定胎压，汽车载荷接近额定最大装载质量。

该测试的测试仪器主要有加速度传感器、放大器、数据采集卡、人体振动测量仪、振动分析软件。图 6.23 所示为 40km/h 匀速直线行驶驾驶人座椅三个方向的加速度曲线。

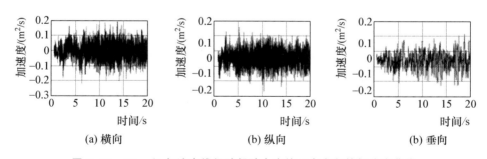

图 6.23　40km/h 匀速直线行驶驾驶人座椅三个方向的加速度曲线

取评价点各方向加速度信号的四组数据，先将加速度传感器测得的信号导入信号处理工具箱，再通过滤波器。驾驶人座椅振动属于低频振动，可以用滤波器过滤高频干扰信号。为了提高频谱分析精度，计算自功率谱密度函数时可以进行加窗处理。驾驶人座椅加速度自功率谱密度函数如图 6.24 至图 6.26 所示。

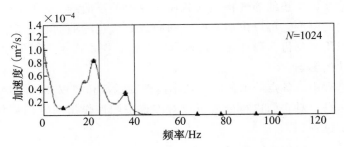

图 6.24　驾驶人座椅横向加速度自功率谱密度函数

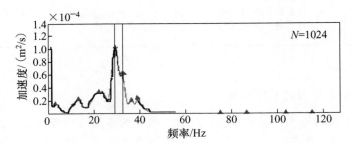

图 6.25　驾驶人座椅纵向加速度自功率谱密度函数

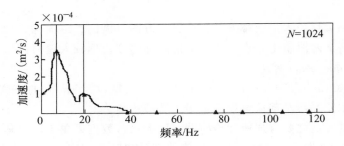

图 6.26　驾驶人座椅垂向加速度自功率谱密度函数

2. 数据处理及平顺性评价

　　加权加速度方均根值是按振动方向并根据人体对振动频率的敏感程度进行加权计算的，它是人体振动的评价指标。计算加权加速度均方根值时，首先计算测试部位各方向加速度自功率谱密度函数。计算自功率谱密度函数时，可以进行加窗处理。使用 MATLAB 信号处理工具箱可以快速计算加速度自功率谱密度函数。

　　下面计算 40km/h 匀速直线行驶驾驶人座椅各方向加速度自功率谱密度函数。先将加速度信号导入信号处理工具箱，再通过滤波器。由于驾驶人座椅振动属于低频振动，因此可以用滤波器过滤高频干扰信号。

　　为了提高频谱分析精度，计算自功率谱密度函数时可以进行加窗处理。加速度功率谱密度包含振动的丰富信息。速度为 40～80km/h 时驾驶人座椅处加权加速度方均根及加权振级见表 6-2。

表 6-2　速度为 40~80km/h 时驾驶人座椅处加权加速度方均根及加权振级

速度/(km/h)	40	50	60	70	80
加权加速度方均根 a_{nw}	0.0951	0.2251	0.3551	0.4551	0.5651
加权振级 L_{nw}	99.563	107.047	111.007	113.162	115.042
主观感受	没有不舒服	没有不舒服	有一些不舒服	有一些不舒服	相当不舒服

在不同速度下测试并计算驾驶人座椅处加权加速度均方根及加权振级，对汽车平顺性和乘坐舒适性作出一定的评价。当汽车速度超过 60km/h 时，驾驶人开始出现不舒服的感觉，速度为 80km/h 时驾驶人主观感受为相当不舒服。

6.7　机械振动系统的固有频率和阻尼率估计

机械振动系统的主要参数有固有频率、阻尼率和振型等。实际上，机械振动系统的模型都是多自由度的，有多个固有频率，在幅频特性曲线上会出现许多"共振峰"。一般来讲，机械振动系统的这些特性与激振方式、测点布置无关。在多自由度线性振动系统中，可认为任一点的振动响应都是反映该系统特性的多个单自由度振动系统响应的叠加。对于小阻尼振动系统，在某个固有频率附近与其对应的该阶振动响应特别大，以至于可以忽略其他阶振动响应，并以该阶振动响应代替系统的总响应。

机械结构的固有频率和阻尼率估计

单自由度振动参数估计方法可用来近似地估计多自由度振动系统的固有频率及阻尼率。多自由度振动系统的振型通过布置多个测点并在系统的各固有频率条件下测定各点的振动后确定。

 案例讨论

数控机床振动测试方法

数控机床是工业生产中应用较广的一种机械设备，其工作稳定性直接影响工业产品质量和制造业生产水平。数控机床振动会降低加工质量和稳定性，引发整机振动的原因如下。

（1）机床自身。数控机床运行时可能会因回转零部件不平衡、导轨磨损以及齿轮、轴承等零部件冲击等而产生受迫振动。

（2）外部环境。数控机床运行在工业环境中，一旦该环境存在大型振动源，就会使数控机床产生受迫振动。

（3）加工工艺。数控机床加工零部件时，主轴转速、进给量、切削深度等因素会导致数控机床产生自激振动或者受迫振动。

数控机床振动测试能够检测数控机床的稳定性，发现数控机床运行时存在的振动问题，从而为抑制数控机床整机振动及优化工艺参数提供解决路径。

以沈阳第一机床厂某型号数控车床为研究对象，选用硬质合金刀具和灰铸铁材料工件

（190HBS），数控车削加工振动测试系统现场布置如图 6.27 所示。

图 6.27　数控车削加工振动测试系统现场布置

数控车削加工振动测试系统的组成如图 6.28 所示，主要包括加速度传感器、信号调理模块、数据采集卡及上位机等。

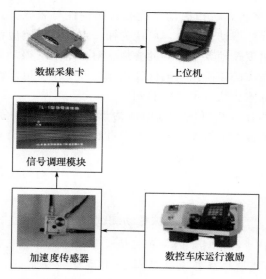

图 6.28　数控车削加工振动测试系统的组成

在数控车削加工振动测试系统中，传感器测点布置和传感器选择尤为关键。选择传感器时主要考虑测量范围、测量的物理量、响应速度、精度和灵敏度等。避免将传感器测点布置在节点位置（振幅接近零的位置）。因此，在测试前，可以采用仿真软件对系统进行动态响应分析，获得系统的固有频率和变形云图，指导传感器选择和测点布置。

建立数控车削加工系统的有限元模型，在床身地脚螺栓处施加 x、y、z 三个方向全约束，并在主要装配部件间设置结合面约束关系，施加复杂工况模型的载荷，由谐响应分析计算得到数控车削加工系统在动态交变载荷作用下的振动响应，如图 6.29 所示。仿真结果是表面系统主要频率激发带为 30～300 Hz，因此设定谐振频率为 0～300 Hz。三个加速度传感器分别安装于主轴后端、主轴前端（距套筒端面 5 mm ）和刀架。

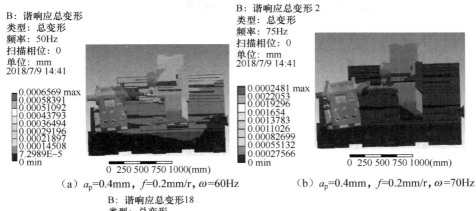

（a）a_p=0.4mm，f=0.2mm/r，ω=60Hz　　（b）a_p=0.4mm，f=0.2mm/r，ω=70Hz

（c）a_p=0.4mm，f=0.2mm/r，ω=225Hz

图 6.29　数控车削加工系统在动态交变载荷作用下的振动响应

采集的部分时域信号如图 6.30 所示。基于时域信号，采用傅里叶变换方法获得主轴前端的幅频特性曲线，如图 6.31 所示。试验结果表明，当主轴转速不变，进给量和切削深度逐渐增大时，主轴前端的振幅逐渐增大，在 110～155 Hz 处均有较大振幅；与切削深度相比，增大进给量引起的主轴前端振幅变化更明显；当进给量和切削深度不变，主轴转速逐渐增大时，五种工况下主轴前端的振幅曲线基本重合、变化不明显，说明主轴转速对振幅的影响很小。

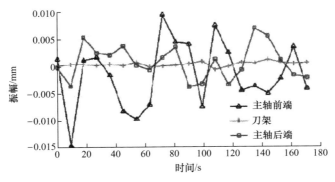

图 6.30　采集的部分时域信号

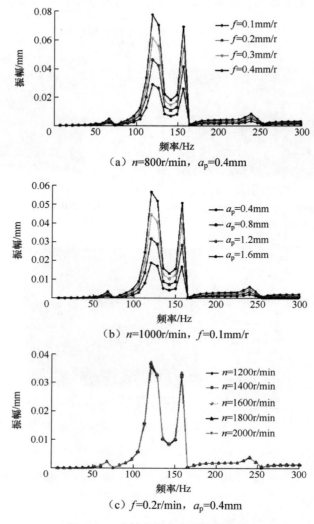

（a）n=800r/min，a_p=0.4mm

（b）n=1000r/min，f=0.1mm/r

（c）f=0.2r/min，a_p=0.4mm

图6.31　主轴前端的幅频特性曲线

问题讨论：

（1）试验中的数控机床的固有频率是多少？

（2）如何确定试验采样频率？

小　　结

振动测试包括：①测量设备在运行时的振动参量，以了解被测对象的振动状态、评定振动等级和寻找振源，以及进行监测、识别、诊断和预估；②对设备或部件进行某种激励，使其产生受迫振动，以求得固有频率、阻尼率、阻抗、响应和模态等被测对象的振动力学参量或动态性能。

本章主要包括以下内容。

（1）振动的基本知识、振动的分类、单自由度振动系统和多自由度振动系统的概念。

（2）激振的方式（稳态正弦激振、随机激振和瞬态激振）。

（3）激振器（电动式激振器、电磁式激振器和电液式激振器）。

（4）测振传感器（惯性式测振传感器和压电式加速度测振传感器）及其工作原理，选择测振传感器的原则。

（5）振动信号分析仪器（振动计、频率分析仪、频率特性分析仪、传递函数分析仪、综合分析仪、虚拟仪器、智能仪器）。

习　题

6-1　图 6.32 所示为测振传感器输出的稳态电压 e 和被测振动的位移 z、速度 $\dot{z}$、加速度 $\ddot{z}$ 的幅值比与频率的函数关系曲线。试问该测振传感器可能作为什么传感器使用？请在图上标出可测量信号的频率范围。

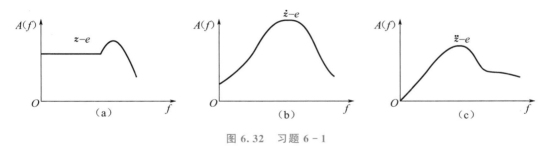

图 6.32　习题 6-1

6-2　要测量频率为 40～50Hz 的正弦振动信号，应选用速度测振传感器还是加速度测振传感器？为什么？若使用速度测振传感器测量，则输出/输入信号的幅值比增大还是减小？为什么？若使用加速度测振传感器呢？

6-3　加速度测振传感器的固有频率为 2.2kHz，系统的阻尼率为临界值的 55%，当输入 1.3kHz 的正弦信号时，输出的振幅误差和相位差各是多少？

第6章
在线答题

参 考 文 献

BECKWITH，MARANGONI，LIENHARD V，2004. 机械量测量 ［M］. 5 版. 王伯雄，译. 北京：电子工业出版社.

HAYKIN，VEEN，2002. Signals and Systems ［M］. 2nd ed. New York：John Wiley & Sons.

REDA，SULLIVAN，2001. Advanced measurement techniques ［M］. Brussels：Von Karman Institute.

SWANSON，2000. Signal Processing for Intelligent Sensor Systems ［M］. New York：Marcel Dekker.

鲍晓峰，1995. 汽车试验与检测 ［M］. 北京：机械工业出版社.

蔡共宣，林富生，陈兴洲，2017. 工程测试与信号处理 ［M］. 3 版. 武汉：华中科技大学出版社.

陈国顺，张桐，郭阳宽，等，2012. 精通 LabVIEW 程序设计 ［M］. 2 版. 北京：电子工业出版社.

陈花玲，2009. 机械工程测试技术 ［M］. 2 版. 北京：机械工业出版社.

范云霄，刘桦，2002. 测试技术与信号处理 ［M］. 北京：中国计量出版社.

胡广书，2005. 数字信号处理导论 ［M］. 北京：清华大学出版社.

胡宗武，1985. 工程振动分析基础 ［M］. 上海：上海交通大学出版社.

贾民平，张洪亭，周剑英，2001. 测试技术 ［M］. 北京：高等教育出版社.

江征风，2010. 测试技术基础 ［M］. 2 版. 北京：北京大学出版社.

李孟源，2006. 测试技术基础 ［M］. 西安：西安电子科技大学出版社.

刘经燕，2001. 测试技术及应用 ［M］. 广州：华南理工大学出版社.

平鹏，2001. 机械工程测试与数据处理技术 ［M］. 北京：冶金工业出版社.

秦树人，2002. 机械工程测试原理与技术 ［M］. 重庆：重庆大学出版社.

三浦宏文，2001. 机电一体化实用手册 ［M］. 赵文珍，王益全，刘本伟，等译，北京：科学出版社.

申忠如，郭福田，丁辉，2009. 现代测试技术与系统设计 ［M］. 西安：西安交通大学出版社.

王伯雄，2003. 测试技术基础 ［M］. 北京：清华大学出版社.

王伯雄，王雪，陈非凡，2006. 工程测试技术 ［M］. 北京：清华大学出版社.

王建民，曲云霞，2004. 机电工程测试与信号分析 ［M］. 北京：中国计量出版社.

王三武，丁毓峰，2020. 测试技术基础 ［M］. 3 版. 北京：北京大学出版社.

熊诗波，2023. 机械工程测试技术基础 ［M］. 4 版. 北京：机械工业出版社.

杨泽青，张俊峰，张炳寅，等，2018. 复杂工况数控车削加工振动敏感点测试与分析 ［J］. 机械科学与技术，37（10）：1523－1530.

张发启，2005. 现代测试技术及应用 ［M］. 西安：西安电子科技大学出版社.

赵玫，周海亭，陈光冶，等，2004. 机械振动与噪声学 ［M］. 北京：科学出版社.

赵庆海，2005. 测试技术与工程应用 ［M］. 北京：化学工业出版社.

周利清，苏菲，2005. 数字信号处理基础 ［M］. 北京：北京邮电大学出版社.

周祖德，谭跃刚，2013. 机械系统的光纤光栅分布动态监测与损伤识别 ［M］. 北京：科学出版社.